DROEMER

PHILIPP RIEDERLE

WIE WIR ARBEITEN UND WAS WIR FORDERN

Die digitale Generation
revolutioniert die Berufswelt

Besuchen Sie uns im Internet:
www.droemer.de

© 2017 Droemer Verlag
Ein Imprint der Verlagsgruppe
Droemer Knaur GmbH & Co. KG, München
Alle Rechte vorbehalten. Das Werk darf – auch teilweise – nur mit
Genehmigung des Verlags wiedergegeben werden.
Covergestaltung: ZERO Werbeagentur, München
Coverfoto: Christian Kaufmann, München
Redaktion: Regina Carstensen, München
Piktogramme im Innenteil: Da-Yama, TopeconHeroes
Satz: Adobe InDesign im Verlag
Druck und Bindung: CPI books GmbH, Leck
ISBN 978-3-426-27729-4

5 4 3 2 1

Inhalt

Intro

Das war schon immer so? Na, dann ändern wir das jetzt! ... 7

TEIL I
Wandel sehen

1 Die digitale Reifeprüfung 15
    Taxibestellung – per Brief? 15
    Willkommen im Hier und Jetzt 20
    Von Robotern – und Menschen, Menschen, Menschen .. 30

2 Spießer mit Vorgarten 41
    Wie viele sind wir – und in welchen Phasen? 42
    Lebenslauf – Cross Country 47
    Bildungssackgassen, unbeleuchtet 61
    Der etwas andere Heimatroman 67

3 Arbeit ist Leben 73
    Die drei Fragezeichen des neuen Workflows 74
    Hochkultur für Höchstleistung 82
    Zu Hause im Beruf 89

TEIL II
Wandel leben

4 Von Machtspielen zum Fair Play –
   das Netzwerk-Unternehmen 101
    Es war einmal ... die Hierarchie 103
    Wenn es ein wenig flexibler sein darf 112
    Arbeiten – und arbeiten lassen 129

5	Netz und doppelter Boden – so geht Führung heute	137
	Der Chef vom Dienst – noch notwendig?	139
	Vorbilder, Förderer, Visionäre braucht das Land!	148
	Kodex – zur Führung der digitalen Generation	154
6	Die Tools, die wir riefen	169
	»Wir haben doch Internet!« – Medienkompetenz und Kompetenzmedien	170
	Digital erwachsen werden – und so arbeiten	181
7	Von Stechuhren, Großräumen und Gehaltserhöhungen	201
	In welchen Zeiten leben wir eigentlich?	202
	Am Ort des Geschehens, ob analog oder digital	218
	Kohle – und alles Unbezahlbare	231

TEIL III
Wandel nutzen

8	Willst du mich ... binden?	247
	Endlich Fluktuation?	247
	Wachsen ist das neue Aufsteigen	251
	Das Sahnehäubchen auf der Bindungstorte	262
9	Ran an den Nachwuchs	267
	Wir müssen reden	269
	Bewerbungen und Vorstellungsgespräche – die ewige Hassliebe	280
	Onboarding – in drei Tagen zum Arbeits-Lebensabschnittspartner	290

Dank 301

Anmerkungen 303

Intro
Das war schon immer so?
Na, dann ändern wir das jetzt!

»Die Millennials glauben in ihrer übergroßen Mehrheit, dass die Wirtschaft einen Neuanfang braucht, sowohl was die Aufmerksamkeit für Menschen und Ziele angeht, als auch ihre Produkte und Gewinne betreffend.«[1] So beginnt eine der umfassendsten Studien zum Thema »digitale Generation im Arbeitsleben«. Selbst in unseren digitalen Ohren klingt das vorlaut, ohne Kontext sogar unreflektiert und naiv. Dennoch: Das Beratungsunternehmen Deloitte hat für die Studie 7800 Millennials in neunundzwanzig Ländern befragt, ignorieren kann man diese Erkenntnis also nicht.

Dennoch ist uns klar, dass es viele Unternehmen gibt, die alles andere als defizitär, destruktiv oder dumm geführt werden, ihre Erfolge basieren auf harter Arbeit und starken Visionen. Damit wurde der Wohlstand aufgebaut, in dem viele von uns heranwachsen durften. Vielen Dank, herzlichen Glückwunsch und unseren Respekt, dass Ihr es so weit gebracht habt! Doch jetzt geht es weiter.

Wir können über Eure bisherigen Erfolge reden, so viel wir wollen – der Markt schreit inzwischen viel lauter nach neuen Strukturen, Modellen und Praktiken, die mit ihm mithalten können. Die einstigen (Spiel-)Regeln und Definitionen von Arbeit, Zielsetzungen und Unternehmensführung gelten nicht mehr, sie scheinen plötzlich außer Kraft gesetzt zu sein.

Deshalb sollten wir uns – oder besser, solltet Ihr Euch – eingestehen, dass am Eingangszitat mehr dran ist, als uns allen lieb sein kann. Die Gründe: Digitalisierung, Industrie 4.0, disruptive Technologie, Globalisierung, Geschwindigkeitszunahme. Verrückt, dass manche von Euch noch immer mit und in Strukturen arbeiten, die zu Zeiten passen, in denen Dampfmaschinen oder das Fließband erfunden wurden. Doch das ist nur eine Sache, die Unternehmen weltweit – auch den großen Riesen – momentan zu schaffen macht. Denn mit den Generationen Y und Z – den Digital Natives – starten junge Leute ins Berufsleben, die mit ihren Forderungen, Ansprüchen und Bedürfnissen einige althergebrachte Arbeitgeber ratlos zurücklassen.

Falls Ihr überlegt, warum Euch deren Forderungen interessieren sollten, so lautet darauf die Antwort: weil Ihr ein Fachkräfte- und Nachwuchsproblem habt – oder bald haben werdet. Weil ein demografischer Wandel stattfindet, mit dem gleichzeitig ein Wertewandel einhergeht. Und weil die Digital Natives gut ausgebildet und heißhungrig auf den Markt strömen – aber damit noch lange nicht bei Euch landen. Ebenso wenig wie alle anderen guten Fachkräfte. Im Ausbildungsjahr 2015/2016 blieben in Deutschland 43 478 Lehrstellen unbesetzt,[2] insgesamt waren 691 400 Arbeitsplätze offen.[3] 49 Prozent der Mittelständler in Deutschland beklagen Umsatzeinbußen infolge des Fachkräftemangels.[4] Tendenz steigend.

Ob Ihr nun einen Großkonzern, ein mittelständisches Unternehmen oder einen Handwerksbetrieb mit vier Angestellten führt oder für das Personal zuständig seid: Um Euch geht es in diesem Buch. Denn Ihr wisst oder ahnt zumindest, dass der (Arbeits-)Markt sich im Umbruch befindet. Dass Nachwuchs nicht einfach geerntet wird, dass es ihm nicht nur um Geld oder den Standort geht.

Wünschenswert wäre, dass Ihr ausreichend Weitblick habt, Euch mit diesem Thema auseinanderzusetzen, selbst wenn Ihr gerade keine Mitarbeiter sucht – oder es Euch wirtschaftlich noch gut geht, die disruptiven Technologien Euch noch verschont haben. Wobei: Der Fachkräftemangel ist real, die Digitalisierung längst Alltag und die Industrie 4.0 bereits auf dem Vormarsch. Statt Weitblick ist eigentlich stinknormale Planung gefragt. Vielleicht sogar längst überfällig.

Wie Ihr an Leute kommt und wie Leute zu Euch kommen, wie Ihr Euch fit macht für die Digitalisierung und die neuen Geschäftsmodelle – das sind derzeit entscheidende und spannende Fragen. Wer sich aber mit Lösungen für diese Herausforderungen auseinandersetzt, merkt schnell, welche »informative« Lawine über ihn hereinbricht. Begriffe wie »Employer Branding«, »Active Sourcing«, »Results-Only Work Environment« oder »Candidate Experience« überrollen einen förmlich – ohne dass dabei die so wichtigen Zusammenhänge erkennbar werden. Eigentlich nutzbringende Maßnahmen werden folglich oft isoliert angewendet. Und nützen damit: nichts.

In diesem Buch geht es um genau diese Zusammenhänge und Maßnahmen: Was bringen Euch herausgeputzte Webseiten oder attraktive Recruiting-Maßnahmen – wenn jeder neu gewonnene Mitarbeiter in Euren analogen Strukturen über kurz oder lang resigniert und bald wieder weg ist? Oder wenn er aufgrund Eures Eindrucks auf Arbeitgeberbewertungsplattformen erst gar nicht kommt? Was nützen Euch alle äußeren Anstrengungen, wenn Eure analogen Geschäftsmodelle infrage stehen, Ihr zu spät dran seid, um Euch neu zu erfinden, Eure Organisation agil zu machen und Geschwindigkeit aufzunehmen? Und für welche Tätigkeiten benötigt Ihr überhaupt noch Mitarbeiter, wenn Kollege Computer immer mehr übernimmt? Richtig, es hängt alles zusammen. Und es ist allerhöchste Eisenbahn, die Weichen jetzt zu stellen.

Entsprechend ist *Wie wir arbeiten und was wir fordern* aufgebaut. In Teil eins beobachten wir die Veränderungen, die aktuell geschehen und was das konkret für Eure Unternehmen bedeutet. Im zweiten Teil krempeln wir gemeinsam die Ärmel nach oben und machen uns an die Arbeit. An Eurem Unternehmen. Hier stehen Konzepte, Modelle und Überlegungen im Mittelpunkt, die dabei helfen, Eure Organisation fit zu machen: für die neu geltenden Marktprinzipien und die Bedürfnisse der Digital Natives. Es geht um Organisationsprinzipien, Führungsqualitäten, digitale Tools und analoge Rahmenbedingungen von Arbeit. Im dritten und letzten Teil werden Antworten thematisiert, die Euch unter den Nägeln brennen: Wie binde ich meine Mitarbeiter langfristig ans Unternehmen? Wo und wie bekomme ich neue Mitarbeiter, welche passen am besten? Wie können von Beginn an die Grundsteine einer erfolgreichen, langfristigen Zusammenarbeit gelegt werden?

Eines der Grundprobleme beim erfolgreichen Handeln und Verändern: Es wird viel geredet und munter alles in einen Topf geschmissen, sämtliche Personen eines Jahrgangs, unabhängig davon, welchen Bildungshintergrund sie haben, ob sie Handwerker oder Investmentbanker werden wollen, ob sie leistungsorientiert sind oder Arbeit als notwendiges Übel ansehen. Auch die Arbeit an sich wird über einen Kamm geschoren, da wird nicht unterschieden zwischen Kleinstbetrieb oder Großkonzern, zwischen körperlicher Arbeit auf der Baustelle oder Mausschubsen am Schreibtisch. Pauschalisierungen, so weit das Auge reicht. Und das nicht nur an Stammtischen, sondern auch in den Medien. Alles rein in den großen Topf, passt schon, sind doch alle gleich.

Nein. Wir Digital Natives sind es nicht. Ihr seid es schließlich ebenso wenig. Wird über die Generation Y gefachsimpelt, wird oft automatisch an wohlsituierte, hippe Studenten und Start-up-Gründer gedacht, die mal eben eine App programmieren, bereits die halbe Welt bereist haben und trotz latenter Arroganz nach Feedback heischen. Doch das Bild ist falsch, es eignet sich nicht einmal für Klischees. In die Tonne damit.

Auch wenn wir Digital Natives die erste Generation sind, die selbstverständlich mit der Digitalisierung aufwuchs (deswegen benutze ich auch lieber diesen Ausdruck und nicht Generation Y oder Generation Z), können wir in einigen Vorstellungen völlig verschieden sein. Um also zumindest einen Querschnitt der Digital Natives zu beschreiben, werde ich immer wieder explizit auf bestimmte Subgruppen eingehen, sodass die Variationsbreite von Berufen, Freizeitgestaltung, Familienplanung, sozialen, finanziellen und gesellschaftlichen Hintergründen deutlich wird. Doch auch wenn ich es nicht jedem recht machen kann, hilft es schon ungemein, wenn alle im Kopf behalten, dass es hier unzählige »Shades of Y« gibt.

Was sollten wir noch klären, bevor es losgeht? Richtig, die Geldfrage. Ihr jammert häufig, dass diese vielen Wandel schlicht unbezahlbar seien. Ich nehme vorweg: Das ist nicht der entscheidende Punkt. Die Veränderungen sind nicht so teuer, wie sie willens- und aktionsintensiv sind. Hört auf, Euch über Geld zu sorgen, und nutzt Eure Energie lieber sinnvoll. Für eine aktive Verbesserung Eurer Kultur, Eurer Strukturen, Eurer Ideen. Und zwar mit uns zusammen. Und allen anderen Generationen, die ebenso gerne in motivierenden, zeitgemäßen Kontexten agieren.

Doch genug der Einleitung. Lasst uns starten. Der Markt wartet schließlich nicht.

TEIL I
Wandel sehen

1 Die digitale Reifeprüfung

Webseite, Unternehmens-Facebook-Profil, YouTube-Imagefilm – sind wir nicht schon digitalisiert? Nun ja, Ihr lebt vielleicht nicht in der Steinzeit, seid aber mit diesen »Neuerungen« noch nicht ganz im Hier und Heute angekommen, geschweige denn im Morgen. Klar, Begriffe wie Digitalisierung, digitale Transformation, IT, Cloud, disruptive Technologien, Industrie 4.0 etc. hageln von allen Seiten auf Euch ein, und keiner fragt, wie Ihr da noch Euer Alltagsgeschäft aufrechterhalten sollt. Ich hätte auf eine andere Frage eine wichtigere Antwort: Es wird kein Alltagsgeschäft mehr geben, wenn Ihr das nicht in den Griff bekommt. Aktiv werdet. Proaktiv. Vorausschauend. Voranschreitend. Ihr werdet einfach nicht mehr da sein. Vom Markt verschwunden. Die Veränderungsgeschwindigkeit ist heute so hoch wie nie zuvor, der Wettbewerb täglich globaler, die direkte Konkurrenz womöglich das Start-up aus der Garage.[1] Und selbst wenn jemand wollte, keiner fände die Zeit, nach Euch zu fragen, Euch auch nur zu vermissen. Solche Lücken werden schneller geschlossen, als Ihr »Neustart« schreien könnt. Und darauf können weder diejenigen, die noch im Markt stehen, noch Ihr relevanten Einfluss nehmen. Außer Ihr handelt. Sofort. Und werdet endlich erwachsen. Digital erwachsen.

Taxibestellung – per Brief?

Worum es wirklich geht, sind nicht Internetauftritte oder digitalisierte Aktenordner. Es geht um Euer Commitment. Der Duden zählt den Gebrauch dieses Wortes zu »Jargon«, Google übersetzt es als »Engagement« – und wir denken: Error. Der Begriff greift viel mehr auf und ist eines von den englischen Konzepten, die wir zu Recht so übernommen haben. Ihr müsst ehrlich bereit und überzeugt sein, Euch in diese Welt zu stürzen, in der wir alle uns schon längst befinden. Diejenigen, die es bereits getan haben, profitieren. Diejenigen, die es nicht tun werden, gehen unter. Punkt. Vielleicht nicht sofort, vielleicht nicht mit einem großen Knall – sonst wärt Ihr alle schon viel früher wach (und digital erwachsen) geworden –, aber mit an Sicherheit grenzender Wahrscheinlichkeit recht bald. Warum? Weil irgendjemand, der globale Wettbewerb, das digital disruptiv skalierende Start-up, die anderen eben nachrücken, weil sie sämtliche Effizienzinnovationen genauso mitmachen wie alle neuen Geschäftsmodelle. Weil wir keine Wahl mehr haben. Und weil es Sinn macht.

Lasst mich erklären. Die Fahrzeuge eines Taxi-Unternehmens können genauso schnell und modern sein wie die der Wettbewerber – vielleicht sogar besser, sicherer, nachhaltiger –, die Fahrer ebenso sicher, freundlich und serviceorientiert. Wenn ich diesem Unternehmen eine postalische Anfrage senden muss, um nach Hause gebracht zu werden, während ein anderes per App und zwei Klicks später vor mir steht, was, glaubt Ihr, wird auf Dauer passieren? Wenn ich für einen Besucher glutenfreies Brot besorgen möchte und mein Lieblingsbäcker keine Online-Präsenz hat, auf der ich sicherstellen kann, dieses Brot dort abends vorzubestellen, der Wettbewerber hingegen eine eigene App hat, über die ich kurze Zeit später eine Antwort mit Bestellmöglichkeit oder gar Lieferservice erhalte – wie lange werde ich dann den ersten Bäcker noch als meinen »Lieblingsbäcker« bezeichnen? Na, klingelt es bei Euch? Auch wenn dies alles nur ein Teil vom Ganzen bleibt: Wem würdet Ihr den digitalen Reifegrad für morgen bescheinigen?

Dieser Reifegrad schleicht vielfach als unheilbringender Geist durch Unternehmensflure und ist für viele nicht wirklich greifbar. Er bezieht sich, vereinfacht gesagt, auf die digitale Ausrichtung von Unternehmensstrategien, Organisations- und IT-Strukturen, um die Kunden von heute befriedigen zu können (und wann auch immer heute ist, es sind wahrscheinlich andere als gestern). Folgende Punkte können laut einer Studie des Wirtschaftsdienstleisters Lünendonk hierbei als essenziell gelten: digitale Unternehmenskultur, agile Methoden, datengetriebenes Denken, moderne IT-Infrastruktur und Echtzeit-Services.[2] Analysen zeigen klaren Handlungsbedarf bei den meisten Unternehmen auf all diesen Ebenen. In einem anderen Modell werden die digitale Kultur, Technologie und Organisation sowie die Nutzung von Daten herangezogen, um den Reifegrad zu bestimmen.[3] Das MIT, das Massachusetts Institute of Technology der US-Universität Cambridge, setzt alternativ die Dimensionen »digitale Kompetenz« und »Intensität des Transformationsmanagements« an.[4] Damit sind sich diese Modelle recht ähnlich und zeigen in jedem Fall, dass es ein komplexes Unterfangen ist, festzulegen, wo ein Unternehmen in der digitalen Transformation steht. Es geht also wirklich nicht nur um eine Webseite, einen Online-Shop oder PDF-Rechnungen, so viel sollte klar sein. Und: Es geht nicht nur um Technik.

Wir haben (k)eine Wahl

Wenn wir also davon reden, dass wir Technologie, Wissen und Transparenz brauchen, um gut und zukunftsorientiert zu arbeiten, geht es um Grundlegendes. Und Wichtigeres als Spaß, Karriere oder Gehalt. Wir wollen nicht um jeden Preis nur digital agieren oder hip sein – und wir wollen auch nicht unbedingt, dass unser Taxi, unser Bäcker oder der Einzelhandel hip ist. Wir sehen aber, was alles möglich ist – und wenn jemand uns das so serviceorientiert und sinnvoll und praktisch anbietet, siegt eindeutig die Bequemlichkeit (so leid es mir für meinen Lieblingsbäcker tut). Für Euch zählt hierbei vor allem, dass »dieser andere Wettbewerber« in unserer heutigen Welt immer da sein wird. Ihr könnt nicht stillstehen und hoffen, dass es gut geht, was Ihr da macht. Selbst wenn es das lange tat, Eure liebsten und treuesten Kunden werden irgendwann vor sich selbst nicht mehr rechtfertigen können, warum sie den Aufwand mit Euch betreiben, während es woanders besser, schneller, einfacher, billiger, cleverer, bequemer, effizienter geht. Eure liebsten und treuesten Kunden werden nämlich genau das bleiben: gelegentlich noch Kunden. Der Wettbewerb aber bindet sie nachhaltig durch intelligenten Service – und macht sie damit zu Fans. Und noch mal, sorry – aber beim Kundenglück hört es noch lange nicht auf.

Die überwiegende Mehrzahl aller Unternehmen erkennt zwar langsam, dass der Wandel kommt und sie mitgehen müssen. Was das auf der Ebene der Mitarbeiter bedeutet, ist vielen allerdings weniger klar. Dabei ist das einer der entscheidenden Punkte: Es geht nicht nur darum, irgendwo und irgendwie ein wenig digitalen Schnickschnack einzubauen. Es geht darum, die Technik und die Unternehmensorganisation mit dem schnelllebigen Markt und der damit zusammenhängenden neuen Arbeitswelt zu verbinden. Wenn wir beispielsweise Richtung Industrie 4.0 denken, wird es ersichtlich: Während die Automatisierung vielen von Euch Angst macht, freuen wir uns darüber, dass Technik und Digitalisierung so clever eingesetzt werden (können), um uns stupide Aufgaben abzunehmen. Wir kontrollieren die kleinen Helfer sehr gerne, optimieren sie, entwickeln sie weiter, sehen sie aber nicht als Feinde an, die uns die Jobs klauen.

Viele andere tun das durchaus: Das Institut für Arbeitsmarkt- und Berufsforschung (IAB) hat im April 2016 neue Zahlen vorgelegt: 490 000 Arbeitsplätze werden bis 2025 durch Industrie 4.0 und Co. verloren gehen, 430 000 aber gleichzeitig neu geschaffen.[5] Gut, 60 000 Arbeitnehmer müssen sich etwas Neues überlegen.

Während also die digitale Reife einen neuen Einsatz von Technik und den damit zusammenhängenden neuen Umgang mit Kunden und Mitarbeitern meint, findet in vielen Unternehmen noch keine Verschmelzung dieser Entwicklungsbereiche statt. In der Realität ist das Ganze oft etwas diffus, denn die einen meinen mit der »digitalen Transformation« neue Geschäftsmodelle im Internet der Dinge und die Automatisierung von Fließbandarbeiten, die anderen YouTube-Videos und eine Facebook-Redaktion, um mit Kunden und potenziellen Mitarbeitern in Kontakt zu stehen. Alles richtig, aber nur zu einem gewissen Punkt – denn das alles gehört verbunden und zusammen betrachtet. Unterm Strich werden diese Bereiche Hand in Hand entwickelt, entwickelt werden müssen. Wenn die Führung sich auf den digitalen Weg macht, muss sie sich committen und ihre Leute mitnehmen – Kunden ebenso wie die Mitarbeiter. Das kann nur funktionieren mit einer guten Kommunikation, geschickter Technik wie auch entsprechenden Anpassungen von Organisation und Kultur.

Und das wird es auch. Die deutsche Online-Branche hatte 2014 bereits 500 000 Mitarbeiter, 85 Milliarden Euro Umsatz und einen Anteil am Bruttosozialprodukt von 3,1 Prozent.[6] Aber die meisten Arbeitgeber haben ihre eigentliche Rolle hier noch nicht wahrgenommen. Sie müssen ihre Mitarbeiter in die digitale Welt mitnehmen, sie mit Wissen, Know-how und Tools ausstatten, die es ihnen erlauben, die digitalen Helfer als solche zu verstehen und sie zu bedienen, Arbeit also effizienter und schneller zu machen. Digitalisierte Strukturen beispielsweise in Baugewerbe, Handwerk oder Pflege sind uns größtenteils noch gar nicht bekannt (aber in den Startlöchern). Auch hier wird geschlafen und gleichzeitig händeringend nach Nachwuchs gesucht (Stellen aber eben nicht vornehmlich abgebaut). Prozessoptimierung ist in jeder Branche möglich und nötig, jedoch nicht nur bei der Technik, sondern ebenso bei den Mitarbeitern und der Kommunikation. Das Taxiunternehmen und der Bäcker können (müssen!) mit Apps und Multichannel-Service starten. Aber das ist nur der Anfang – alltagstauglich sind nämlich mittlerweile ganz andere Techniken, Konzepte, Strukturen. Und sie stehen schon vor unserer Tür. Im wahrsten Sinne des Wortes.

Willkommen im Hier und Jetzt

Mit funkelnden Augen fahren Wirtschaftsdelegationen ins Silicon Valley, um sich von dortigen Start-ups beflügeln zu lassen und Anregungen nach Hause zu holen. Nach Hause ins Land der Ideen, der Ingenieure und Denker. Manche gehen sogar noch einen Schritt weiter und holen sich eigene »Start-up-Akzeleratoren« ins Boot, damit die gesamte Kernbelegschaft sich von den jungen Heilsbringern inspirieren lassen kann. Spart Euch diese Zoobesuche – und lasst uns auf den folgenden Seiten lieber gemeinsam ein eigenes Start-up bauen! Eines, das dem heutigen Stand der Technik und den bereits bestehenden (!) Möglichkeiten gerecht wird. Seid Ihr bereit? Dann heißt es Einsteigen an Gleis 4.0, die Türen schließen selbsttätig. Wie wäre es, wenn wir mit unserem Start-up in einer noch gänzlich analogen Branche die längst überfällige Revolution einläuten? Auch wenn (oder gerade weil) man dort nicht allzu viel Potenzial vermuten würde, was die Digitalisierung betrifft: im Sektor Lebensmittel.

Schon seit längerer Zeit verwalten mein WG-Mitbewohner und ich (aber auch meine Familie in der Heimat) unsere Einkäufe cloudbasiert mit einer App.[7] In der Uni an die Milch gedacht, im Zug an die Nudeln? Jeder für sich und ganz woanders? Egal, rein in die digitale Einkaufsliste – und schon steht sie für beide synchronisiert und aktualisiert im Smartphone. Wer auch immer dann einkaufen geht: keine Absprachen, keine »Brauchst du noch was?«-Anrufe, keine voll gequatschte Mailboxen und »Du hast den Kaffee vergessen«-Ausrufe nach Ladenschluss. Ja, richtig, das gibt es bereits.

All unsere Einkäufe kommen selbstverständlich in diese App, für uns ist das bereits zum Alltag geworden. Mit diesen Gewohnheiten wäre es ein Leichtes (und Notwendiges), dies weiterzudenken und vorn und hinten ein, zwei Module hinzufügen. Es gibt noch jede Menge Optimierungskapazitäten. »Hinten« ließe sich die Funktion »Einkaufsliste liefern lassen« erarbeiten: Es steht ja ohnehin immer alles drin, das wird per Klick an den Lieferdienst geschickt, fertig. Uhrzeit der Lieferung angeben, Tür öffnen, in den Kühlschrank stellen, essen. Lieferservice über die App ins Leben integriert. Ohne Aufwand, ohne Umgewöhnung. Like. Aber da geht noch mehr.

Wie wäre es, wenn wir die Einkaufslisten nicht mehr eigenhändig in die App tippen müssten? Sondern der Kühlschrank dies automatisiert erledigte? Wenn er dank Sensoren wüsste, welche Lebensmittel gerade drin sind und regelmäßig hinzugefügt werden, könnte er mit cleveren »Hunger-Algorithmen« alles auf die Liste setzen, was zur Neige geht oder fehlt. Vielleicht auch, was für die Spaghetti Bolognese oder den Eintopf fehlt, den man so gerne macht? Diese Funktionen kämen sozusagen »vorne« an die Einkaufslisten-App – und sind Euch hoffentlich nicht ganz neu? Gehört habt Ihr von smarten Kühlschränken doch sicher schon? Dass sie jedes Produkt, das in sie gestellt wird, direkt einlesen und so nicht nur immer wissen, was da ist, sondern daraus lernen. Was regelmäßig vorhanden ist, was in welchen Mengen neu hinzugefügt wird, wann es kommt, mit welchen anderen Produkten. Smart halt.

Also hätten wir einen Kühlschrank, der der Einkaufslisten-App meldet, wenn Milch und Butter fehlen – und diese dann automatisch nachbestellen kann. Was ich in der nächsten Woche kochen möchte, müsste ich mir noch ausdenken und die entsprechenden Zutaten selbst in die Liste eingeben – oder sie spontan kaufen.

Und auch hier können wir weiterdenken, unsere App ausbauen: Da sie weiß, was wir zu Hause haben, regelmäßig nachkaufen und verwenden – könnte sie uns doch eigentlich direkt ein paar Vorschläge für das Abendessen machen? Basierend auf meinen Essgewohnheiten soll sie doch bitte automatisiert ausrechnen, dass ich mir mein Lieblingsgericht zubereiten könnte, würde ich noch zwei Zutaten kaufen. Oder sie schlägt mir ein paar Rezepte vor, abhängig von den Inhalten meines Kühlschranks und meinem Geschmack. Ich wähle aus, verfünffache die Mengen freitags für meine Gäste –

und fertig. Die App meldet dies an den Einkaufs- und Lieferservice, dieser mir, wann er alles bringt. Der komplette Wocheneinkauf in fünf Minuten anstatt in zwei Stunden erledigt. Ohne aus dem Haus oder in ein Geschäft zu gehen. Gut, kochen muss ich noch selbst – wobei vollautomatische Kochroboter auch nicht mehr weit entfernt sind. »Moley« funktioniert bereits (und hat sein Startkapital für die Produktion per Crowdfunding eingesammelt).[8]

Zurück in die Gegenwart?

Einwand Nr. 1: Dass Algorithmen schon heute keine Schwierigkeiten haben, uns unsere Lieblingsrezepte vorzuschlagen, wissen wir seit einigen Jahren individueller Google-Suchergebnisse und Facebook-Newsfeeds. Aber der Rest? Lieferdienste? Smarte Kühlschränke? Automatisierte Wocheneinkäufe? Bis das alles marktreif ist, dauert es doch sicher noch Jahre! Und ohnehin: Bis das die Leute akzeptieren – nein, sie werden das nicht akzeptieren, sie wollen einkaufen gehen, das macht doch Spaß, da trifft man seine Bekannten, kann sich nett unterhalten. Und was täten nur die ganzen armen, fleißigen Mitarbeiter der Lebensmittelhändler. Nein, nein, wo kämen wir denn da hin.
Also noch mal, Schritt für Schritt. Wer die Rewe-Wägen durch seine Stadt fahren sieht und sich denkt, das müsste man mal versuchen: Tut das. Lebensmittellieferdienste sind keine Zukunftsvision mehr. Die Kette baut nicht zufällig diese Idee und ihren Service bislang mit Erfolg aus. Geradezu logisch, dass »Amazon Fresh« in den Startlöchern steht. Und wohlgemerkt: Bei Rewe geht es um einen Händler. Was er nicht hat, kann er nicht bringen. Was noch fehlt, sind Schnittstellen zu den Einkaufslisten-Apps und zu dem Lieblingsweinhändler. Dennoch, so weit, so praktisch.
Einwand Nr. 2: Wie sollen diese intelligenten Kühlschränke denn funktionieren?
Die Organisation GS1, die sich für die weltweite Vergabe von Bar-

codes verantwortlich zeichnet, hat bereits 2012 einen Standard für Nahfeldkommunikationschips etabliert, der mit allen Stationen der Handelskette kompatibel ist.[9] Wumm. 2012. Jede Milchtüte bekommt also einen Chip, der bestimmte Informationen wie Inhalt, Menge, Ablaufdatum etc. bereithält. Sobald die Kühlschranke einen entsprechenden Empfänger haben, der diese Smarttags ausliest – und weiterleitet. Kosten pro RFID-Aufkleber zirka fünf Cent – momentan. In der Zwischenzeit könnte eigentlich jemand vorläufige Empfänger für die Kühlschränke anbieten und Aufkleber, die Konsumenten selbst auf die Produkte kleben. Freiwillige vor – in Zusammenarbeit mit den Herstellern könnte sich das zu einem gewinnbringenden Geschäftsmodell entwickeln. Und apropos Gewinner: Lieber Vorstand der BSH Hausgeräte GmbH: Ihr mögt die Haushaltsgeräte für Bosch und Siemens bauen, 56 500 Mitarbeiter beschäftigen und ein wahrlich innovatives Denglisch sprechen – doch Euer »Storage-Management« ist an folgender Stelle leider peinlich: Ihr baut Kameras in Kühlschränke, damit die Leute im Supermarkt einen Blick in selbigen werfen können? In »real time«?[10] Seid Ihr des Wahnsinns? Oder besser, des Rückschritts? Wollt Ihr vielleicht gleich eine Einräumanleitung mitschicken, damit die 1,5-Liter-Milchpackung nicht die kleinen Joghurts vor der Kamera verbirgt? Herrje, wann habt Ihr eigentlich das letzte Mal in Euren Kühlschrank geschaut? Oder ihn selbst gefüllt? Hoffentlich muss man seine Mitbewohner nicht noch bitten, die Kühlschranktür dafür zu öffnen, weil sonst das Licht fehlt. Und Ihr glaubt, damit für die Zukunft gerüstet zu sein? Nein, Ihr seid es noch nicht mal für heute. Nichts verstanden, setzen, sechs.
Der eigentliche Fehler ist nämlich wesentlich gravierender. Und essenzieller, denn die Zukunft – also morgen – wird ganz anders aussehen. Wir werden dann keinen Blick in den Kühlschrank werfen müssen, ob in der Küche oder im Supermarkt. Wir werden uns in Letzterem bald gar nicht mehr aufhalten. Die werden zum großen Teil so aussehen können wie Amazons Lagerhallen. Alles automatisiert, keine Servicekräfte. Wozu auch. Die brauchen wir

dann woanders, weil wir mehr Zeit haben, weil das Einkaufen anderweitig erledigt wird. Ihr Rewes und BSHs da draußen: Tut endlich etwas – oder findet starke Partnerschaften mit Start-ups, die Euch dabei unterstützen! Oh, und für alle anderen Mitstreiter im Lebensmitteleinzelhandel: Augen auf und Beine in die Hand genommen. Beziehungsweise eben nicht, sondern die Programmierer und App-Entwickler ins Team geholt – denn Ihr glaubt doch nicht ernsthaft daran, dass Ihr uns in Zukunft noch Wasserkisten, Klopapier und Essiggurken nach Hause schleppen werdet?
So viel zum Thema Zukunft. Wir reden hier nicht von kühnen Visionen – auch wenn einiges davon abgefahren klingt. Wir reden von Technologie, die bereits Realität ist. Wenn schon in so einer (vermeintlich) analogen Branche wie der Lebensmittelbranche die digitale Revolution ins Haus steht, dann sollte klar sein: Kein Sektor, keine Branche, kein Unternehmen bleibt davor gefeit. Und wir sind hier noch lange nicht fertig. Denn wir beziehungsweise unser Kühlschrank hat zwar Lebensmittel bestellt, doch geliefert wurde noch nicht.

WALL-E für Lebensmittel

Wer bringt denn nun das ganze Zeug zu uns in den fünften Stock im Altbau? Nun, zunächst tatsächlich noch die Mitarbeiter der (Lebensmittel-)Lieferdienste. Dass es sich dabei lediglich um eine Übergangslösung handelt, muss ich wohl nicht mehr erwähnen, auch hier sind die ersten Schritte längst getan und die kleinen automatischen Helfer in den Startlöchern. Der Paketdienst UPS hat vor einigen Jahren bereits Algorithmen entwickelt, die seinen Fahrern – ja, den Menschen, noch – stets die exakten Routen vorgeben, von denen sie nicht abweichen dürfen. Jährliche Ersparnis: 2,55 Milliarden US-Dollar. Der Zeitfaktor ist hier natürlich involviert.
Generell ist die gesamte Transport- und Lieferbranche im Umbruch. Mobilität betrifft nicht mehr nur uns, sondern unsere Güter.

Wenn wir im Stau stehen, tun es unsere Nudeln für das Abendessen womöglich ebenso. Und wenn nicht, sind sie vor uns da – und stehen vor verschlossener Tür. Schon sollte es bei Euch klingeln. Allerdings im Kopf. Klar, Paketverfolgung, Wunschtermine, alternative Absprachen. App-Funktionen, die bereits bestehen. Und selbst das ist noch lange nicht alles. Denn das Stauproblem ist damit ja nicht gelöst, da kann der Fahrer sich noch so große Mühe geben, meinen Wunschtermin einhalten zu wollen. Amazon und Deutsche Post testen bereits seit Längerem Drohnen und versuchen damit, das Stauproblem zu umfliegen.[11] Hermes und Metro nehmen die Gehwege – für ihre kleinen Starship Troopers: Lieferroboter aus Dänemark, die 2016 testweise mit bis zu fünfzehn Kilo bepackt und mit sechs Stundenkilometern durch Hamburg und Düsseldorf fuhren – autonom, wohlgemerkt –, die Adressaten per App benachrichtigten und ihnen den Freigabecode vor Ort zusandten. In dieser Phase wurden sie noch begleitet (analog und digital) und konnten keine Treppen steigen. Das können allerdings bereits andere (Liefer-)Roboter. Schaut Euch die entsprechenden YouTube-Videos dieser digitalen Racker an. Fast schon süß.

Ihr seht, viele Lösungen für ein Problem. Das ist gut – die Natur hat Augen auch nicht nur einmal erfunden. Doch noch wichtiger: Diese Lösungsvielfalt ist vollständig auf digitalem Boden gewachsen, falls das einem von Euch entgangen ist. Eine weitere ist übrigens auch längst verfügbar: Das Smart Home, das ich vom Büro aus für den Lieferdienst öffnen kann oder, noch viel besser, das vollständig automatisiert mit dem Lieferroboter in Kontakt tritt und die Lieferung annimmt.

Ich sehe viele von Euch förmlich vor mir stehen, wie Ihr die Köpfe schüttelt und an die Mondlandung denkt, die seitdem niemand mehr wiederholen konnte. Falsch. Und damit meine ich nicht Elon Musk mit SpaceX. Denn nichts von alldem ist Spinnerei, nichts entfernte Zukunft oder Scifi. Sondern schon in Betrieb. Und alltagstauglich. Es ist das Resultat der Entwicklung intelligenter Technologie und Software, die sich auf unsere Alltagsprobleme fokussieren. Die unsere Gewohnheiten und Bedürfnisse aufgreifen, alles ein wenig einfacher gestalten und schlicht Nutzen bringen, den niemand ablehnen will und wird. Keine Mondfahrt für den einen Schritt für einen Menschen. Viele kleine Schritte für viele Menschen – und zwar konkret, hier und jetzt.

Und nein. Falls Ihr mit dem finanziellen Aspekt argumentieren wollt, auch das ist falsch: Die Kosten für Drohnen haben sich in sechs Jahren auf 1/142 reduziert, von 100 000 US-Dollar auf 700 US-Dollar, die für industrielle Roboter in fünf Jahren auf 1/23, von 500 000 Dollar auf 22 000 Dollar. Noch ein paar Beispiele? Gern. Der Kanadier Salim Ismail hat so einige in seinem Buch *Exponential Organizations* zusammengetragen: Solarpanels kosteten 2014 lediglich 1/200 verglichen mit den Preisen von 1984, 3-D-Sensoren 1/250 (79 US-Dollar anstatt 20 000 US-Dollar) und Biotechnologie wie die DNA-Analyse hat in nur sieben Jahren einen Preisverfall von 99,9 Prozent hingelegt (von zehn Millionen US-Dollar auf 1000 US-Dollar). Also auch auf dieser Ebene alles andere als ferne Zukunftsmusik.[12]

3-D-Drucker wurden vor gar nicht allzu langer Zeit als amüsant, aber nicht flächendeckend einsetzbar, da zu teuer, betitelt. Und heute? Die Kosten eines 3-D-Druckerzeugnisses sind um 99,75 Prozent gefallen, also nicht auf ein Viertel, sondern auf ein Vierhundertstel. Der Anschaffungspreis für einen eigenen 3-D-Drucker beginnt (je nach Anforderungen und Größe) bei unter 500 Euro. Die Umsätze mit dieser Technik stiegen seitdem rasant – und die Nutzung auch, denn beinahe jedes Produkt lässt sich so herstellen, ob Kleidung, Möbel, Häuser, weitere 3-D-Drucker.[13] Alles bereits erprobt und im Einsatz. Oder den FarmBot: Der Roboter wird im eigenen Garten oder auf dem Balkon an einem Beet aufgestellt – und übernimmt Aussaat, Pflege, Unkraut Jäten und Gießen. Gesteuert durch eine App – die so intuitiv funktioniert, dass sie einem das Gefühl gibt, man würde nicht sein eigenes Beet managen, sondern ein Computerspiel spielen –, kann ich mich auf der Couch zurücklehnen und meiner Ernte beim gepflegten Wachsen zusehen.

Der FarmBot kostet rund 3000 Euro, die Anschaffung soll sich durch den Gemüseanbau nach etwa drei Jahren rentiert haben. Es kommt aber noch besser: Das Ganze ist ein Open-Source-Projekt, Programme-Code, Schaltpläne und Bauanleitungen lassen sich kostenfrei herunterladen, komplett einsehen und individuell verändern.[14] Und auch das war noch nicht alles, denn wer einen 3-D-Drucker zu Hause hat, kann sich den Roboter einfach selbst herstellen (klar, ein wenig Technik muss man dazukaufen). Auf die Gefahr hin, mich zu wiederholen: Geht ins Netz, schaut Euch die Videos an und bestellt Euch einen Farmbot und einen 3-D-Drucker (anstelle einer Apple Watch, die Ihr Euch von Euren Enkeln erklären lassen müsst).

Vom Feld zum Schreibtisch – und zurück

Versteht Ihr nun, was gerade passiert? Welche Abläufe sich hier fundamental ändern, welche Abhängigkeiten sich auflösen? Wenn jeder seinen Pulli, sein Brillengestell und seine Roboter einfach ausdrucken kann? Wenn Letzterer sich um meinen Garten kümmert? Nein? Dann hilft Euch vielleicht der Hinweis, dass wir diese Entwicklungen nicht nur bald im eigenen Garten erleben können, sondern dass Bauern es mittlerweile ebenso machen: Selbstfahrende Mähdrescher und Traktoren sind bereits Realität. Wer in letzter Zeit in der Kabine solch eines Monsters saß, fühlte sich bereits wie im Airbus A380: Joysticks, Touchscreens, Knöpfe, Systeme, wohin man schaut. Mit den neuen Technologien muss der Bauer genau einmal sein Feld abfahren, damit diese alle relevanten Daten lernen. Danach zieht der Drescher selbstständig los, während der Bauer was auch immer machen kann. Kühe melken wohl kaum, das übernimmt dank Spezialisierungen meist nicht nur ein anderer Bauernhof, sondern auch dort Roboter und Technik. 1900 konnte ein Bauer mit seiner Arbeitskraft vier Menschen versorgen. 2014 144 Menschen.[15] Wie viele es wohl sein werden, wenn sich die autonomen Traktoren flächendeckend durchgesetzt haben? Wann das Berufsbild und die Ausbildungsinhalte des Landwirts zuletzt aktualisiert wurden? 1995.[16] Na, herzlichen Glückwunsch, wir kommen später noch dazu.

Bleiben wir doch beim Fahren und Lenken. Das Konzept des Taxifahrers ist mittels Fahrdiensten wie Uber bereits ins Wanken gekommen, wobei wir noch immer ungefähr 250 000 Taxifahrer beziehungsweise rund 53 500 Taxis in Deutschland haben.[17] Und 542 000 Fernkraftfahrer.[18] Mit selbstfahrenden Tesla-Modellen und den Google Cars wird allerdings jeder von uns bald obsolet, wenn es um den Fahrersitz geht. Die breite Verfügbarkeit von vollautomatisierten Fahrzeugen verschiedener Hersteller auf dem weltweiten Massenmarkt wird bis spätestens 2020 erwartet.[19] Tesla hat sein Modell schon für 2017 angekündigt. Ja, ja, es ist nicht immer alles glatt gelaufen, es ist aber vor allem erbärmlich, wie laut Probleme bei solchen innovativen Unternehmungen diskutiert werden im Gegensatz zu dem klassischen Versagen klassischer Konzerne. Ihr werdet nach der Lektüre dieses Buchs sicher – hoffentlich – ganz anders darüber denken. Es ist nicht irrwitzig, wie Tesla, Google und SpaceX vorzugehen. Es ist überlebenswichtig, selbst für diese Riesen. Sie wären nie zu solchen geworden, wenn sie nicht agil und flexibel voranpreschten.

Und mal ehrlich, vor zehn Jahren war es noch K.I.T.T. (Knight Rider, Ihr erinnert Euch?), an den Ihr dachtet, wenn es um selbstfahrende Autos ging. Heute ist es das Auto Eures Nachbarn. Seit Jahren lässt Google seine Cars den ganzen Tag durch Kalifornien fahren. Blättert noch mal ein paar Seiten zurück. Genau, bald kann sich jeder solch ein Auto leisten. Mobilitätsforscher haben schon diverse Visionen zur Veränderung unseres Mobilitätsverhaltens heraufbeschworen: Wenn ich jederzeit und allerorts ein selbstfahrendes Auto bestellen und mich fahren lassen kann, um noch zu arbeiten, um zu schlafen, um alkoholisiert oder krank von A nach B zu kommen – brauche ich dann ein eigenes? Klar, wir können die Autos nicht mehr mit unserem halben Hausrat zumüllen, aber sonst? Welche Nachteile sollte das haben? Es ist kosteneffizienter, komfortabler, nachhaltiger – und logischer, denn so brauchten wir nur die Anzahl an Autos, die tatsächlich fahrend auf unsere Straßen passen, nicht stockend, stehend, parkend. Das sind zirka zehn Prozent der aktuellen Anzahl. Wozu wir dann noch die klassische Mensch-Mensch-Maschine-Interaktion in Bussen und Taxis brauchen sollten, darf sich jeder selbst ausdenken.

Hilfestellung kann die Industrie 4.0 leisten, dort sind wir schon mittendrin in der freundlichen Übernahme am Fließband. Die Produktion ist bereits vollständig automatisiert – jedenfalls theoretisch, würden nämlich viele nicht so lange brauchen, um das in den eigenen Reihen umzusetzen.[20] So könnten die Unternehmer ihre Leute auch auf andere Aufgaben jenseits des Fließbands vorbereiten. Immer die Produktion? Die Handarbeit? Nehmt Euch doch einen Anwalt – und schaut ihm mal über die digitale Schulter. Darf ich vorstellen: Dr. jur. Al Gorithmus. Richtig, Algorithmen werden mittlerweile in Anwaltskanzleien eingesetzt, um Scheidungen und andere standardisierte schlichtungsbedürftige Fälle durchzuführen und Anwälte und Richter zu entlasten.[21] Der ein oder andere Anwalt mit Spezialgebiet Nachbarschaftsstreit wird sich vielleicht fortbilden müssen – aber das wird ihm nur guttun. Und uns ebenfalls.

Wichtiger ist jedoch: Die Digitalisierung macht selbst vor den Wissensarbeitern nicht halt. Sie schreitet nicht nur in großen Schritten voran, sondern macht bereits Gedankengänge. Hier dürfen Banker übrigens kurz stoppen – denn auch sie sind betroffen, und ohnehin bald abgehängt. FinTechs sind schon längst Bestandteil unserer Welt. Konten, Kredite, Kreditkarten und Bezahlungsabwicklungen lassen sich ohne Sachbearbeiter abwickeln. Die zahlreichen Startups haben es mehrfach bewiesen und sich trotz Kopfschütteln traditioneller Banker auf dem Markt platziert. Kreditwürdigkeit in Echtzeit anhand digitaler Footprints prüfen,[22] Buchhaltung via fotografierter Belege und Steuerrücklagen zum Beispiel für Start-ups und Selbstständige automatisieren.[23]

Warum unsere alteingesessenen Banken mit ihrer doch so wichtigen Filialdichte das nicht hinbekommen (wollen), kann wohl niemand wirklich verstehen. Müssen wir aber auch nicht, sie werden sich sowieso anpassen müssen – oder verschwinden. Ihr Sicherheitswall Bankenregulierung bröckelt schon. Wenn der Kreditsachbearbeiter nicht bald das nötige Upgrade erhält, steht er vor einer Burgruine. Aber dann kann er sich ja den digitalen Anwalt nehmen. Mir ist übrigens durchaus klar, dass Algo-Banking seine Tücken hat, Fehler machen kann und in einigen Fällen selbst für die Programmierer nicht mehr nachvollziehbar ist, wie die Algorithmen zu ihren Ergebnissen kommen. Aber erstens: Mal ehrlich, wer hat denn vollständig verstanden, wie Menschen, Bankangestellte, das tun. Und ob sie es fehlerfrei tun. Zweitens: Weniger Algorithmen als Menschen haben uns in die letzten Bankkrisen gestürzt. Und drittens: Das ist nicht der Punkt. Diese Techniken, Start-ups und Serviceleistungen werden ohnehin kommen – nein, viele sind sogar schon da –, ob mit oder ohne unser aller Zustimmung und Prüfung.

Von Robotern – und Menschen, Menschen, Menschen

Das bringt uns wieder zurück zu den Arbeitsplätzen. Wenn wir flächendeckend Lebensmitteleinzelhändler schließen, keine Taxi- und Busfahrer mehr brauchen werden, keine Fließbandarbeiter und Paketzusteller – bricht dann eine neue, bislang unbekannte Massenarbeitslosigkeit über uns herein? Nein. Wie gesagt: 490 000 Arbeitsplätze mögen verloren gehen, 430 000 werden neu geschaffen. Wobei mir diese Zahlen fast als zu gering erscheinen. Jedenfalls werden wir andere Jobs haben, keine Panik. Dass sich Arbeitsweisen und -inhalte verändern, ist im aktuellen Tempo vielleicht neu, nicht jedoch die Tatsache an sich. In der Wirtschaft war das über Jahrhunderte hinweg schon mehrfach der Fall. Und wirklich jedes

Mal haben die Menschen Angst gehabt, um ihre Jobs, um ihre Zukunft. Doch jedes Mal ist es anders gekommen. Ob Dampfmaschine, Fließband oder mechanischer Webstuhl: kein Weltuntergang. Ganz im Gegenteil.

Aktuell liegt die Arbeitslosenquote in Deutschland bei 5,9 Prozent.[24] Viel wichtiger für Euch: Es herrscht ein Mangel an Fachkräften. Ihr sucht doch gerade Leute, die für Euch (nach der Lektüre des Buchs werdet Ihr hoffentlich »mit Euch« sagen) arbeiten können. Lasst Euch also nicht auf diese schwarzmalerischen Szenarien ein, sie halten nur auf. Konzentriert Euch vielmehr darauf, dass schon jetzt ein Großteil aller Aufgaben sich verändert hat – und es noch immer tut. Es wahrscheinlich ab jetzt immer tun wird, konstant. Geht Ihr mit der Zeit, werdet Ihr all das mitgestalten – und Leute brauchen, die mit Euch arbeiten. Der traditionelle Lebensmitteleinzelhändler, der nicht mitgehen will, kann sich ja mit dem Kutscher, Schriftsetzer, Finanzanalysten und Kreditsachbearbeiter zusammentun. Sie alle werden in der bekannten Form bald nicht mehr da sein.[25] Wer weiß, vielleicht wachen sie noch auf – und gründen ein Start-up. Alle anderen werden auf jeden Fall durch Angebote und Nachfragen Angebote und Nachfragen schaffen.

»Wir leben in einer Gesellschaft der propellierenden Komplexität. Wie bei einem Propeller gibt es paradoxerweise durch den Versuch von einer Person oder Organisation, Komplexität zu reduzieren, bei einer anderen Person oder Organisation wieder eine dadurch erhöhte Komplexität. So beflügelt sich die Gesellschaft in der Komplexität durch Versuche der Komplexitätsreduktion.«[26] Was der Wirtschaftswissenschaftler Stephan A. Jansen hier umreißt: Wenn ich nicht mehr meine Mitarbeiter (oder Praktikanten, Studenten oder Niedriglöhner) als Lieferanten, Warter oder Packer einsetze, sondern Roboter und Algorithmen anwende, muss die ja auch jemand programmieren, bauen, pflegen, optimieren, überwachen, warten. Dann muss jemand die regionalen Lebensmittel einkaufen, einpflegen, die Lager verwalten, Rezepte publizieren,

Kunden betreuen (wenn auch über andere Kanäle). Gleichzeitig geht es darum, Komplexität nicht nach außen zu tragen: Niemand möchte vierhundertseitige Bedienungsanleitungen lesen oder komplizierte Apps benutzen, niemand möchte erst die Theorie verstehen, bevor er praktisch Milch kaufen (lassen) kann. So ist Apple erfolgreich geworden: durch intuitives, simples und stylishes Handling. Auch für die Technik-Mensch-Interaktionen brauchen wir Menschen, noch können die Computer das nicht. Die Komplexität reduziert sich also aufseiten der Konsumenten und einem Teil der Mitarbeiter, während sie auf den anderen Seiten steigt.

Es gibt Berufe und Berufungen, die Computer, Roboter und Algorithmen nicht übernehmen können (zumindest in absehbarer Zeit nicht oder nicht vollständig). Die, die Kreativität, Empathie, direkte, persönliche Interaktion erfordern: Ärzte, Pfleger, Psychologen, alle sozialen und kreativen Berufe, Servicekräfte – und Denker, Menschen, die die Computer programmieren, sie kontrollieren (und eben nicht umgekehrt). Diese Entwicklung ist neu: Die industrielle Revolution führte dazu, dass die Aufgaben der Menschen trivialisiert wurden, in kleinere Häppchen zerhackt, damit die Mitarbeiter schneller (und stupider) agieren konnten. Heute ist das Gegenteil der Fall: Diese Komplexität steigt und damit die Anforderungen an uns, an jeden Mitarbeiter.

Wissen – macht Ah!

Jeder Job, jede Aufgabe wird umfassender und vielschichtiger. Und zwar permanent. Bedarf und Herausforderungen werden für App-Programmierer, Mathematiker und ITler größer – klar. Ebenso für jeden Designer, Elektriker, Architekten, Eventmanager, Installateur, Krankenpfleger. Der Designer kann nicht mehr mit Zettel und Stift kreativ sein. Er ist es schon heute am PC, mit diversen Programmen, die er beherrschen oder, noch besser, selbst mitgestalten muss. Er spricht sich mit Auftraggebern, Herstellern, Lieferanten, den anderen Gewerken ab (digital, weil die Hälfte dieser Leute in alle Winde verstreut ist).

Seit Jahren empfiehlt der Deutsche Wissenschaftsrat, alle Gesundheitsberufe an die Unis zu holen, da der medizinische Fortschritt dies dringend erforderlich mache.[27] Die Gesundheits- und Krankenpfleger (eine neue Bezeichnung haben sie immerhin schon, vielleicht hilft es) von heute und morgen tun wesentlich mehr, als nur zu pflegen. Sie handhaben immer mehr digitale Hilfsmittel, die die Organisation der Abteilungen und die Dokumentation aller Krankenakten optimieren. Das ist aber nicht alles. Hinzu kommen die gesellschaftlichen Strukturen, die ein Umdenken erfordern: Wir alle leben länger, aber in weniger engen (und lokal nahen) Verbänden, sodass beispielsweise Kinder in Zukunft seltener ihre Eltern pflegen. Krankheiten wie Alzheimer ändern sich nicht, und der Arzt gibt nach der Diagnose den Patienten an Pfleger ab. Sie übernehmen alles andere, von der menschlichen Pflege über Prophylaxe bis zur medikamentösen Therapie.

Der Elektriker von gestern hat sich vornehmlich um Stromanschlüsse, die Hausverteilung und Dimmer oder Bewegungsmelder gekümmert. Heute geht es um Hausleittechnik, um Daten- und Kommunikationssysteme, um BUS-Systeme und ihre komplexen Vernetzungen, um die Kommunikation zwischen Waschmaschine, Heizkessel und Stromzähler. Es geht um Smart Homes – und die Kundenwünsche hinsichtlich Funktionalität, Sicherheit, Schnelligkeit. Nehmt irgendeinen Beruf und sprecht mit Menschen, die in diesem tätig sind. Oder schaut Euch selbst an. Wenn Ihr sagen könnt, dass sich seit zehn Jahren nichts geändert hat, solltet Ihr Euch große Sorgen machen. Selbst bei analogen Tischlern, Maurern und Dachdeckern hat sich vieles getan.

Dabei wird die Digitalisierung Handwerker nicht so schnell ins Hintertreffen bringen, denn smarte Tools oder Roboter können helfen, aber nicht übernehmen. Wir steuern hier allerdings aus ganz anderen Gründen der nächsten hausgemachten Katastrophe entgegen: Stein auf Stein klingt romantisch (oder auch furchtbar langweilig – es weckt die alten Bilder von bierbäuchigen Männern mit Bauarbeiterdekolleté, die stumpf vor sich hin schuften und keine Wachstumschancen haben), stellt aber nur einen Bruchteil der tatsächlichen Arbeit dar. Diverse Gewerke müssen koordiniert, unzählige technische Regeln und Vorschriften beachtet, viele Nachweise erbracht werden. Irgendjemand muss das alles zunächst mal wissen. Dann müssen die unterschiedlichsten Facharbeiter vom Architekten über Sachverständige, Brandschutzbeauftragte und Planer der technischen Gebäudeausrüstung bis hin zum Bauherrn sowie diverse Handwerker das Ganze umsetzen – und zwar professionell und gemeinsam.

Auch wenn die gesteigerten Anforderungen in solchen Branchen und gerade mit Blick auf die Kassen noch viel zu oft unterschätzt und ignoriert werden: Fakt ist, die Arbeit – unsere Arbeit – findet vermehrt im Kopf statt. Die Komplexität der Systeme fordert uns in jedem Bereich und fragt nach cleveren Herangehensweisen und intelligenten Lösungen, nach gesundem Menschenverstand und menschlicher Empathie. Das Durchdringen, Erfassen und Erstellen solcher vielschichtigen und klugen Strukturen, die zudem gefühlt unendlich skalierbar und überproportional effizient sind, steht den stets gleichen körperlichen Bewegungen, die immer weiter automatisiert werden, gegenüber. Und gewinnt. Weil die Märkte es fordern.

Frisst die Digitalisierung ihre eigenen Kinder?

All das könnte aber nicht nur verändern, welche Tätigkeiten durchzuführen sind und wie dies organisiert wird, sondern auch: das Beschäftigungsmodell der Zukunft. Wie sieht es aus? Nach welchen Kriterien werden welche Tätigkeiten an welche (Mit-)Arbeiter vergeben? Wo auf der Welt sitzen diese und wie werden sie entlohnt? Über Rahmenbedingungen fest angestellter Mitarbeiter, wie Arbeitszeit, Arbeitsort und Vergütung, ist in Kapitel 7 einiges zu erfahren. Hier geht es um eine grundlegendere Diskussion, ob es

etwa für die Festanstellung im Zeitalter der Sharing Economy überhaupt eine Zukunft gibt. Und ob wir mit den Erträgen alternativer Beschäftigungsformen überleben können. »Es ist nicht der Unternehmer, der die Löhne zahlt, es ist das Produkt.« Weise Worte von Henry Ford. Wahrscheinlich fühlt sich der Anwalt oder Unternehmensberater gerade genauso angesprochen wie der Milchbauer. Letzterer weiß, dank der Milchpreise, wovon die Rede ist: Wir sind auf dem Weg »zurück in die Zukunft«, Steinzeit 2.0.[28]
Wenn man sich durch die mittlerweile weit bekannten Online-Plattformen für Dienstleistungen klickt (in den USA greift Upwork auf zehn Millionen Freiberufler aus der ganzen Welt zu), findet man nicht nur die üblichen Verdächtigen wie Designer und Texter. Auch Ingenieure, BWLer und Anwälte tummeln sich mittlerweile hier und erstellen Logos, Slogans, Pflichtenhefte oder Fachartikel – oft genug für 'n Appel und 'n Ei. Und die Kunden? Sind nicht nur die selbstständige Friseurin, die ein Logo braucht, oder der Fußballclub von nebenan, der neue Trikots sucht. IBM entlässt in Deutschland seit einigen Jahren kontinuierlich einen beachtlichen Teil seiner Kernbelegschaft. Die zu erledigenden Projekte werden nun weltweit für Freelancer ausgeschrieben. In kleinen Arbeitshappen von maximal zehn Tagen.[29] Pharmaindustrie, Universitäten, Automobilbranche, *you name it* – alle sind dabei.
Dabei klingt »Sharing Economy« doch so nett. Geteilt wird hier allerdings so gut wie gar nichts, schon gar nicht der Gewinn und schon gar nicht mit den Freelancern, die von einem Minigig zum nächsten spurten. Unabhängig davon, ob wir oder Ihr das toll finden, der Wettbewerbsdruck wird eine weitere Effizienzsteigerung dieser Art in Arbeitsteilung und Outsourcing wohl nötig machen. Kurzum: Solche Plattformen mit ihren Vorgehensweisen komplett zu verteufeln, würde an der Realität vorbeischießen. Es wird mehr davon auf uns zukommen, vielleicht wird es sogar schon bald die übliche Beschäftigungsform werden. Generation Praktikum wird zu Generation 99-Cent-Dienstleister. Und das in ständiger Konkurrenz mit den Freelancern aus China und Indien.

Darauf ausgelegte und angepasste soziale Sicherungssysteme? Vielleicht eine Form der Künstlersozialkasse, in die jedes Unternehmen, das Freelancer – ob Künstler, Anwalt oder Koch – bucht, einzahlt? Entsprechende gesetzliche Regelungen, zum Schutz der Online-Minijobber? Zur Abfederung des internationalen Konkurrenzdrucks? Na ja, im Bundestag wird noch immer von Neuland gesprochen. Das kann also dauern.

Für Unternehmen bleibt gleichzeitig zu hinterfragen, wie effektiv diese Art des Outsourcings wirklich ist: Gewinnen Unternehmen tatsächlich unterm Strich, wenn sie billig und schnell Freelancer buchen, egal aus welcher Weltregion? Designer einkaufen, um ihr Corporate Design zu relaunchen, Ingenieure und Troubleshooter, um ein Projekt voranzutreiben? Wie gut sind die Ergebnisse? Stehen die gemachten Abstriche bei Identität und Unternehmenseinblick in einer gesunden Relation zum Preis eines Festangestellten, der diese Aufgaben von innen heraus gelöst hätte? Perspektivwechsel sind gut und bringen Schwung, es ist also nicht per se schlecht, punktuell freie Mitarbeiter zu nutzen.

Letztendlich wird es die Mischung machen – und der globale Markt womöglich viele Unternehmen dazu zwingen, zumindest über all das nachzudenken. Solange es dafür noch keine rechtlichen Rahmen gibt, bleibt hier nur, an Euer Gewissen zu appellieren: Wenn ein Freelancer Euch schon mehrfach begeistern konnte, wie wäre es mit einer Festanstellung? Oder zumindest einer angemesseneren Bezahlung als 4,99 Euro für den Namen Eures nächsten Produkts? So zumindest könnten solche Plattformen auch gute Einstiegsmöglichkeit bleiben, die erlauben, uns einen Namen zu machen, erste Kunden zu finden, Referenzen und Erfahrungen zu sammeln. Da sieht IBM als Case Study doch schon recht ansehnlich aus. Bleibt man jedoch zu lange dort und sind zu viele der Kunden einfach nur geizig, wird dieses Sprungbrett zum Sargdeckel. Und wir befinden uns schnell auf dem Weg ins Prekariat.

Doch wo wir gerade bei Generation 99-Cent-Dienstleister sind: Generation Niedriglöhner, Generation Leiharbeiter, Generation befristeter Arbeitsvertrag, Generation ohne Kündigungsschutz sind wir eigentlich schon.[30] Doch das nur nebenbei, diese Fässer können hier nicht alle geöffnet, geschweige denn ihrer Tragweite gebührend diskutiert werden. Das sind Frachten für ein anderes Schiff.

Bedingungsloser Sinn

Andere Länder stechen allerdings schon in die entsprechenden Seen: das bedingungslose Grundeinkommen. Warum? Für eine gerechte Verteilung in Zeiten des Wandels, der Übergänge mit weniger komplexen und schlechter bezahlten Jobs, aufgrund der Erkenntnis, dass nicht jeder den Anforderungen gewachsen ist. Finnland zum Beispiel will die Testphase mit 1500, maximal sogar 10 000 Bewohnern starten. Zwei Jahre lang erhalten dann zufällig ausgewählte Menschen maximal 750 Euro monatlich. Sozial- und Arbeitslosengeld fallen weg, doch alle anderen eventuell zustehenden Leistungen bleiben erhalten. Wir werden sehen, welche Ergebnisse das Experiment bringt und wie diese diskutiert werden.
Entscheidend für Euch ist hier allerdings: Dieses Konzept hat einen signifikanten Zusammenhang mit Digitalisierung, mit Amazons Drohnen oder dem selbstfahrenden Auto. Die Schweiz, Kanada, Kenia und die Niederlande haben das erkannt. Finnland ist nämlich nicht das erste Land, das das bedingungslose Grundeinkommen als Lösung für unsere digitalisierte und robotisierte Arbeitswelt sieht.[31] Sogar der US-amerikanische ehemalige Arbeitsminister unter Bill Clinton und jetzige Berkeley-Politikprofessor Robert Reich ist überzeugt von dem Modell.[32] Deutschland wird hier noch seine Zeit brauchen, fürchte ich. Und das, obwohl so erfolgreiche und clevere Unternehmer wie Götz Werner (dm-drogerie markt) diese Idee seit Jahrzehnten mit verdammt guten Argumenten verfechten.[33] Interessanterweise blasen die Unternehmer im Silicon Valley ins gleiche Horn, auch wenn sie möglicherweise

andere Hintergedanken haben. Denn es ist kein Zufall, dass so viele Entwickler und Programmierer das bedingungslose Grundeinkommen vorantreiben. Sie sind so nah und schon so lange an der Quelle dieser Entwicklungen, sie sehen, was passiert und wohin sich das Ganze bewegt.

Wenn wir immer effizientere, intelligentere und autonome Geräte bauen, befinden wir uns womöglich schon bald in einem Stadium, in dem die bekannten Theorien und Modelle zu Wirtschaft und Kapitalismus nicht mehr greifen. Zumindest nicht mehr in einer Art und Weise, die es ermöglicht, Menschen mitzunehmen, die nicht solche smarten Algorithmen programmieren (können).

Dreißig sind die neuen vierzig

Vielleicht müssen wir bald alle deswegen auch nicht mehr acht Stunden am Tag und vierzig Stunden die Woche in einem Büro sitzen, weil vieles dann ein Algorithmus steuert? Mal ehrlich, wer weiß, warum wir bei plus/minus dieser Wochenarbeitszeit gelandet sind? »Samstags gehört Vati mir!« In allen Ehren, aber nach vielen Jahrzehnten haben die vierzig Stunden vielleicht mal ausgedient. Mir ist bewusst, dass Arbeiter vor rund zweihundert Jahren noch sechzehn Stunden malochen mussten. Aber als Argument kann man das nicht ernst nehmen. Es war so, ja. Aber früher mussten die Menschen körperlich hart arbeiten, um ihr Überleben zu sichern. Heute sieht die Welt komplett anders aus. Kann man bei der gestiegenen Komplexität und den neuen Anforderungen überhaupt so lange produktiv sein? Und muss man es? Die Digitalisierung schlägt sich in einer direkten Produktivitätssteigerung nieder, wenn auch noch nicht ganz so stark, wie es einige erhofft hatten. Obwohl die Digitalisierung durchaus Potenzial hat, unsere Produktivität in die Höhe schnellen zu lassen.[34] Vielleicht wird das Relevante dabei aber gar nicht erfasst. Ökonomen diskutieren sich die Köpfe heiß – sollen sie. Denn so kommen wir womöglich endlich zur Einsicht.

In Schweden sind diverse Testreihen über eine Dreißig-Stunden-Woche gelaufen, mit unterschiedlichsten Ergebnissen. Vor allem deshalb, weil es voneinander abweichende Ziele gab. Krankenstände und Kosten zu minimieren scheint man zumindest in der Altenpflege nicht vollständig durch Maßnahmen wie Stundenreduzierung zu erreichen. Befragt man die Schweden, ist das Experiment dennoch ein Erfolg. Befragt man die Politiker, ist es gescheitert. Die Fluktuation von Mitarbeitern zu reduzieren und die Zufriedenheit von OP-Schwestern zu erhalten, funktioniert mit einer verkürzten Arbeitszeit nämlich schon. Das war auch das vornehmliche Ziel der Arbeitszeitreduzierung auf sechs Stunden pro Tag an der Orthopädie-Station der Uniklinik in Göteborg gewesen. Und sie hat es erreicht, sie hat sogar noch mehr geschafft: Der Umsatz ist um 20 Prozent gestiegen.[35]

Zur ungefähr gleichen Zeit in Deutschland: Der Bundesverband Digitale Wirtschaft (BVDV) hat 2016 den digitalen Reifegrad von hundert deutschen Unternehmen in den Branchen Handel, Produktion und Herstellung bestimmt.[36] 52 Prozent sind – nicht reif. Die Hälfte von ihnen erwartet noch immer den Brief per Post, um ihren Kunden ein Taxi zu schicken. Der Grund: Einigen Unternehmen scheint es noch sehr gut zu gehen. Noch. *Never change a running system.* Es wird nicht mehr funktionieren. Sie haben sich weder digitalisiert noch für Fachkräfte gesorgt. Zukunftsaussichten? Nein, wirklich nicht. Die *FAZ* titelte »Dem Deutschen Mittelstand ist die Digitalisierung egal.«[37] Nach diesem Kapitel: hoffentlich nicht mehr.

2 Spießer mit Vorgarten

Es gibt also noch viel zu tun, bis wir von flächendeckender digitaler Reife sprechen können. Das bedeutet, dass Ihr noch viel zu tun habt, bis wir – die digitalen Generationen – in Euch die Partner finden, die wir brauchen, suchen, mögen. Und bis Ihr erkennt, dass wir grundsätzlich die idealen Mitarbeiter für Euch sind.
Wie wir arbeiten und was wir fordern, wird später klarer sein. Warum Euch das eigentlich nur Vorteile bringt, auch. Bevor wir uns weiter in die Arbeit stürzen, gehen wir jedoch einen kleinen, aber umso relevanteren Umweg: Denn damit Ihr unser Verhältnis zu Arbeit, Berufsleben und Euren Unternehmen vollständig überblicken könnt, solltet Ihr einige Eckdaten über uns, unsere Werte und Kontexte vor Augen haben.
Ein Blick hinter die Kulissen unseres Wertewandels verschafft Euch das notwendige Wissen, das Euch helfen kann, Eure Unternehmen zusammen mit uns am Laufen zu halten. Vielleicht sogar richtig gut, innovativ und mit motivierten Mitarbeitern. Wenn Ihr Euch darauf einlasst, wenn Ihr gewillt seid, diesen Blick auf unsere Geschichte zu werfen, könnt Ihr wesentlich besser verstehen und nachvollziehen, warum es so läuft, wie es läuft (und warum wir immer alles verstehen und nachvollziehen wollen). Unsere Motivation, unsere Ziele und unsere Vorgehensweisen haben Ursachen, die es wert sind, gehört und verstanden zu werden. Das war bestimmt bei jeder Generation so. Doch anders als bei den vorangegangenen haben wir jetzt die Chance, besser, schneller und sinnvoller zusammenzukommen. Und eine ganz besondere Notwendigkeit, dies zu tun: unsere Arbeitswelt von heute und morgen.

Wie viele sind wir – und in welchen Phasen?

2012 kamen in Deutschland nur noch halb so viele Kinder zur Welt wie 1964: rund 1,3 Millionen (Babyboomer eben) im Vergleich zu 670 000 im Jahr 2012. Und in fünfzehn Jahren werden nicht nur diese 1,3 Millionen, sondern alle aus der Sechziger-Generation in Rente sein. Die sind dann mal weg und dem Arbeitsmarkt nicht mehr zugänglich.[1] Wie die Beitragszahler – das dürften dann wir sein – Renten für all diese Ruheständler hinbekommen sollen, weiß aktuell niemand so genau. Oder jeder auf seine Weise. Sei es drum, es finden sich genug andere Baustellen: Die Babyboomer gehen scharenweise, während die jungen Digitalen weit weniger in Scharen nachrücken – und es noch dazu nicht eilig haben, die bestehenden Plätze einzunehmen. Das müssen wir auch nicht, denn zum einen sind wir als neue Fachkräfte zahlenmäßig zu wenige und aufgrund der Veränderungen mehr als gefragt. Zum anderen werden viele der bestehenden Plätze ohnehin gestrichen, wenn die jeweiligen Mitarbeiter in Rente gehen. Und damit meine ich nicht nur die »Geringqualifizierten«, deren Jobs wegen fortschreitender Robotisierung vermehrt wegfallen.

Fachkräftemangel – nicht Fachkräftemängel

Das ist der Punkt: Der Wandel betrifft jeden Beruf, den Ihr kennt, und schafft neue Tätigkeitsfelder, die Ihr und wir uns noch gar nicht vorstellen können. Er betrifft also jeden arbeitenden Menschen. Für Euch mag das eine Quelle der Verunsicherung sein, für uns ist es seit jeher Alltag. Wir kennen nur den Wandel, die schnellen Veränderungen. Das ist nicht das, was uns zu schaffen macht, wenn es ans Arbeiten geht. Viele von uns wollen lernen, wachsen, besser werden. 18 000 verschiedene Bachelor- und Master-Studien-

gänge ermöglichen uns das in einer noch nie da gewesenen Vielfalt.[2] Und Anzahl. 1975 gab es 836 000 Studenten, 2015 über 2,75 Millionen, das sind mehr als dreimal so viele.[3] Und egal was an den Stammtischen geredet wird: Das ist eine Entwicklung, die durchaus zur neuen Arbeitswelt und ihren Anforderungen passt. Wie so einiges, was wir mitbringen.
Nur wird dies leider viel zu oft übersehen, falsch verstanden, fehlgedeutet, ignoriert. Warum? Möglicherweise, weil zu wenig Grundsätzliches hinterfragt, nicht über Tellerränder – oder aus den Chefbüros – geschaut wird, um das große Ganze zu verstehen. Falls doch: Ein erster Hinweis auf veränderte Anforderungen künftiger Mitarbeiter fand sich im vorherigen Kapitel. Und auch der Wertewandel, wie wir ticken und warum wir so ticken, wirkt sich mit unseren individuellen (Nicht-)Priorisierungen mitunter gewaltig auf unser Arbeiten und unseren Blick auf die Arbeitswelt aus. Karriere ist nicht für alle von uns das größte Ziel, wir haben andere Einstellungen dem Lebensinhalt Arbeit gegenüber.
Der Fachkräftemangel kommt noch hinzu: Der Arbeitnehmermarkt (in dem Ihr Euch aussuchen konntet, wen Ihr einstellt) hat sich in den meisten Branchen längst zum Arbeitgebermarkt (in dem wir uns aussuchen können, wo wir anfangen möchten) gedreht. Und so besteht erst recht keine Abhängigkeit gegenüber dem Arbeitgeber, auf der Ihr Euch ausruhen könnt: »Die werden sich schon Mühe geben, schließlich wollen die doch den Job.« Das könnte sich der Bäckereifachverkäufer doch auch denken, wenn wir morgens unser Brötchen kaufen: »Der will ja etwas essen, dann soll er gefälligst warten, sich bemühen und nett sein.« Und der Arzt, der seinen Patienten behandelt. Der Klempner, der den Rohrbruch reparieren soll. Merkt Ihr was? Vieles davon gab es schon. In der DDR. Die »Machtposition« der Handwerker, das »Götter in Weiß«-Konzept – überall und für lange Zeit. Doch das ist nun vorbei. Zu Recht. Denn diese Ungleichheiten führen nirgendshin, außer vielleicht in die kulturelle und gesellschaftliche Steinzeit. Ihr solltet sie hinter Euch lassen, denn die Digital Nati-

ves stellen schon jetzt zirka 30 Prozent der deutschen Arbeitnehmer. Und sie werden immer mehr.

Schubladen – und Chaos im Generationenschrank

Viele haben sicher das Gefühl, doch schon längst einen oder eher viele dieser »typischen« Generationen-Einblicke erhalten zu haben. Doch meist sind es keine »Wahrheiten«, sondern eher Schubladen. Allein die Einordnung anhand von Generation Y (je nach Quelle ab 1980 plus/minus fünf bis zehn Jahre) oder Generation Z (je nach Quelle ab 1995 oder 2000) ist ein wenig irreführend. Denn Y und Z unterscheiden sich, zumindest in Details, vor allem bei Aspekten des Wertewandels. Eine besonders einschneidende Veränderung aber betrifft beide Generationen gleichermaßen: Nachdem es jahrhundertelang nur analoge Generationen gab, ist dies plötzlich vorbei. Es wird nie wieder welche geben. Wir, Generationen Y und Z, sind die Ersten, die schon immer selbstverständlich mit der Digitalisierung aufwuchsen.

Zwar funktionieren pauschale Klassifikationen über gesamte Generationen so gut wie Horoskope – ein Fünkchen Wahrheit findet sich immer. Doch um mit der Heterogenität einer gesamten Generation umgehen zu können, sind wir dann doch wieder geneigt, eben diese Schubladen zu basteln. Bitte sehr, lasst es uns versuchen.

Eine Studie des Kienbaum Instituts an der International School of Management versucht die Einschubladung der Generation Y in vier große Gruppen: in die »Karriereorientierten«, die »Ambitionierten«, die »Erlebnisorientierten« und die »Orientierungslosen«.[4] Letzte wirken mit 13 Prozent etwas abgeschlagen, aber sie sind der erste Beleg für unser Sowohl-als-auch-Prinzip. Die erste Gruppe – die »Karriereorientierten« – legt besonders viel Wert auf mehr oder weniger klassische Karrieremöglichkeiten, ihr Leistungswille steht an oberster Stelle. Auch wenn Familie und Freizeit nicht komplett irrelevant sind, geht die professionelle Entwicklung vor. Ihr könnt hier mit Aufstieg, Gehalt, Führung punkten, kurz: mit einer cleveren und ambitionierten Personalentwicklung.[5] Diese »Karriereorientierten« stellen etwa ein Fünftel der digitalen Generationen dar.[6] Dem gegenüber stehen die »Erlebnisorientierten« (wer immer sich diese Begrifflichkeiten hat einfallen lassen). Sie stellen das Privatleben in den Vordergrund, wobei sie permanent Abwechslung und Harmonie suchen. 29 Prozent von uns sollen laut der erwähnten Studie diesen Weg einschlagen. Sie sind nicht weniger qualifiziert, suchen aber noch nach anderen Befriedigungsmöglichkeiten als der Karriereleiter. Die größte Gruppe stellen mit 38 Prozent die »Ambitionierten«: Auch sie suchen die Karriere, sind ehrgeizig und möchten etwas bewegen. Gleichzeitig streben sie eine gute private Basis, Familie und Sicherheit an. Work-Life-Whatever. Auf jeden Fall möchten sie nicht erst das eine und dann das andere. Dafür tun sie jede Menge – und erwarten dasselbe von ihren Arbeitgebern. Für Euch bedeutet das: Karriere ja, aber diese auch für Mama und Papa ermöglichen. Das heißt: neben der ohnehin konstanten Weiterentwicklung Kita und flexible Arbeitszeitmodelle integrieren.

Wie hilfreich ist nun diese nicht komplett von der Hand zu weisende Unterteilung? Wieso nicht einfach das Personal in diese vier Gruppen einteilen? Oder noch besser: nur noch eine dieser Gruppen rekrutieren? So einfach ist es dann leider doch nicht. Immerhin beweisen diese Zahlen, dass wir nicht dem ein oder anderen Extrem entsprechen, das uns gern klischeehaft und unreflektiert von Presse und Sachbuchautoren nachgesagt wird. Wir sind weder karrieregeile Selbstoptimierer (nur ein Teil von uns – und warum Selbstoptimierung überlebenswichtig ist, erfahrt Ihr auf den kommenden Seiten) noch hedonistische Füße-hoch-Leger (die es natürlich auch gibt). Der größte Teil von uns ist voll bei der Sache. Beruflich wie privat. Und wenn es Kinder zu erziehen oder Eltern zu pflegen, eine Weltreise zu unternehmen oder einen Brunnen zu bauen gibt, priorisieren wir dies auch über die Arbeit, jedenfalls für eine Phase. *We proudly present:* Wir sind die Generation Sowohl-als-auch. Und das ist in meinen Augen die treffendste Bezeichnung.

Auch weil die Zugehörigkeit zu diesen Typen sich je nach Lebensphase schnell ändern kann. Es macht deshalb weitaus größeren Sinn, uns eher in Zyklen und Phasen zu denken als in Typen oder Klassen. Ihr seid – wenn auch unbewusst – sicher schon mit den Konsequenzen von Lebensphasen und Lebenszyklen in Berührung gekommen: Die Dreiteilung »Jugend – Beruf und Familie – Ruhestand« ist hinfällig. Der klassische Angestellten-Lebenszyklus »Ausbildung – Übernahme – Rente« hat ebenso ausgedient und darf in seinen wohlverdienten Feierabend gehen. Interessanterweise laufen damit zwei Entwicklungen einher: Die ursprüngliche, dreigeteilte lineare Abfolge realisieren wir durch Individualisierung der neuen Arbeitswelt und unsere verlängerte Lebenszeit nicht mehr, wie Ihr es gewohnt seid. Stattdessen laufen nun mehrere Stränge nebeneinander, nicht mehr zeitlich hintereinander, und brechen auch mal ab. Sodass wir nun zwei weitere Phasen hinzufügen können, die Jutta Rump, Professorin an der Universität Ludwigshafen mit dem Schwerpunkt Personalentwicklung, identifiziert hat: zum einen die »Phase der Selbstfindung« als junger Erwachsener – weil wir uns mehr Zeit für Abi, Findung, Ausbildung und Studium nehmen (anstatt mit achtzehn nach der Ausbildung fertig zu sein) und diese auch brauchen. Zum anderen die »Phase der Neuorientierung« im mittleren Alter. Also dann, wenn Ihr eigentlich denkt, dass alle angekommen sein sollten und sich nicht mehr groß weiter- oder wegbewegen. Vorsicht, liebe Arbeitgeber, wir sind ohnehin freier, und in solchen Phasen noch ein wenig williger, weiterzuziehen.[7] Damit hätten wir einen Sprung von der Drei- zur Fünfteilung.

Ein Nebeneffekt der New Work: Wir sind in Freizeit und Privatleben praktisch gezwungen, ähnliche Lebenszyklen mehrmals zu durchlaufen, weil wir alle naselang in eine andere Stadt oder ein anderes Land ziehen. Beispiel Sportverein: einmal FC Hintertupfing, immer FC Hintertupfing? Leider nein. Falls wir bei all dem Hin und Her überhaupt noch Zeit, Nerven und Lust auf Gemeinschaft, Vereinsleben und Ehrenamt haben. Statt Kegelclub jetzt also das anonyme McFit im Industriegebiet, statt Stammtisch dann eben Netzwerken mit Peers and Friends aus dem Job im neuen, ach so angesagten Szenelokal? Ob uns das wirklich mit Sinn erfüllen wird, bleibt abzuwarten. Die Frage nach dem wiederholten Durchlaufen der Lebenszyklen mit womöglich auch ständig wechselnden Schwiegermüttern lasse ich hier mal offen – bei der momentanen Explosion von Singlehaushalten ist das vernachlässigbar. So viel vorab zu Work-Life-Blending.

Ersetzt wird der einstige Angestellten-Lebenszyklus aktuell durch einen Mix aus Jobwechseln, Auslandsaufenthalten, Quereinstiegen, Sabbaticals und Start-up-Gründungen. Der rote Faden ist, dass es scheinbar keinen gibt. Wir müssen mit dieser Volatilität klarkommen, das Beste daraus machen. Was aber nicht bedeutet, schutzlos ausgeliefert zu sein: Wir ziehen einfach weiter, wenn etwas nicht wirklich stimmt, wenn unsere Arbeit es nicht schafft, uns zu begeistern, uns zum Brennen zu bringen, Sinn zu machen. Genauso schnell, wie wir für einen Job von Hamburg nach München gezogen sind, sind wir dann auch wieder weg. Entweder beim Unternehmen nebenan oder gleich weiter nach Leipzig, London oder Lissabon.

Lebenslauf – Cross Country

Sprechen wir also über unsere Lebensläufe – aber nicht die, die Ihr meint. Diesen Wisch, für den es Millionen Vorlagen gibt, damit wir bitte ach so konform sind, Eure Geschmäcker treffen und zeigen, dass wir brav nach jemandes Regeln spielen können, interessiert uns nicht wirklich. Natürlich ist es eine nette Zusammenstellung unseres Lebens, die Ihr in kurzer Zeit überfliegen könnt. Doch ein genauerer Blick auf unsere wahren Lebensverläufe hat eine andere Brisanz: Er zeigt, wie wir Arbeit definieren, wie wir sie leben und was wir dafür tun. Ein kleiner Vorgeschmack: Das Freiwillige Soziale Jahr nutzten 1971 nur 1300 junge Leute, knapp zwanzig Jahre später waren es bereits 6000[8], und im Jahr 2015 entschieden sich mehr als 38 600 dafür.[9] Deutsche Studenten im Ausland waren 1980 mit 18 000 eher Mangelware, verglichen mit den 116 000, die 2016 an ausländischen Unis studiert haben.[10] Apropos Unis: Abbruchquoten von 33 Prozent an Unis und 23 Prozent an Fachhochschulen deuten ähnliche Disruptionen an.[11] Aber hey, dafür heiraten wir – bei einer sinkenden Scheidungsquote[12] – immer später, 2014 die Frauen im Schnitt mit einunddreißig Jahren, Männer mit 33,7 Jahren.[13]

Und wo wir gerade dabei sind, sprechen wir über Geschlechterrollen. Auch wenn sie für uns eigentlich gar kein großes Thema sind – Ihr macht sie permanent zu einem. 86 Prozent aller Generation-Y-Frauen sind Teil eines Dual Career Couple, bei dem beide Partner beruflich Karriere machen. Mehr Mädchen als Jungen erreichen die Hochschulreife, und das mit besseren Abschlüssen.[14] Das Resultat? Die heiß diskutierte Frauenquote. Herzlichen Glückwunsch, Ihr befindet Euch in der Steinzeit. Denn sosehr Ihr auch auf Noten steht: Frauen haben es trotzdem noch immer schwerer als Männer, als ebenso kompetent anerkannt zu werden. Männer sind in Bezug auf Karriere klar im Vorteil. Nur 19 Prozent der jungen Frauen in Deutschland sind zuversichtlich, wenn es um ihre Aufstiegschancen geht. Sie sind zu Recht unsicher, denn sie werden tatsächlich schlechter bewertet. Weil sie Frauen sind. Das ist Fakt und in Studien verifiziert.[15]

Was ist da los? Scheinbar verfallen Männer jeden Alters immer wieder in dieses verstaubte und dumme Denken, sie seien irgendwie doch die Krone der Schöpfung. Ich kann mir das nur als Zeichen eigener Schwäche erklären, als gefühlt letzten Ausweg, bevor sie sich eingestehen müssen, dass jemand besser ist als sie selbst. Und so quatschen sie sinnfrei, wenn es um Diversity geht, leben aber (zumindest unbewusst) eine völlig andere Einstellung. Auf dem Rücken der Frauen: 71 Prozent der Generation-Y-Frauen finden die versprochene Chancengleichheit ihrer Arbeitgeber nicht vor. Da können sie die ehrgeizigsten und selbstbewusstesten Frauen aller Generationen sein, solange Krone-der-Schöpfung-Typen die Entscheidungsgewalt haben, tragen sie diese als bleierne Gewichte mit sich herum. Da gibt es Unternehmenslenker, die über den Fachkräftemangel heulen, aber dann unfähig sind, einen großen Teil ihres Problems vom Tisch zu wischen, indem sie statt nach Qualifikation nach Geschlecht gehen. Gigantische Fremdscham, mehr bleibt nicht übrig. Auch wenn wir in der Mehrheit gegen Frauenquoten sind (bei den jungen Frauen sind es 66 Prozent), wundert es uns nicht, dass man zu solchen Maßnahmen greifen muss.

In achtzig Tagen um die Welt – und zwischendurch an den Schreibtisch

In unserem Lebenslauf können wir zwar Geschlecht, Religion und Herkunft anonymisieren, nicht aber unsere gelebten Erfahrungen. Vieles von dem, was wir tun, mag Euch seltsam vorkommen, inkohärent, wirr. Klar, Ihr könnt sagen, ein Auslandsaufenthalt bedeutet vor allem Spaß, Party und Sightseeing – doch es ist noch viel mehr. Wir kommen mit Erlebnissen heim, mit Kontakten, Ideen, Eifer. Natürlich haben wir auch gefeiert (wobei wir durchschnittlich nicht die Partylöwen früherer Generationen sind, machen wir uns nichts vor[16]), aber vielleicht nicht in abseits gelegenen Hotelburgen, die einzig Deutsche und vielleicht noch ein paar Engländer beherbergen, *all inclusive,* versteht sich. Wir waren mittendrin (ein danke an die Gastgeber bei Airbnb und Couchsurfing), beschäftigen uns mit den Menschen vor Ort und mit uns selbst. Das tun wir übrigens auch bei den vielen Jobwechseln, aber dazu kommen wir später.

Euch scheint das aber nicht zu gefallen: Ein Jahr Yolo (*»You only live once«*) in Australien? Zwei Jahre jobben an der Tankstelle? Vier Wechsel des Studienfachs von Grafikdesign über Germanistik und Jura zu BWL? Was für ein Chaos, was für eine Unseriosität! Das ist so unglaublich kurzsichtig von Euch, dass es uns immer wieder die Sprache verschlägt. Viele Digital Natives machen sich in ihrer Lebensplanung schon deshalb gar keine Gedanken mehr darüber, ob etwas im Lebenslauf gut oder schlecht aussieht: Eure Reaktionen sind oft so unlogisch, borniert und sinnlos, dass so mancher aufgegeben hat, es Euch recht machen zu wollen. Dabei ist es gar nicht so schwer:
Ein Jahr Yolo in Australien bedeutet Lebenserfahrung, Eigenverantwortung, Mut und Engagement. Nach zwei Jahren jobben an der Tankstelle ist die Wahrscheinlichkeit sehr groß, dass Euer neuer Mitarbeiter Euch, die Aufgaben, die Abwechslung und das Gehalt sehr schätzen wird – es sei denn, Ihr bietet in diesen Punkten nicht viel mehr an als die Tankstelle. Vier Wechsel des Studienfachs? Leute, wenn jemand diese Wechsel auf sich nimmt, ist er wirklich, wirklich bemüht, das Richtige zu finden. Er ist offen genug, es mit kreativen, generativen, präskriptiven und konservativen Themen aufzunehmen. Ist Euch eigentlich klar, dass die Spülmaschinenpads mit der Kugel in der Mitte verdammt gute Verkaufszahlen erreichen und von Toffifee abgekupfert wurden? Dass es dafür auch einen Namen gibt? Schon mal was von Cross-Industry-Innovation gehört? Das gibt es auch bei Skiern, die dank Geigenbauern so schnell sind, Getränkeautomaten, die ihre Dosiertechnologie der Medizintechnik verdanken, oder Sportschuhen, deren Dämpfung auf Formel-1-Stoßdämpfern basiert.
Mitarbeiter, die ihren Studiengang (oder auch Arbeitsplatz) mehrfach gewechselt haben, könnten viele solcher Ideen mitbringen beziehungsweise konstant produzieren. Sie können ihr Team permanent motivieren, über seinen Tellerrand zu denken, andere Perspektiven – zum Beispiel die Kundenperspektive – einzunehmen und Vorreiter zu werden. Oder findet Ihr das doof? Gehen Euch

Mitarbeiter auf die Nerven, die ständig mit neuen Ideen oder gar – Gott bewahre – Forderungen kommen, sich am Kunden orientieren und dem Wettbewerb voraus sein wollen? Dann macht es natürlich Sinn, sich bloß nicht solche Leute ins Haus zu holen, nachher sind die noch besser als Ihr.

Dem zugrunde liegen Fragen, die Ihr Euch offensichtlich viel zu selten stellt, sie als irrelevant erachtet oder einfach uns gegenüber nicht zugebt: Warum, wie lange und wie glücklich müssen, wollen und können wir arbeiten? Wie erfüllt könnten wir sein, wenn wir knappe 50 Prozent unseres Lebens als fest vordefinierte Phase verstünden, die direkt nach dem Studium oder der Ausbildung startet und bis zum Gehstock dauert?

Richtig, ein Blick in den Spiegel wird so manchen nicht allzu sehr erfreuen. Der Blick aufs Konto vielleicht ebenso wenig, wobei wir mit fünfundzwanzig nicht unbedingt den ersten Kredit für ein Auto einplanen. Wir kennen aber die Konsequenzen aus fünfzig Jahren Frust, wir haben Eltern, Großeltern und Freunde jeden Alters, die uns zeigen, wie es seinerzeit gelaufen ist. Na ja, wie es bei vielen noch immer läuft. Aber eben nicht bei uns und nicht mit uns. Ob das nun wieder die gern zitierte Zickigkeit oder Arroganz der digitalen Generationen (oder nach Sokrates ohnehin jeder jungen Generation) ist, lasse ich dahingestellt, denn das ist nicht der Punkt. Entscheidend ist vielmehr, dass Ihr und wir verstehen, was dazu geführt hat, dass wir so sind. Wir sind nämlich auch nur Produkt unserer Umwelt – auf die wir uns einzustellen versuchen. *Survival of the fittest* und so. Diese Entwicklung hat sich niemand bewusst ausgesucht, und auch ihre Konsequenzen nicht. Sie sind nicht rückgängig zu machen – deshalb machen wir das Beste daraus.

Jeder nach seiner Façon?

Unser »Problem«, wenn Ihr das so nennen wollt, ist ein gesellschaftlicher Entwicklungsprozess, der seit einiger Zeit läuft und in den vergangenen Jahrzehnten seine Spitze fand. Das Ganze nennt sich beim Soziologen »Individualisierung«.[17] Unabhängig jeglicher Bewertung ist entscheidend, dass wir in einer großen Freiheit, die uns gegeben wurde, aufgewachsen sind und irgendwie mit ihr umgehen müssen, bewusst und unbewusst. Stabile Rahmenbedingungen wie eine feste Firmenzugehörigkeit von der Ausbildung bis zur Rente gibt es genauso wenig wie eine Familienzugehörigkeit, wie Ihr sie noch kennt. 2009 wuchs bereits fast ein Viertel in einer Patchwork-Familie oder mit nur einem Elternteil auf.[18] Ehen mögen aus anderen als romantischen Zwecken erfunden worden sein – und zu einer Zeit, als die Lebenserwartung noch deutlich geringer war. Das Konzept war gar nicht darauf ausgelegt, bis zum achtzigsten Lebensjahr zu halten. Bei der Unternehmenszugehörigkeit ist das nicht viel anders.

Dieser Entwicklungsprozess einer Befreiung von gesellschaftlichen Strukturen, Konventionen, Traditionen bringt die ständige Neukonzeption des Individuums mit sich. Dies nahm bereits im 15. Jahrhundert seinen Anfang, als Martin Luther uns mit seiner Bibel-Übersetzung ins Deutsche erstmals eine kritische Auseinandersetzung mit der Kirche – und damit mit Macht- und Regelinstrumenten – ermöglicht hat. Mit der Aufklärung, der Industrialisierung, dem gesellschaftlichen Wohlstand, den wachsenden Möglichkeiten des sozialen Aufstiegs und wachsenden Zugängen zu Wissen folgten weitere große Schübe der Individualisierung.[19]

Besonders die Industrialisierung im 19. Jahrhundert löste die Arbeit aus vorgegebenen Stände-, Familien- und Schichtsystemen und stellte das Ich in den Mittelpunkt: Man konnte sich hocharbeiten und eine eigene Identität stiften – oder besser gesagt: erschuften. Der Weg war hart, steinig und leistungsbezogen. Aber immerhin konnte man erstmals durch eigene Leistung aus scheinbar festen Zugehörigkeits- und Gesellschaftsstrukturen ausbrechen. Übrigens begann Arbeit erst ab dieser Zeit marktvermittelt stattzufinden. Eigentlich unvorstellbar.

Darf es ein bisschen mehr sein?

Mit dem steigenden gesellschaftlichen Wohlstand nach dem Zweiten Weltkrieg haben wir – oder besser gesagt Ihr – intensiv damit begonnen, Traditionen, Regeln und Autoritäten erneut infrage zu stellen. Gehorsam verlor an Bedeutung, Selbstbestimmung und freier Wille standen endlich hoch im Kurs. Vor allem aber öffnete sich der Zugang zu Wissen und Bildung: Der Sohn des Bauern konnte nun leichter Arzt werden, die Tochter der Kindergärtnerin Juristin – mach und werde, was Du willst, verwirkliche Dich (für uns übrigens unvorstellbar, dass das nicht immer ging)! Die Bildungssysteme wurden immer durchlässiger, Förderungsmöglichkeiten wuchsen – perfekt ist es noch nicht, aber es wird zumindest (langsam) besser.

Die Nachkriegsgenerationen vor uns durften bereits eine gewisse Sicherheit und einen Wohlstand erleben, die neue Möglichkeiten der Lebensplanung mit sich brachten, ob beruflich oder privat. Bei uns ging diese Entwicklung weiter: Ein Großteil der digitalen Generationen ist mehr als behütet aufgewachsen, auch finanziell – und mit allen erdenklichen Chancen und Wegen, unser Dasein zu gestalten. Nach den großen Karrierezielen sind nun weitere Perspektiven hinzugekommen und gar in den Vordergrund gerückt. Verrücktes Zeug wie Selbstverwirklichung, Familie, Glück und lebenslanges Lernen. 39 Prozent von uns legen auch nicht mehr Wert darauf, unsere Eltern zu übertrumpfen, was den beruflichen und sozialen Aufstieg angeht. »Unsere Kinder sollen es mal besser haben als wir.« War einmal. Wir brauchen diese Herausforderung nicht, uns ziehen ganz andere an.

Dieses Rad drehte sich in den vergangenen fünfundzwanzig Jahren kontinuierlich weiter und wir uns mit. Weder Kirche noch Familie haben sich als feste Zugehörigkeitsstrukturen dargestellt. Die Ketten gesprengt, sind wir aber nicht in Schockstarre verfallen, sondern haben agiert, uns den Rahmenbedingungen angepasst. Das war nur konsequent. Alle Autoritäten, Regeln und Traditionen waren schon von Euch hinterfragt worden, da konnte man nicht mehr zurück – na gut, die Kreationisten taten es, aber die zeigen auch, wohin das führt. Wir aber sind in der Mehrzahl vorangegangen. Allein, aber gemeinsam.

Von Selektion zu Selbstverwirklichung zu Selbstoptimierung

Als Kinder stand vielen von uns nichts im Weg, wir konnten alles machen. Natürlich gab es vor zwanzig Jahren soziale Unterschiede, und die gibt es auch heute noch. Dennoch sind die Möglichkeiten für alle tendenziell gewachsen. Was toll ist, aber die Qual der Wahl mitbringt. Bei unserem Konsum- und Informationsverhalten haben wir diese Qual mit einer stetig optimierten Selektionsfähigkeit kompensiert. Schnell erkennen wir, welcher Mehrwert für uns vorliegt, ob Produkt und das dahinterstehende Unternehmen authentisch sind, was andere dazu sagen. Na? Hört sich das nicht an wie ein typisches Arbeitnehmerverhalten? Richtig. Warum sollten wir es hier auch anders machen.
Die Auswahl ist groß und wir interessiert, aber da wir nicht alles machen können, müssen wir uns entscheiden. Möglichst schnell. Das kennen auch andere Generationen vor uns. Der Unterschied besteht aber darin, dass die Entscheidungsmöglichkeiten höher und gesellschaftliche Zwänge weniger präsent sind. Selbstverwirklichung? Check!
Das bedeutet aber auch: Wir können niemandem mehr, keinem Schicksal oder keiner Gesellschaft, die Schuld für unsere Lebensläufe in die Schuhe schieben. Wir müssen uns jetzt selbst darum kümmern. Fein. Schicksalsschläge sind zu Eigentoren mutiert, denn sie sind einzig und allein Konsequenzen unserer Entscheidungen. Das bringt satten Druck und Stress mit sich. Und lassen den nächsten Schritt, mit dem wir seit jeher zurechtkommen mussten, nur logisch erscheinen: ständige Selbstoptimierung. Strategi-

sche Lebensführung. Nicht damit wir möglichst wenige Fehler machen, nicht, weil wir so locker-flockig leben, weil wir hochnäsig oder arrogant oder schlicht dumm sind, sondern weil wir überhaupt erst einmal einen Weg durch den Möglichkeitsdschungel finden müssen. Dabei machen wir gerade Fehler und müssen aus ihnen lernen (Trial and Error und Learning by Doing sind Bestandteile unseres Verhaltens), müssen diese schnellstmöglich durch neue, gute Entscheidungen wettmachen – also tun wir es auch. Der größte kaum zu korrigierende Fehler wäre, aus Angst vor Fehlern das eigene Leben nicht in die Hand zu nehmen.

Vorgezeichnete Lebenswege gibt es immer weniger, und voran- und weiterkommen möchten wir auf jeden Fall. Also optimieren wir bei Unsicherheiten ständig weiter – wir bestimmen ja schließlich über uns selbst. Wenn wir uns in eine schlechte Lage – sagen wir mal, einen unbefriedigenden Job – hineinmanövrieren, stehen wir selbst als einzige Verursacher da, sodass wir im nächsten Schritt weiter optimieren müssen. Das bedeutet weiterziehen, aktiv. Ihr haltet uns im schlimmsten Fall auf, bremst, langweilt uns – aber nur wir selbst stoppen uns endgültig, wenn wir nicht weitersuchen. Das kann sogar passieren, selbst wenn Ihr uns nicht bremst, aber wir das Gefühl haben, uns doch noch in einem Start-up oder auf einer Weltreise beweisen zu müssen. Wir suchen dann nicht die Gefahr, sondern uns und unsere Optimierung.

Dieser Grad an Selbstverantwortung und die zwingende Notwendigkeit von Selbstoptimierung können durchaus hilflos machen, überfordern. Orientierungslosigkeit und Einsamkeit sind dann weit verbreitete (und noch die harmlosesten) Symptome. Aber da wir soziale Wesen sind und es durchaus bei allen Individuen Ähnlichkeiten gibt, raufen wir uns doch wieder zusammen. In weichen Strukturen und flexiblen Gruppierungen, die wir frei wählen und die wir jederzeit verlassen können.[20] Oder eben müssen. Wir suchen uns Gleichgesinnte, ein soziales Gefüge, das uns bis zu einem gewissen Grad auffängt. Auch wir brauchen Halt und Orientierung![21] Der sehr passende Begriff für dieses Phänomen lautet »uniforme Ungleichheit«. Jeder muss sich seinen individuellen Weg bahnen (Ungleichheit), durch die freiwillig-notwendige Orientierung entsteht aber doch wieder eine gewisse Uniformität.

Anders als Kirche und Familie ist dieser Bezugsrahmen aber bei Bedarf austauschbar. Zu einem solchen Bezugsrahmen wird in diesen Kontexten beinahe automatisch die Arbeit. Und es stimmt: Arbeit ist Leben, zu unserer Identität gehört unser Job – und zwar nicht nur acht langweilige Stunden am Tag. Wenn wir zu Euch kommen, wollen wir etwas erleben, an dem wir intensiv beteiligt sind. Wir möchten spannende Aufgaben, Verantwortung und das Gefühl, etwas Wichtiges zu machen. Und deshalb werden wir auch nicht ewig in einer Firma bleiben, in der wir noch immer als Nummer durchgehen und nicht als Name. So kompliziert ist das nicht. Wir stilisieren unseren Arbeitsplatz zur Ersatzfamilie, in der wir glücklich, integriert und gefordert werden. Sind wir es nicht, reichen wir die Scheidung ein. Selbst wenn es für uns dieses leidige Neustarten bedeutet, dieses Weiterziehen.

SETI – nur erfolgreich

Bei unserer »freiwilligen Eingliederung«, der uniformen Ungleichheit, suchen wir andere Menschen als Absicherung, zum Selbstbild-Fremdbild-Abgleich. Richtig, das war in einem gewissen Maße schon immer so. Wir brauchen diesen Abgleich, um uns selbst zu finden, heute in einer neuen Qualität – und ja, das hängt mit Eurem Lieblingsthema Feedback zusammen (ich komme noch darauf zu sprechen).

Dass wir einen so intensiven Kontakt brauchen, steht auch in einem Zusammenhang mit unserer Erziehung: Wir haben fürs Mitmachen Medaillen erhalten, wir waren schon toll, wenn wir irgendetwas getan haben, manchmal sogar, wenn wir gar nichts taten. Und wir durften überall mitreden, schon als Dreijährige das Urlaubsziel mitbestimmen. Weil wir auf Augenhöhe mit unseren

Eltern standen. Das führte dazu, dass wir es gewohnt sind, auf Schritt und Tritt eine Rückmeldung zu bekommen (und zu geben). Andererseits allerdings auch dazu, dass wir verwundert bis verstört sind, bleiben diese Rückmeldungen aus. Als würden plötzlich die Kreise ausbleiben, die entstehen, wenn man einen Stein ins Wasser wirft. Unheimlich, falsch, unnatürlich.

Das Selbstwertgefühl ist bei vielen von uns an diese konstanten Re-Aktionen geknüpft. Bleiben diese aus, können wir unsere Leistungen schlechter einordnen, weniger lernen, weniger optimieren. Unser Selbstwertgefühl meldet Lücken, wir fühlen uns unwohl. Das geschieht übrigens auch, wenn wir fröhlich und zufrieden vor uns hin arbeiten, um dann ein Jahr später zu hören, dass alles nicht wirklich gut war, wir Fehler gemacht haben, wir es anders hätten angehen müssen. Dann doch lieber in kleinen Häppchen etwas fertigstellen und effizient optimieren.

Und optimieren werden wir. Wenn es sein muss anderweitig, im schlimmsten Fall mit einem Jobwechsel. Auf jeden Fall aber mit neuen Kommunikationspartnern, die mit uns im Dialog sind, den wir brauchen. Ihr habt möglicherweise ein anderes Verständnis von adäquater Kommunikation. Wenn Ihr früher einen Leserbrief geschrieben oder Euch über einen Bericht im Fernsehen oder in der Zeitung geärgert habt, wart Ihr nicht allzu sehr darüber verwundert, dass niemand darauf reagiert. Auf Euren Leserbrief habt Ihr im besten Fall Monate später eine Antwort bekommen. Wir hingegen sind permanent auf bidirektionalen Kanälen unterwegs. Wir haben nicht nur live von den Eltern bei jeder Bewegung eine Reaktion erhalten, das ging für uns dank der digitalen Medien genauso weiter. Du postest ein Foto – viermal geteilt. Du schreibst einen Kommentar – fünfundzwanzig Likes. Du hast einfach nur eine, deine Meinung – und erhältst dafür mehrere »Daumen hoch«. Das heißt für uns so etwas wie »gut gemacht«, und da wir dies von klein auf gewohnt sind, ist es essenziell für unser Selbstbild geworden. Wir brauchen diese Rückkopplungen, um es weiter zu schärfen, um zu wissen, wo wir wie stehen.

Bei allen Entscheidungen stehen wir nämlich als einzige Verursacher da. In der Regel können wir nicht mehr auf familiäre oder soziale Zwänge verweisen, eine Rolle als passiver Statist wird uns verwehrt. Doch falls Ihr gerade darüber nachdenkt, wie Ihr uns aus der Selbstoptimierung einen Strick drehen könnt – vergesst es. Denn eine irritierende Schräglage ist generell auf dem Arbeitsmarkt auszumachen: So gut unsere Situation durch den Arbeitskräftemangel auch zu sein scheint, von Euch werden uns vermehrt unsichere Verhältnisse aufgedrängt. Kein Ponyhof mit unbefristeten Verträgen, die wir dann aus Langeweile oder Lebenslust aufgeben. Im Gegenteil. Ich hatte es im vorangegangenen Kapitel bereits angedeutet, wir gehen eher als Arbeitnehmer zweiter Klasse durch.[22] (Dazu mehr in Kapitel 7) Also optimieren wir lieber einen Tag zu früh, als uns Nichtgestaltung vorwerfen zu lassen.

Unsere Sicherheit

Denn wie schon jede Generation vor uns, suchen auch wir nach Sicherheit. Die war Euch früher bestimmt ebenfalls wichtig, allerdings lohnt hier der Blick auf die Details: Während Ihr auf Geld, Status und Macht aus wart, um Sicherheit zu finden, sind diese Werte bei uns eher abgestürzt.[23] Geld und Aufstiegschancen allein reichen uns nicht als Sicherheit. Das kann in unseren Augen nämlich ganz schnell wieder weg sein. Ja, wir sind scheinbar ein wenig pessimistischer (oder sollen wir sagen, realistischer?) als Ihr, wenn es um die Zukunft geht. Banken- und Energiekrisen, Griechenland, Brexit und so einiges mehr haben uns das Zweifeln gelehrt. Unsere nicht vorhandene Altersvorsorge spricht hier ebenso Bände, ob subjektiv so empfunden oder reell auf uns zukommend. Die aktuelle Weltwirtschaft und Politik hat für uns nicht allzu viel Stabiles. Das mag überzogen sein, ändert jedoch nichts daran, dass unser Stabilitätsradar auf Erdbeben hinweist.
Wo aber finden wir Sicherheit (unsere Form davon), Halt und Ori-

entierung im Leben, wenn die klassischen Leuchttürme ausscheiden? Diverse Untersuchungen haben gezeigt, dass wir sehr viel Aufmerksamkeit auf das Hier und Jetzt richten – und nebenbei versuchen, mit weiteren immateriellen Werten wie Erfahrung, Lernen, Wachstum vorzusorgen. Wir versuchen also sinnvoll zu handeln, eine gute Zeit zu haben – im Moment, nicht in fünfzig Jahren – und viele Erfahrungen zu sammeln. Weil sie bereichernd sind, erfüllend. Und länger halten als das Gehalt. Wenn wir nach acht Monaten, einem Jahr, selbst schon nach zwei Wochen feststellen, dass wir unterfordert oder einfach gelangweilt sind, sollten wir uns trennen. Euch können wir unter solchen Bedingungen einfach nicht das bieten, was wir draufhaben, und Ihr verliert. Uns macht die Situation nur mürbe – und wir verlieren. Also suchen wir den Sinn woanders. Einer von vier Millennials wäre bereit, im nächsten Jahr einen neuen Job anzutreten und etwas völlig anderes zu machen.[24]

Während Ihr uns dafür Naivität, Kurzsichtigkeit und Dummheit bescheinigt – tun wir bei Euch dasselbe. Denn wenn Ihr nicht gerade Chuck Norris heißt, wird es Euch oft ähnlich ergangen sein wie uns: Ihr hattet nur nicht die Chance, echte und »radikale« Konsequenzen zu ziehen. Solche emanzipatorischen Maßnahmen brauchen ihre Zeit. Ihr wärt wahrscheinlich als wahnsinnige Weicheier beschimpft worden. Das werden wir auch – aber zumindest nicht von unserer Peergroup. Wir haben unser Umfeld auf unserer Seite und allen, die dagegen sind, können wir sagen: »Schaut Euch doch an, wir wollen das so nicht machen.« Das ist vielleicht kein Totschlagargument, aber nah dran.

Dabei hätten viele von uns gar nichts dagegen, anzukommen, sich wohlzufühlen, bis zur Rente zu bleiben, gewollt und produktiv und ausgelastet. Wir müssen nicht alle sechzehn Monate neu beginnen, wechseln, umziehen, umschulen. Aber wenn Ihr uns bei unserem Drang nach Selbstoptimierung im Hier und Jetzt nicht unterstützen wollt und nicht auf unsere Bedürfnisse eingeht, gehen wir. Da mögt Ihr uns Weicheier oder Prinzessinnen schimpfen, für uns wäre es viel dümmer, viel mehr Weichei, viel mehr Prinzessin, wenn wir blieben, schlechte Arbeit ablieferten und Punkt siebzehn Uhr alles hinschmissen, Tag für Tag. Um im schlimmsten Fall auch noch von Euch gefeuert zu werden. Nein. Da gehen wir lieber direkt weiter, sammeln auf dem Weg noch Erfahrungen, bilden uns fort, finden Abwechslung – und das Gefühl, das Richtige zu tun. Stillstand im Unglück ist für uns nicht richtig. Stillstand im Glück ist auch nicht unsere Traumvorstellung – bei genauerer Betrachtung ist es jedoch ein Paradox. Denn wenn wir bei einem Unternehmen zufrieden und erfüllt sind, wird es dort kaum Stillstand geben. Die Konstante wäre, dass wir bleiben. Weil wir uns verwirklichen, austoben oder wohlfühlen. Und so schaffen wir uns Sicherheit, indem wir uns und unser Können immer weiter optimieren und uns unabkömmlich machen. Wollt Ihr uns das verübeln? Vor allem nach jahrelangen Stellenausschreibungen mit dem Zusatz »jung und motiviert, aber mit mindestens drei Jahren Erfahrung«? Sicher kaum.

Für uns stiftet Arbeit Identität. Im Umkehrschluss würden wir uns gezielt unglücklich, mürbe und verbittert machen, würden wir in einem Job bleiben, der uns nicht zum Lächeln bringt. Allerdings verlassen wir auch für »unmoralische Angebote« einen Arbeitgeber, der uns relativ zufrieden macht: Wenn ein spannendes Start-up gerade unsere Kompetenzen sucht und genau unsere Vorstellung von Sinnhaftigkeit trifft, können wir nicht ewig Nein sagen. Sind wir vernunftbasiert? Ja! Denn es ist furchtbar unvernünftig, sich große Chancen entgehen zu lassen – vor allem für eine Arbeitsstelle, die man im Zweifel relativ schnell in ähnlicher Form wiederfindet.

Wollen wir uns verwirklichen, geht das nicht mehr nur über die eine Karriereleiter in der einen Firma. Wenn wir aber für Euch wertvoll sind, wie wäre es denn mit einem freigestellten Jahr für diese Start-up-Idee? Wir kommen wieder – und wir werden noch besser sein, noch mehr Erfahrungen haben, die Hummeln im Hintern los sein – oder in Eurem Sinne neu gewonnen haben (und Euren neuen Geschäftszweig aufbauen). Wahrscheinlich werden wir Euch auch mehr wertschätzen, denn das Gras ist woanders nun mal nicht immer grüner. Entscheidend ist aber, dass uns das niemand so einfach weismachen kann. Wir müssen es selbst sehen, selbst erfahren. Wäre nicht auch das eine Win-win-Situation? Wenn Ihr uns freistellt und wir Neues lernen, erfahren, erleben und dann noch besser und wertvoller wiederkommen?

Und für alle, die uns mal wieder Hochnäsigkeit und Ignoranz anstelle der Jammer-Mentalität unterstellen: Nein, wir sind uns nicht vollkommen sicher, ob das, was wir tun, das einzig Wahre ist. Wir sind uns aber sicher, wenn etwas schlecht ist. Unbefriedigend. Mangelhaft. Sinnlos. Viele von uns rechnen in solchen Situationen, wenn wir dann nichts ändern, quasi schon mit einem Bore- oder Burnout, nicht aber mit der eigenen Familie. Like? Wohl kaum.

Bildungssackgassen, unbeleuchtet

Sicher, auch hoch individualisierte Gesellschaften haben noch gewisse Rahmen in Form von Institutionen, die es zu beachten gilt. So sind wir von Bildungseinrichtungen abhängig, die uns einen klaren Ablauf vorgeben: Unser Bildungswesen ist komplett durchstrukturiert und dabei noch auf demselben Stand, den unsere Eltern als Schüler vorgefunden hatten, wenn überhaupt. Ich wusste das, dennoch war ich schockiert, als mein Vater auf einem Elternsprechtag sagte: »Diese Schule, die Klassenräume, ja selbst die Vorhänge sind noch dieselben wie bei uns damals.« Und wäre es nur das. Die Strukturen und Inhalte machen uns mürbe, doch ein Ausweg ist gerade erst in Sicht. Noch wird die Digitalisierung in den Schulen verteufelt und verbannt, die Lehrpläne an Berufsschulen haben von neuen Technologien noch nie etwas gehört. Es ist eine Farce, was sich Schulsystem und Verantwortliche erlauben.

Wage es, weise zu sein

Im Oktober 2016 hat die Bundesregierung endlich eine Offensive zur Digitalisierung der Schulen gestartet.[25] Das wird noch viel Arbeit bedeuten, aber es ist ein erster wichtiger Schritt. Doch was kommt als Antwort der Schreibmaschinen nutzenden Lehrerverbände? Panikattacken. Der digital impotente Hochschullehrer und Hirnforscher Manfred Spitzer wetterte und spuckte: »Suchmaschinen und auch ein Internetanschluss zum Suchen haben an Schulen nichts verloren.«[26] Den Anschluss verloren haben Männer wie er. An die heutige Lebensrealität. Auch wenn es sich hier um Wissenschaftler und Lehrer handeln mag, vergesst sie – und vergebt ihnen, denn sie wissen nicht, was sie tun. Natürlich beweisen ihre Studien nach alten Maßstäben, dass Laptops keinen Zugewinn bringen. Schillers »Lied von der Glocke« am Bildschirm zu lesen oder auswendig zu lernen, ist aber nicht der Punkt. Sondern es geht darum, den Umgang mit einer der wichtigsten Kulturtechniken unserer Zeit zu erlernen: dem unbegrenzten Zugang zu Informationen und Wissen. Computer und Internet schaden? Ja – aber nur denjenigen, die keine Medienkompetenz, keine Ahnung haben.
Statt lateinischer Verbparadigmen und literarischer Unterschieden zwischen Romantik und Renaissance müssen logisches Denken, Programmieren, Informatik und Algorithmen selbstverständlicher Teil des Lehrplans werden. Nur wer weiß, wie Informationen zu organisieren sind, wie Computer und Maschinen denken, nur der hat eine Überlebenschance im 21. Jahrhundert und kann sich als mündiger Bürger begreifen.
Die ersten Ansätze sind zum Glück da, die ersten Umdenker auch, aber bis aus der Theorie Praxis wird, kann es dauern. Und so durchwandern selbst wir mehr oder weniger ohne Rebellion Schulen, Unis und Ausbildungsstätten aus Gründen der Existenzsicherung. Erst eine »solide« Ausbildung, dann das Start-up oder das Kunststudium, sicher ist sicher.

Auslaufmodell Ausbildung?

Moment mal, »solide Ausbildung«? Ranken sich die Diskussionen über die digitalen Generationen nicht häufig um jene, die stereotypisch studiert haben, welterfahren sind, einen attraktiven Job oder gleich ein Start-up gegründet haben? Es stimmt, inzwischen studieren 52 Prozent der Schulabgänger. Eine solche Akademisierung ist bei der steigenden Komplexität des digital-globalen Marktes zwar wichtig und notwendig, doch ebenso wichtig sind hierzulande die Ausbildungsberufe. Nicht auszudenken, wenn niemand mehr wüsste, wie Straßen gebaut, wie streikende Heizungen wieder zum Laufen gebracht und Bremsen im Auto gewechselt werden. Wenn niemand mehr pflegt, in Restaurants kocht oder unsere Lebensmittel produziert. Was nützen uns all die Management-Profis, wenn es an Handwerkern, Metzgern oder Klempnern mangelt – wir also im täglichen Leben aufgeschmissen sind und es immer weniger zu managen gibt? Zum Glück gibt es noch immer junge Menschen, die eine »ganz normale« Ausbildung anstreben. Wobei – wir können hier tatsächlich von Glück sprechen – das in vielen Fällen nahezu ein riskantes Abenteuer ist. Ihr ahnt es, auch hier liegt ganz gehörig etwas im Argen, unsere Sicherheitsglocken schrillen.

Im Jahr 2015 wurden in Deutschland lediglich 522 100 Ausbildungsverträge abgeschlossen, 503 200 davon betrieblich.[27] So wenige wie seit Jahrzehnten schon nicht mehr. Das Bundesinstitut für Berufsbildung (BIBB) spricht von einem »historischen Tiefstand«.[28] Von den angebotenen Ausbildungsstellen blieben wie schon in den Jahren zuvor 43 478 unbesetzt.[29] Ein Blick auf die Berufe hilft, das Gesamtbild zu schärfen: Restaurantfachleute, Fleischer, Fachverkäufer im Lebensmittelhandwerk, Klempner, Fachleute für Systemgastronomie, Bäcker und Gerüstbauer können bis zu 35 Prozent ihrer Plätze nicht besetzen. Traditionsberufe trifft es besonders hart: Bei den Friseuren hat sich die Zahl der Auszubildenden in den vergangenen zehn Jahren nahezu halbiert.

Kein Wunder: Etwa die Hälfte der gerade ausgebildeten Bäcker und Köche können nicht ausbildungsadäquat beschäftigt werden. Das jedenfalls weiß der Sozialwissenschaftler Martin Baethge vom Soziologischen Forschungsinstitut der Georg-August-Universität in Göttingen.[30] Wir sollen also eine Ausbildung machen, um dann keinen Job zu kriegen? Oder einen, bei dem wir unsere Miete kaum zahlen, geschweige denn eine Familie ernähren können? Auch wenn es uns nicht mehr so stark um Geld gehen mag, die Existenz sollte schon gesichert sein. Keiner möchte ein böses Erwachen auf dem Arbeits- oder Sozialamt.

Zu mangelnden Beschäftigungs- und Zukunftsaussichten kommt die Tatsache hinzu, dass die aktuellen Ausbildungsverordnungen alles andere als up to date sind. Die Bundesagentur für Arbeit ließ im Berufsbildungsbericht 2016 noch stolz verlauten, dass 50 Prozent der 327 anerkannten Ausbildungsberufe innerhalb der letzten zehn Jahre modernisiert worden seien. Die Hälfte. Innerhalb der letzten zehn Jahre. Na, herzlichen Glückwunsch! Bei der aktuellen Rasanz der technischen und wirtschaftlichen Entwicklung wäre aber selbst die jährliche Aktualisierung von 50 Prozent peinlich. Auf was sollen die Azubis denn vorbereitet werden? Auf die Vergangenheit? Pflügen per Hand in Zeiten autonomer Mähdrescher? Kartoffelschälen in Zeiten von Food-3-D-Druckern und Kochrobotern? Immerhin lernen Elektriker in Zeiten von BUS-Systemen und Smart Homes etwas über den Anschluss von Glühbirnen – und nicht von Gaslaternen.

Höhepunkt der Absurdität: die vermeintliche Sackgasse, in die wir uns mit der Entscheidung für eine betriebliche Ausbildung begeben. Klar, nach Berufsabschluss und Berufserfahrung erwirbt man eine Hochschulzugangsberechtigung. Aber muss sich der gelernte Koch Einführungsvorlesungen über Lebensmitteltechnik anhören, zusammen mit Studienanfängern, die noch nie eine Zwiebel geschnitten haben? Wie wäre es, nach einer gründlichen Reform der Ausbildungsberufe und -inhalte, mit einer Anrechnung der Ausbildung auf das Studium? Sechzig Credit Points abgeleistet – so wertvoll wie Einführungsvorlesungen sind Ausbildung und praktische Erfahrung allemal.

Wieso gibt es eigentlich an staatlichen Bildungseinrichtungen oder Universitäten nur so wenige flexible oder Teilzeit-Studienangebote, die sich an bereits praxiserfahrene Gesellen oder Meister richten? Schon mal darüber nachgedacht, dass es vielleicht gerade deswegen an Facharbeitern mangelt? Weil wir aufgrund der mangelnden Durchlässigkeit und Anschlussfähigkeit solche Wege geradezu kategorisch ausschließen? In die Lücke gesprungen sind zwischenzeitlich private Anbieter, die für Fern- oder Teilzeit-Studiengänge von fraglicher Qualität mehrere hundert Euro monatlich verlangen (wenn nicht noch mehr). Da könnte man fast auf die Idee kommen, dass die staatlichen Unis schon mit den »klassischen« Studenten ihre Kapazitätsgrenze erreicht haben. Und das bei unserem demografischen Wandel und angesichts steigender technologischer Komplexität. Wer sich über fehlende Fachkräfte wundert, zeige genau auf diese Strukturen. Reiches Deutschland.

Regen, Sumpf, Traufe?

Das Traurige ist: Wir kennen das bereits. Schon unsere schulische Ausbildung ließ häufig zu wünschen übrig: stupides Bulimie-Lernen und kaum etwas, das wirklich mit dem wahren Leben da draußen zu tun hatte. Aber hey, warum sollte sich die Schule damit befassen, wie man selbstständig Probleme lösen, wirtschaftlich denken und verantwortlich oder emphatisch handeln kann? Oder wie man ordentliche und zeitgemäße Bewerbungen schreibt? Oder was es bedeutet, im Handwerk oder in der Logistik tätig zu sein? Würde sie das aber tun, würde sie so mancher Unzufriedenheit zuvorkommen. Doch Fehlanzeige, solche Inhalte standen nie auf unserem Stundenplan. Ausnahmsweise sind sich da Schüler und Berufsschullehrer einmal einig, was selten genug vorkommt: Die Arbeitnehmer in spe werden in der Schule nicht effektiv auf die praktische Zeit vorbereitet, der Lehrplan lässt es nicht zu.[31] Warum? Schon seit 2011 hätte Deutschland 60 Milliarden Euro mehr investieren müssen, um das Bildungswesen zukunftsfähig zu gestalten und in Europa mithalten zu können. Bei diesem »hätte« ist es geblieben, es gab wohl Wichtigeres zu tun, als sich für die Zukunft zu wappnen. Es könnte sein, dass dies einer der Gründe ist. Beim Bildungsspiel sieht es mit dem Ponyhof überhaupt ganz düster aus. Die bereits erwähnten Abbruchquoten von 24,9 Prozent bei Auszubildenden und 33 Prozent an Unis kratzen an der Spitze des Eisbergs – in vielerlei Hinsicht.[32] Nicht nur ist unser Bildungssystem dringend reformbedürftig (30 Prozent der Abbrecher schaffen den Stoff nicht[33]), es bedarf zudem Auffang- und Vorbeugestationen (bei 19 Prozent haben sich die Erwartungen an das Studium nicht erfüllt[34]), um diese Quoten zu minimieren.

Mit fehlendem Geld kann man alles begraben. Also: Die duale Ausbildung und die damit verbundenen Berufe sollten dringend den aktuellen Gegebenheiten angepasst und stärker gefördert werden. Nicht zuletzt sollte den entsprechenden Berufen ein angemessener gesellschaftlicher Status zugesprochen werden. Eine duale Ausbildung ist mit einem Bachelor-Abschluss gleichzusetzen, wieso wird das aber nicht so gehandhabt? Bei dem gesellschaftlichen Ansehen, das Ausbildung und Ausbildungsberufe heute »genießen«, laufen viele Probleme zusammen. Wer in gewissen Berufen eine Ausbildung macht, muss nahezu wahnsinnig sein, betrachtet man Beschäftigungs-, Verdienst- und Weiterentwicklungsaussichten – vom Verlauf der Ausbildung an sich ganz zu schweigen. Dass die Betriebe diese Mängel nicht gänzlich allein korrigieren können und wollen, ist mehr als verständlich. Hier ist ganz klar die Politik gefragt, mit zeitgemäßen und regelmäßigen Veränderungen.

Und es bedarf der Einsicht, dass sich ein Großteil der Abbrecher umorientiert, entwickelt, selbst optimiert – und dann eben erst, ein, zwei Jahre später, in voller Blüte vor Eurer Unternehmenstür steht, nicht weniger Erfolg versprechend als die Geradlinigen. Das Problem? Sucht es Euch aus: Eure sture Vorstellung von perfekten Bewerbern, die Kosten für Staat oder Eltern, unser vielleicht gar nicht gewolltes Jobben und Umherirren? Orientierung ist gut, links und rechts schauen auch, aber in die Irre geführt und dann alleine gelassen zu werden, ist schon ein wenig sinnlos. Die Weltreise hätte in selbiger Zeit mehr bewirkt.

Der etwas andere Heimatroman

Ein weiterer Beleg für Lebensphasen, Sowohl-als-auch und uniforme Ungleichheit findet sich auch in den Bewegungen raus aufs Land und hinein in die Städte. Ja, richtig gelesen, wir können beides – und sind überall!
Universitätsstädte (und deren Umland) entwickeln sich zu Magneten, denn sie helfen uns, mit ihrer Vielfalt der Qual der Entscheidung zu begegnen. Abgesehen vom Lifestyle sind dort meist viele Unternehmen und Arbeitgeber angesiedelt, die gute Chancen bieten. Hier zählen übrigens nicht nur die qualitativen Aspekte (Arbeitsplätze auf dem Land können genauso gut sein), sondern ebenso die quantitativen: Funktioniert es in einem Unternehmen nicht, wechselt man seinen Arbeitgeber, muss aber nicht umziehen und auf allen Ebenen von vorn beginnen. Und für den Partner ist in derselben Stadt bestimmt auch ein Job drin. In diesen Städten finden sich oft Angehörige der digitalen Generationen, die zunächst studieren und sich, bis sie etwa dreißig sind, in allen erdenklichen Weisen austoben: viel reisen, viel sehen und kennenlernen, ebenso viel arbeiten, die Arbeitgeber wechseln, alles austesten, sich entwickeln, weiterziehen, gerne ins Ausland, ein paar Großstädte ausprobieren, wachsen.
Eine zweite Gruppe sticht anders hervor: Hier gehen die jungen Leute in eine Ausbildung, bleiben in der Nähe der Eltern oder gleich bei ihnen wohnen. Sie schließen mit zweiundzwanzig ihre Ausbildung ab und bleiben dort, wo sie sind. Fertig. Halten den

Laden in der Heimat am Laufen, damit die anderen vielleicht einmal dorthin zurückkehren können.

Diese Stereotype gibt es, doch sie bleiben nicht mehr als Stereotype. Die eben gemachte Gruppeneinteilung allein an der Ausbildungsform festzumachen, ist willkürlich. Es werden tiefere soziale Strukturen (oder einfach nur persönliche Präferenzen) darunterliegen. Dennoch wirkt es manchmal paradox, zu sehen, wie eng wir alle in der einen oder anderen Form an unseren Familien und Ursprüngen hängen bleiben, während doch alles nach Flexibilität und Mobilität schreit. Mit fünfundzwanzig leben 21 Prozent aller Frauen und 38 Prozent aller Männer noch bei ihren Eltern,[35] nur noch 56 Prozent sind bereit, für ihren Job umzuziehen.[36] Davon wiederum ist nur knapp die Hälfte bereit, weltweit tätig zu sein, wenn es ihrer beruflichen Entwicklung zugutekommt.[37]

Stimmt es also, was Udo Jürgens einst sagte? »Die Jugend, so viele Spießer!«[38] Sind wir tatsächlich diese Spießer, die auf Sicherheit aus sind, am liebsten in der Heimat bleiben und vom klassischen Familienleben träumen? Kirchlich heiraten, Kinder kriegen, ein Haus mit Garten kaufen – meist mit dem Bausparvertrag, der bereits seit dem achtzehnten Geburtstag fleißig befüllt wird – und bei Mama nebenan wohnen? Wir antworten Udo: »Vielen Dank für die Blumen.« Ein Teil von uns ist anscheinend genau so – und stolz drauf, nimmt es gar als Kompliment, derart bezeichnet zu werden. Ein anderer Teil aber liebt den Tumult, den Singlehaushalt, die Großstadt, Stadtlärm und die Freiheit. Um aber auch dort auf dem Balkon Tomaten zu züchten, Kochabende zu veranstalten, Socken zu stricken. Mit Mitte zwanzig. Sind wir eigentlich noch zu retten?

Ist das Wandern der Jugend Lust?

Wahrscheinlich werden sogar viele von uns später einmal auf dem Land wohnen, die einen mit achtundzwanzig, die anderen mit achtundvierzig, die einen studiert beziehungsweise ausgebildet und angestellt, die anderen als Quereinsteiger mit eigenem Unternehmen. Die einen für fünf Jahre, die anderen für immer.

Marc Redepenning, Kultur- und Wirtschaftsgeograf an der Universität Bamberg, nennt diesen Biedermeier-Effekt »Lebenszykluswanderungen«: Laut seiner Studie zieht es viele nach den ersten Berufsjahren, zwischen fünfundzwanzig und dreißig, aufs Land – weil sie entweder von dort stammen oder sich ein Landleben ruhig und gesund vorstellen.[39] Dazu auch der Autor der Shell-Jugendstudie 2015, Klaus Hurrelmann: »Die Sehnsucht nach einem Rückzugsort, nach Halt, ist ein Charakteristikum der jüngeren Generation. Die jungen Menschen sind einerseits hypermodern, flexibel und leistungsbereit. Gleichzeitig hat eine Mehrheit dieser Generation den tiefen Wunsch nach Erdung.«[40] Da haben wir es wieder: Generation Sowohl-als-auch. Wir sagen: Dahoam is dahoam – oder »lieber bodenständig als berühmt«.[41]

Entscheidende Faktoren hierfür sind unsere Sozialisierung und die schöne neue Welt, die uns mit Freiheiten manchmal zermürbt. Keine Generation vor uns war so eine Wunschkinder-Generation wie wir, keine ist mit derart flachen Hierarchien aufgewachsen. Unsere Eltern sind unsere Freunde, ihr Lebensstil ist nicht um jeden Preis zu verpönen (außer vielleicht ihre Arbeitsweise), der Abnabelungsprozess nicht so wichtig. Tatsächlich soll die Nähe zwischen Kindern und Eltern so groß sein wie nie zuvor – 29 Prozent geben die eigenen Eltern als ihre Vorbilder an.[42] Viele von uns sagen: »Wir wollen unsere eigenen Kinder (ja, wir wollen Kinder!) so erziehen, wie wir selbst erzogen wurden.« Dennoch mussten und müssen auch wir uns lösen, unseren Weg finden und in der unübersichtlichen Multioptionsgesellschaft eine Wahl treffen unter all den bereits erwähnten Möglichkeiten, die schimmern und strahlen und spannend sind.

Ist die Freiheit in Gestalt ein paar (wilder) Jahre an (mehr oder weniger) fernen Orten erlebt und erledigt, möchten einige von uns zurückkommen. Erst austoben, dann heimkehren. Sich erden. Und das nicht nur, weil wir so gepampert worden sind. Generation He-

likoptereltern, Generation Teilnehmerurkunde, Generation »Das (was auch immer) hast du toll gemacht!«. Sondern weil auch wir Fixpunkte, Konstanten im Leben, eine stabile Basis brauchen und suchen. Heimat, Familie und Freunde können das durchaus leisten und wir bewerten sie als so wichtig wie keine Generation zuvor.[43] Wir sind aber auch offen: Kollegen, das Team und das Unternehmen können ebenso zu Freunden, Familie und Heimat werden – wenn wir nicht alle zwei Jahre umziehen (müssen). Aber mal ehrlich, leistungsbereit handeln und die Welt verändern kann man auch im Allgäu.[44]
Niemand muss da den Kopf schütteln, wir können Gegensätze vereinen, ohne dass es große Bruchstellen gibt. Wir fordern viel von unseren Arbeitgebern, geben unserem Privatleben aber ähnliche Prioritäten – und die Generation Z wird diese Priorisierung noch steigern. Es bleibt dabei die Frage, wie oft wir zum Umziehen bereit sind und zukünftig sein werden. Einmal, zweimal, siebenmal? Bis die Familie steht? Bis wir dreißig sind? Oder ein Unternehmen uns richtig bindet?
Wenn 97 Prozent von uns sagen, dass die Vereinbarkeit von Familie und Beruf wichtig ist, muss das passen.[45] Irgendwie. In Kombination mit den Lebensphasen. Und mit der reellen Welt. Bei unseren Landlebensplänen etwa ist nicht immer alles so einfach, wie es womöglich ausschaut. Es gibt auch hier Ungleichheiten, soziale Codes, Rituale, Konventionen, die für »Neulinge« zu großen Herausforderungen oder gar unüberwindbaren Mauern mutieren können. Weil man individuelle Ziele verfolgt, Kinder unterschiedlich erzieht, Freizeit anders gestaltet, Karrieren alternativ plant.[46] Die einen schaffen es trotz dieser Hindernisse, die anderen gehen wieder – beide Fälle sind Beispiele unserer Selbstoptimierung.

Bauer sucht – Mitarbeiter?

Die Möglichkeit, auch auf dem Land Nachwuchs zu finden, besteht also weiterhin. Diejenigen Digital Natives, die nicht auf dem Land bleiben, suchen sich im Durchschnitt am ehesten die nächstgelegene Großstadt aus – und kommen irgendwann mal wieder zurück, wenn es sich anbietet und für den Job lohnt.[47] Aber dennoch stöhnen gleichzeitig viele Unternehmer, dass sie in Hintertupfingen keine Mitarbeiter finden. Wie passt das zusammen?

Dazu bleibt nur zu sagen: Leute, Ihr seid nicht die Einzigen, also hört auf zu jammern! Alle Unternehmer, egal ob in der Stadt oder auf dem Land, haben derzeit Nachwuchsschwierigkeiten. Zwischen Wiesen und Tälern ist die Herausforderung vielleicht etwas größer, Eure Probleme sind aber meist hausgemacht. Wenn sich bei Euch kein junger Mensch freiwillig meldet, haben weder wir noch Euer Standort Schuld – Ihr ganz allein habt das zu verantworten.

Ist Euch klar, dass Euch hier eine entscheidende Rolle zukommt, Ihr das Zünglein an der Waage seid? Gerade die Hidden Champions in der Eifel oder in Hintertupfingen sollten zuerst über sich selbst nachdenken. Und anschließend ihre Kultur und die Attraktivität der Organisation entsprechend zeitgemäß ausrichten. Was denkt Ihr, warum sich Großkonzerne in Großstädten mit ihren Organisationsprinzipien und ihrer Personalpolitik auf die Anforderungen sich wandelnder Geschäftsmodelle und die Bedürfnisse der digitalen Generationen einstellen? Richtig. Weil es wirtschaftliche Notwendigkeit geworden ist.

Wenn Ihr aber fröhlich mit Trachtenhut – viele von uns stehen auf Trachtenhüte, sind heimatverbunden, keine Frage – so weitermacht wie bisher, nur mit dem Finger auf ohnehin unveränderbare Gegebenheiten zeigt, braucht Ihr Euch nicht zu beschweren, dass Eure Firma mit dem letzten Mitarbeiter stirbt. Gerade für Euch sind die aktuell stattfindenden Veränderungen besonders relevant, um die jungen, talentierten, freizeitorientierten Spießer zu Euch in die Hütte zu locken.

Einige Regionen haben bereits erkannt, wie sie unterstützend tätig sein können, um mit klugen Ideen junge Menschen und junge Familien (zurück) aufs Land zu holen. Eine Initiative versucht beispielsweise Studienabbrecher – immerhin 100 000 jährlich – mit verkürzten dualen Ausbildungen abzuholen und in die auf dem Land ansässigen Unternehmen zu vermitteln. Andere Regionen versuchen sich durch ganzheitlich stimmige Konzepte, ortsübergreifende Investitionen und Kooperationen mit den lokalen Unternehmen als attraktive Wirtschafts- und Familienregion zu positionieren.

Um welche Ideen auch immer es geht: Viele sind grandios, fortschrittlich, zeigen wahres Engagement und dürfen gerne überall in der für die Menschen und die Region passenden Form umgesetzt werden. Statt die Verantwortung wegzuschieben, lohnt es sich – für Regionen, Unternehmen und Menschen vor Ort –, über den eigenen Schatten zu springen, einen realen Beitrag zur Steigerung der Lebensqualität und der Attraktivität der Region zu leisten. Und damit wiederum Talente, Familien und Unternehmen anzuziehen. Win-win.

Apropos Fortschritt: Wir ziehen auf dem Land nicht in Holzhütten mit Plumpsklos. Hightech ist angesagt. Und im Hochland (und Flachland) möglich. Wenn erst einmal die selbstfahrenden Autos da sind, wird sich ohnehin unser Verhältnis zu Mobilität und Lokalität auf den Kopf stellen, werden die Karten zwischen Stadt und Land neu gemischt. Dann sind Entfernungen plötzlich kein Hindernis mehr, das mit Anstrengung verbunden ist, sondern lediglich eine Frage der Zeit, in der wir arbeiten, lesen oder aus dem Fenster schauen können.

3
Arbeit ist Leben

Das geht ja schon gut los. Nichts kann, nichts wird bleiben, wie es ist. Der Soziologe Dirk Baecker stellt über die Veränderungen von Computer, Menschen und Gesellschaft klar: »Keine dieser Herausforderungen ist neu, aber alle drei werden sich dramatisch zuspitzen und alle Formen der Unternehmensorganisation, die wir gegenwärtig für rational und effizient halten, als veraltet kennzeichnen.«[1]

Die Gründe: Digitalisierung. Technologiefortschritt, Globalisierung, Automatisierung. Die Neudefinition aller Tätigkeiten erfordert veränderte Geschäftsmodelle und -praktiken. Und das alles in einer nie da gewesenen Geschwindigkeit. Es hilft nichts, Ihr müsst Euch neu erfinden. Oder Euch zumindest reif machen. Digital reif. Hinzu kommt der demografische Wandel mit seinem Fachkräftemangel, der Euch zwingt, auf den Wertewandel einzugehen. Und damit nicht genug: Ob es unser Verständnis von Arbeit, Leben und Familie ist oder unser Verhältnis zu Sesshaftigkeit, Wohlstand, Sicherheit, Gleichberechtigung und Freiheit – diese und weitere Konzepte befinden sich in stetiger Veränderung. Also bleibt Euch auch auf diesem Gebiet nichts anderes übrig, als Euch mit zu wandeln. Generationenunabhängig. Nicht nur, weil Ihr sonst analog ohne Marktanschluss dasteht. Sondern auch noch allein. Ohne uns. Trotz aller Heterogenität jeder Generation: Wir sind Digital Natives. Wir sind mit der digitalen Transformation aufgewachsen. Doch dieser Begriff ist für uns gar nicht stimmig: Denn einen Wechsel oder Übergang stellt das alles für uns nicht dar. Für uns war die Digitalisierung schon immer da und mit ihr auch die vielen Veränderungen in der Arbeitswelt. Also der schnelle Markt, der Zugang zu Wissen, die aufkommende Agilität, die Automatisierung und vieles mehr. In Verbindung mit unserer Erziehung und den bestehenden Wahlmöglichkeiten können wir einfach nicht verstehen, warum es in Euren Unternehmen noch immer so zugeht wie vor fünfundzwanzig Jahren. Und wir wollen es auch gar nicht verstehen, was wir wollen, ist: jetzt etwas bewegen, leisten und Sinn stiften. Und zwar auf Arten und Weisen, die uns intuitiv logisch erscheinen.

Was das für Euch und Eure Unternehmen bedeutet? Alles. Denn erstens: Die Technik für Eure Arbeit (was auch immer Ihr so treibt, produziert, entwickelt, leistet) ist im Wandel. Zweitens: Die Menschen, die das meiste davon ausführen und ausführen werden, verändern sich mit. Sie benötigen überarbeitete Rollen, sind konfrontiert mit neuen Anforderungen und haben demnach andere Bedürfnisse. Was gut ist – denn das haben auch Eure Kunden. Die dritte Ebene der Innovationen bringt: neue Arbeitsweisen, neue Formen der Zusammenarbeit und Unternehmensorganisation. Technik und Mensch am Arbeitsplatz werden genauso flexibel und fluide sein müssen wie jedes Unternehmen, das überleben möchte. Denn Anpassung meint nicht, einmal neu gestrichen und fertig. Es bedeutet, dass der Wandel die neue Konstante darstellt. Nicht einmal neu erfinden, sondern im Erfindungsmodus bleiben.

Die drei Fragezeichen des neuen Workflows

Ja, genau. Nicht nur eine neue EDV-Anlage oder einen IT-Angestellten. Und ja, auch im Mittelstand, in der Industrie, im Handwerk. Die Kölner Baustellen von Schauspiel und Oper haben gezeigt, was passiert, wenn man die hochkomplexen Anforderungen an Bauten, an Gebäudetechnik und Brandschutz, wegträumt: Plötzlich gibt es viel zu wenige Fachkräfte und Konzepte, um mit solch technisch komplizierten Aufgaben zurechtzukommen. Es fehlen Sachverständige, Kompetenz und ein professioneller Überblick über Zeit, Aufwand und Kosten. Mindestens.[2]

Und *plötzlich* ist natürlich ironisch gemeint – hallo!? Ist da Bob der Baumeister aufgewacht und hat gesehen, dass alle außer ihm keine Ahnung haben oder in Rente sind? Dass plötzlich niemand versteht, wie solche modernen Bauten heute überhaupt funktionieren? Plötzlich?! Wohl kaum. Bob hat es sicher kommen sehen, er wurde nur nicht gehört. Und wird es noch immer nicht. Dieses Szenario reiht sich in eine lange Liste. Schuldzuweisungen, Insolvenzen und Kostenexplosionen gibt es nämlich zuhauf. BER, der Berlin Brandenburg Airport, und die Hamburger Elbphilharmonie lassen genauso grüßen wie alle den Digitaltod gestorbenen Unternehmen. Nixdorf, Kaufhof, Weltbild, Kodak, Quelle, VW ... war was? Laut Studie des Bundesverbands Informationswirtschaft, Telekommunikation und neue Medien (Bitkom) bangt jedes fünfte deutsche Unternehmen wegen der Digitalisierung um seine Existenz.[3] Und warum? Weil noch immer die Zusammenhänge nicht erkannt und verstanden wurden.

Wer sich für die digitale Zukunft (also unsere Gegenwart) rüsten möchte, kommt nicht umhin, sich auch organisatorisch auf diese Veränderungen einzustellen. Die Menschen und die Technik mitzunehmen und im Arbeitsalltag zu vereinen, ohne zu verharren. Klingt nach einem Wendepunkt? Genau das ist es auch.

Wenn Ihr jetzt darüber nachdenkt, wie Ihr da mithalten könnt: Richtig, das könnt Ihr nicht – wenn Ihr nicht fluide, flexibel, reaktions- und innovationsfähig werdet. Jede Tätigkeit in Eurem Unternehmen wird immer wieder eine neue Form erhalten – und diese Formen werden weder starr noch perfekt sein, sondern jeweils zu ihrer Zeit und für ihr Ziel passend. Und beim nächsten Mal sieht alles wieder ganz anders aus. Schluss mit langatmigen und noch langatmiger erstellten Plänen, die für fünf Jahre gelten und stur befolgt werden. Dafür müsst Ihr aber Eure Silo-Formen loswerden und Euch organischer aufstellen. Damit jeder Einzelne diese neue Schnelligkeit und Flexibilität mittragen kann. In hierarchischen Strukturen, an deren Spitze einer alles allein entscheidet, ist es nicht mehr möglich, gut und rasch zu entscheiden, denn durch den

Wettbewerb sind bereits drei Versionen – etwa von einem Auto – auf dem Markt, die den anderen den Vorsprung sichern. Technik und Menschen sind jeweils so weit – sie sind der Grund, warum wir uns hier treffen. Jetzt liegt es an Euch, die richtigen Rahmenbedingungen zu schaffen, um eine Symbiose zu ermöglichen, die dem Heute und dem Morgen gewachsen sein wird. In Teil II werden die genauen Strukturen, Organisationsformen, Techniken und Tools ebenso detailliert besprochen wie Eure Rolle in dem ganzen Spiel. Davor aber werfen wir hier noch einen Blick auf die zugrunde liegenden Herausforderungen und Veränderungen im alltäglichen Miteinander.

Selbstbestimmt versus fremdbestimmt

Mithilfe von Digitalisierung, Algorithmen und Robotern müssen wir immer weniger stupide Aufgaben in Reih und Glied übernehmen. Wir bauen, optimieren und kontrollieren die neuen Helfer – um uns von ihnen unterstützen zu lassen. So weit, so gut. Doch das können wir nicht, indem man uns eine neue Jobbezeichnung gibt (möglichst in Englisch, klar), sich aber sonst nichts ändert. Die Verantwortung, der nötige Überblick, der Bedarf an Problemerkennungs- und Lösungspotenzial steigen und die schnellen Ergebnisse fragen nach noch schnelleren Entscheidungen.
Falls es Euch schon aufgefallen ist: Wir reden gern von »Projekten«, wenn wir unsere Arbeit meinen, denn das Wort spiegelt vieles von dem wider, was einen heutigen Mitarbeiter ausmacht: Er ist mit wechselnden Aufgaben und Anforderungen konfrontiert. Selbst wenn es darum geht, Stein auf Stein zu setzen, Kabel zu verlegen, Kunden zu betreuen oder Frontenden zu optimieren – die Kontexte, Abhängigkeiten, Zusammenhänge sind nie dieselben und jedes Mal erneut zu bedenken. Jeder wird zum Wissensarbeiter, Ihr erinnert Euch. Denn: Alle Aufgaben, die sich formalisieren lassen, sind bereits automatisiert oder werden in absehbarer Zeit

von Computern und Maschinen übernommen. Zwischen 1991 und 2011 erhöhte sich laut Statistischem Bundesamt die Produktivität je Arbeitsstunde um 34,8 Prozent.[4] Sowohl Helferberufe als auch Fachkräfte (wie wir sie heute kennen) sind laut Institut für Arbeitsmarkt- und Berufsforschung einer etwa gleich hohen Substituierung von 45 Prozent ausgesetzt. Es bleiben: steuernde Tätigkeiten, Spezialisten, Experten.[5] Das, was früher ein Vorgesetzter tat, nämlich überwachen, dass Mitarbeiter ihre Handgriffe richtig ausführten, muss jetzt der »einfache« Mitarbeiter selbst übernehmen. Klingt nach Führung? Für Euch sicher, für uns klingt es nach guter, solider Arbeit. Wir möchten selbstbestimmt arbeiten, ja, sonst lässt sich das alles nicht handhaben. Dazu brauchen wir aber ein Umfeld, das dies zulässt. Und echte Führung, die dies fördert.
Fordert unsere Generation also das »eigenverantwortliche Arbeiten« ein, machen wir das nicht, um bei uns und Euch Nervenkitzel auszulösen – oder weil wir denken, wir wüssten alles besser. Komplexität und Anforderung jeder »Stelle« machen es aber kaum noch möglich, die Tätigkeit (und den Weg zum Ziel) jedes Mitarbeiters im Detail zu überblicken, vorzugeben und zu überwachen. Routine ist kaum mehr möglich – deswegen helfen sinnlose Vorgaben, ständiges Reinreden und Besserwisserei niemandem mehr. Sie halten nur auf. Der Weg zum Erfüllen einer Aufgabe wird mit der Eigenverantwortung freier – weil es nötig ist.
Meist verkennt Ihr übrigens einen positiven Zusammenhang: Wir kannten die Welt schon immer als nonlineares und stets vielschichtig werdendes Unterfangen. Uns machen Eure neuen komplexen Anforderungen, Aufgaben und Situationen deswegen nicht zwangsläufig nervös.[6] Viele von uns springen gerne und beinahe routiniert von einer Baustelle zur nächsten und bringen Stück für Stück alles nach vorn – wenn wir denn die Kompetenzen haben. Und damit meine ich eigene Skills ebenso wie Führungskräfte und Teammitglieder, die auffangen, hinzufügen, uns sichern und lehren, partnerschaftlich zu arbeiten.
Und dennoch ist die Konsequenz ein massiv erhöhter, ständiger

Druck (Gewerkschaften mögen es als Arbeitsverdichtung bezeichnen) auf jeden Einzelnen. Selbstverantwortliches Arbeiten ist kein Zuckerschlecken, für beide Seiten nicht: Während der Mitarbeiter viel mehr überblicken muss, dabei vielleicht Angst vor Fehlern und dem eigenen Versagen hat, kann der Vorgesetzte meist nicht schlafen, weil er sich wie ein Blinder auf dem Beifahrersitz fühlt. Der Ausspruch »Der Zwang sinkt, der Druck steigt« trifft den Nagel auf den Kopf. Und macht deutlich: Den veränderten Tätigkeiten muss auf jeder Ebene Eures Unternehmens Rechenschaft getragen werden.

Masterplan ade – kleiner, schneller, breiter

Die komplexen Projekte, an denen jeder einzeln oder gemeinschaftlich im Team tüftelt, müssen sich in ein großes Ganzes fügen. Richtig, das große Ganze wird nicht minder komplex. Demnach ist eine umfassende Vorausplanung zwar nach wie vor wichtig, dies in allen Details zu tun und zu kontrollieren, ist nach alten Mustern allerdings tödlich. Und überhaupt nicht mehr möglich: zu groß die Abhängigkeiten, sodass immer etwas anders kommen kann, zu umfassend die Zusammenhänge, die kaum noch überblickt werden. Ob Kölner Bühnen, Stuttgarter Bahnhof, betrügerische Diesel-Software oder Kameras in Kühlschränken: Dies sind Ergebnisse, wenn man die wachsende Komplexität verkennt.
Gebraucht werden neue Formen der Zusammenarbeit, organisatorische Rahmenbedingungen, die diese ermöglichen, sowie eine Veränderung der Kommunikationsgewohnheiten, damit sich Zusammenarbeit auch wirklich mal so nennen darf. Das kann es nicht, wenn Silos und Pyramiden vorherrschen, wenn Pläne wichtiger sind als die Realität, wenn Änderungen dieser für Euch Scheitern bedeuten, wenn erreichte Zwischenziele nicht als Ziele realisiert werden. Es sind die kleinen Schritte, die jetzt – als Projekte – darüber entscheiden, wie gut Ihr beziehungsweise Eure Produkte

wirklich werden. Wenn Ihr es nicht schafft, mittendrin Modifikationen vorzunehmen, wenn es Euch nicht möglich ist, nach links und rechts zu schauen und Experimentierfreudigkeit zuzulassen – sorry, aber dann wird es verdammt schwer für Euch.

Alles bleibt anders

Der Markt ist volatil und er ist schnell. Änderungen sind nie langlebig und stets nur ein Schritt zum nächsten Umbruch. Es wird also nicht reichen, Eure Strukturen und Arbeitsweisen einmal umzustellen. Gewöhnt Euch lieber daran, dass der Wandel Euer ständiger Begleiter wird. Doch wenn Ihr bereit seid, Tempo aufzunehmen, relativiert sich auch die Geschwindigkeit. Wenn nicht, droht die Gefahr, dass Ihr bald nicht mehr gebraucht werdet. Egal, was Ihr tut. Natürlich benötigen wir noch klassisch produzierten Strom, aber die traditionellen Konzerne, so reich sie sein mögen und so sicher sie sich wähnen, sie sind es letztlich dann doch nicht. Ein Tsunami am anderen Ende der Welt, Preisstürze bei der Solartechnologie – und augenblicklich zittern selbst Giganten (und ziehen beleidigt vor Gericht, weil die Welt plötzlich nicht mehr mit ihnen spielen will). Ruht Euch nicht auf Fabrikhallen oder neuen Maschinen aus – die anderen stehen schon vor der Tür. Es müssen nicht die anderen Großen sein, die sind im Zweifel genauso träge. Es wird ein kleines Start-up aus Schweden oder Japan sein, das mit drei Laptops und vier 3-D-Druckern etwas schafft, was Eure Hallen überflüssig machen wird. Spart Euch das, lauft los und stürzt Euch in neue Möglichkeiten. Passt Euch an, indem Ihr Euch löst von den alten Formen. Wachst, lernt, entwickelt Euch weiter.
Und schaut Euch in Euren eigenen Reihen um: Wahrscheinlich findet Ihr dort die ersten großen Unterstützer und zukünftigen Fans von Euren neuen Strukturen. Denn die meisten von uns sind nicht nur nonlinear, sondern sogar fluid. Die meisten von uns sind bereit, Rollen flexibel einzunehmen und wieder abzugeben, Know-how

einzusetzen und danach wieder zu lernen, mal ein Teamleiter zu sein und dann wieder der Zulieferer. So begreift man vieles schnell, praktisch und direkt. Es ist uns nicht so wichtig, eine Rolle zu halten. Wenn wir dafür Fortentwicklung erleben – und das noch mit einem guten Team und einer starken Führung –, werden die meisten von uns begeistert bei der Sache sein. Für Euch bedeutet das vor allem: Diese Art des Führens kann in den meisten Betrieben, Abteilungen und Branchen realisiert werden. Professionellen Umgang mit Kunden, besonderes Geschick bei filigranen Arbeiten oder ein Talent zur Organisation etc. – diese Fähigkeiten besitzt nicht jeder, doch wer sie hat, kann ebenso in Handwerksbetrieben Verantwortung für ein Projekt übernehmen wie in Konzernabteilungen oder auf Klinikstationen.

Was heißt bei alledem eigentlich »Ihr« und »wir«?

Ihr seht, die Bühne ist eine andere geworden. Die Tätigkeiten haben sich verändert, die Anforderungen ebenso, die Komplexität ist gestiegen, eigenverantwortliches Arbeiten ist keine kühne Idee, sondern unumgänglich. Ob Vorgesetzter, Abteilungsleiter, Teamchef, Azubi, Praktikant – jede dieser Rollen verdient eine Überarbeitung. Falls das noch unklar sein sollte: Wir haben uns das nicht einfach ausgedacht, wir sind nicht daran »schuld«. Auch wir sind manchmal von der Marktdynamik und den Technologien überfordert. Wichtig ist jedoch bei dieser Entwicklung: Es geht gar nicht nur um uns. Es geht um jeden Mitarbeiter, völlig unabhängig vom Alter.
Die größten Reibungspunkte bestehen dennoch zwischen den Digital Natives, die das analoge Trauerspiel kaum länger mit ansehen werden, und älteren Fortschrittsblockierern, die sagen: »Noch fünf Jahre durchhalten und nach mir die Sintflut«, oder: »Früher war alles besser.« Falls das immer noch nicht zu Euch durchgedrungen

ist: Dafür habt Ihr keine Zeit mehr – wenn Ihr die nächsten fünf Jahre verschlaft, schickt Ihr nicht nur Eure fortschrittsblockierende Führungskraft in Rente, sondern zugleich alle anderen Mitarbeiter in die Arbeitslosigkeit. Und bis dahin plagen sich viele Mitarbeiter mit blockierenden Chefs und viele gute Chefs mit blockierenden Mitarbeitern – und eigentlich alle mit analogen, rigiden, hierarchischen Strukturen und sturen, langsamen Befehlsketten.

Es geht schon deshalb nicht nur um meine Generation (auch wenn es manchmal den Anschein erweckt), weil wir nicht in anderen Unternehmen sitzen als Ihr, wir agieren auch nicht in anderen Welten. Wir alle müssen mit den Veränderungen auf dem Markt klarkommen, in jeder Branche. Mag sein, dass wir Jüngeren anders ticken und andere Vorstellungen davon haben, was die aktuellen Veränderungen bringen mögen.[7] Und selbstverständlich lieben wir die technischen Möglichkeiten und sind mehr als angetan von neuen Methoden. Aber vielleicht können wir sogar helfen, Euch fit zu machen für die Zukunft. Ja, genau dafür braucht Ihr uns – und wir Euch mit Eurer Erfahrung. Nach wie vor, womöglich dringender denn je. Wir möchten von Euch lernen und mit Euch zusammenarbeiten, wir wissen, dass wir zusammen Großes bewegen können. Das aber nur, wenn Ihr uns oder »alles Neue« nicht kategorisch ablehnt. Und wenn Euch klar ist, dass für die »Das war schon immer so«-Mentalität kein Platz mehr ist.

Es ist eine enorme Herausforderung, sämtliche Mitarbeiter bei diesen rasanten Veränderungen mitzunehmen. Das gilt nicht nur für die älteren Kollegen, denen die neue Geschwindigkeit Angst macht. Sondern für jeden Einzelnen. Stichwort lebenslanges Lernen. Gut, dass wir den Optimierungsdrang von Natur aus mitbringen, Ihr solltet ihn aber auch bei allen anderen dringend aus den Hinterzimmern hervorkramen, er wird (wieder) gebraucht. Seid also froh darüber, dass wir alles aktiv mitgestalten wollen (egal in welcher Rolle), dass wir bereit sind, unsere eigenen Ideen laut auszusprechen, um sie mit anderen weiterzuentwickeln. Weil es vielleicht gute Ideen sind – und nicht, weil wir damit berühmt werden wollen. Wir möchten das Projekt, das Team oder das gesamte Unternehmen voranbringen. Denn das ist die einzige Möglichkeit, den veränderten Anforderungen begegnen zu können. Gemeinsam.

Hochkultur für Höchstleistung

Los, stürzen wir uns in die Arbeit! Die meisten von uns möchten das ohnehin. Warum? Weil es für uns Leben bedeutet. Wozu all die Informationen, das Wissen, die globale Nähe, all die Möglichkeiten, etwas zu gestalten, wenn man sie nicht nutzt? Unser Drang zur Selbstverwirklichung und Selbstoptimierung ist grundlegend. Und die Ausführungen darüber sind nicht nur zu Eurer Unterhaltung gedacht. Wir sind keine unergründliche Blackbox, die Ihr um Euch herum seht, während Ihr Mitarbeiter sucht.

Wer Ihr seid – und wie Ihr uns kriegt

Was tun die meisten von Euch, um uns an Board zu holen, gegen den Fachkräftemangel anzutreten und sich für die Zukunft zu rüsten? Personalmarketing. Oder ganz fortschrittlich: Employer Branding (Arbeitgebermarkenbildung). Oft scheint es, als hätten ein paar Anzugträger Budgets ausgebuddelt und eine Employer-Branding-Stelle eingerichtet, deren einzige Aufgabe lautes Trommeln und irgendwie Internetklicks zu generieren ist. Dabei macht Ihr allerdings einen entscheidenden Fehler: Ihr missversteht das ganze Konzept. Attraktiv geht anders.

Wird beim Employer Branding das verkrustete und unattraktive Unternehmen so verzerrt, dass es auf einmal nach außen hin als hip verkauft wird, ist mein Rat: Lasst es bleiben. Spart Euch das. Es wird nicht klappen. Ihr könnt keinen Kickertisch aufstellen, Bio-Müsli verteilen, ein cooles YouTube-Video drehen und hoffen, damit sei vieles geschafft. Ihr könnt durch heiße Luft einen kurzen

Aufmerksamkeitsanstieg verzeichnen, schließlich wird gern übers Wetter geredet. Aber ein ernsthaftes Interesse weckt Ihr damit nicht. Etwas toller darzustellen, als es ist, funktioniert in Zeiten des Internets schon bei Produkten nicht mehr – also auch nicht bei Arbeitgebern. Wir erkennen solche stümperhaften (oder verzweifelten?) Versuche. Wenn vielleicht nicht auf den ersten Blick, letztlich aber über die Bewertungen Eurer Mitarbeiter auf Kununu. Oder am ersten Arbeitstag, inklusive Realitätsschock.

Wir sind vernetzt, wir reden mit Gleichgesinnten – und wir tun es ehrlich. Wenn Ihr uns übers digitale Ohr hauen wollt, werden wir das weitergeben. Nicht weil wir beleidigt sind oder Euch das Fürchten lehren wollen. Sondern weil es wichtig ist, Informationen zu teilen. Wir sind nicht zickig, ein Like fällt uns leicht, wenn wir überzeugt sind (auch das seht Ihr ja auf Kununu). Ihr verliert also gleich mehrfach, wenn Ihr etwas vorgaukelt: Ihr macht Euch öffentlich lächerlich, das »Engagement« Eurer Mitarbeiter wird sich nicht verändern (hoffentlich, denn es wäre nicht zum Besseren). Und überzeugt habt Ihr auch niemanden. Was Ihr eindeutig habt: nichts verstanden. Und was Ihr eindeutig seid: nicht fit für die Zukunft. Attraktiv wird man nicht, indem man behauptet, es schon zu sein. Oder es sich vornimmt – das kennen wir bereits aus dem Fitnessstudio.

Für das, was wir fordern, reicht weder eine Branding-Abteilung oder eine punktuelle Maßnahme noch eine Gehaltserhöhung oder ein zusätzlicher Mitarbeiter, geschweige denn ein Druck machender Chef. Wir brauchen, wie gesagt, Euer Commitment – Ihr selbst braucht es. Um den Nährboden zu schaffen für ein florierendes Gefüge, in dem wir finden, was Arbeit für uns bedeutet.

Behaltet Eure Karotte

Arbeit bedeutet für uns in erster Linie: sich zu verwirklichen.[8] Arbeit muss lebenswert sein. Denn sie ist Leben. Sie kann und darf nicht nur die Zeit sein, die wir als Tausch für Geld absitzen, um danach Besseres, Wichtiges tun zu können. Arbeit ist von Beginn an ein entscheidender Teil unseres Lebens, einer, der uns ausfüllt, glücklich macht, herausfordert, reizt. Und Lebenszeit lässt sich nun mal schlecht mit Geld aufwiegen. Klar braucht man Geld, am besten auch nicht zu wenig. Aber man kann sich eben doch nicht alles kaufen. Und bei der Selbstoptimierung hilft es erst recht nicht. Wir wollen diese (oder sonst irgendeine) Karotte vor unserer Nase nicht, um zu arbeiten oder zu leben. Wir brauchen sie nicht, denn motiviert sind wir ohnehin zur Genüge. Wir funktionieren weder über Druck, Zwang oder Dienstanweisung, noch arbeiten wir allein für Eure oder unsere Einnahmen.[9] Dieses Modell hat wahrscheinlich noch nicht einmal bei einem echten Esel Leistung erzielt – im besten Fall hat es nur das Verlangen nach der Belohnung gesteigert.

Besonders Wissensarbeiter (und das sind wir bald alle) lassen sich heute nicht mehr so einfach abspeisen – wir sind keine Pfennigfuchser. Bekommt man aber zusammenhanglose, stupide Aufgaben zugewiesen, findet keinen Teamanschluss, wartet Wochen auf eine Rückmeldung von Vorgesetzten und Kollegen und sitzt in tristen Büros ohne effiziente Strukturen, werden viele zum »Lebensfuchser« – und das völlig zu Recht. Solch eine Umwelt kann man nicht mit ein paar Euros aufwiegen. Das funktioniert eher umgekehrt, siehe Start-ups und ihre oft unterdurchschnittlichen Gehälter: Erfahren Mitarbeiter mehr Wertschätzung, werden neben ihren Ideen auch ihre sozialen Kompetenzen gewürdigt, rückt das Geld in den Hintergrund. Nicht aber die Aufmerksamkeit, die Einbindung in das große Ganze.

Wenn Euch das klar ist, versucht bitte nicht, das mit zwei Prozent Gehaltserhöhung mal eben zu ändern. Dadurch lockt Ihr niemanden aus der Monotonie des Arbeitsalltags. Behaltet das Geld und investiert lieber Eure Zeit.[10] Um diese Monotonie auszumerzen, um ein Umfeld zu schaffen, das niemand schnell verlassen möchte.

Der Mitarbeiter, Dein wichtigstes Gut

Uns ist oft schleierhaft, warum Ihr unsere Grundeinstellung zur Arbeit so dauerhaft ignoriert. Denn erstens ist es nicht so schwer, sie zu verstehen, und zweitens werdet Ihr davon nur profitieren, wenn Ihr es richtig macht. Aktiv, kreativ, progressiv. Zum besseren Verständnis: Behandelt Eure Mitarbeiter ähnlich respektvoll wie Kunden. Ihr denkt, das ist zu gewagt, irrwitzig oder gar unsinnig? Das liegt meist an einem Gedankenfehler: Ihr seid der Meinung, Mitarbeiter sind unmotiviert, faul, unwillig und arbeiten nur, weil sie keine andere Wahl haben. Kontrolle und Druck erscheinen dann als ideale Mittel, um sicherzustellen, dass sie einigermaßen mitmachen. Verantwortung an sie abzugeben, käme bei Euch einem Selbstmord gleich. Tja, dass Euch Euer Job dann auch keinen Spaß mehr macht, liegt auf der Hand. Wie wäre es mit folgendem Menschenbild: Der Mitarbeiter möchte arbeiten, möchte das Unternehmen nach vorn bringen, Gutes, Wichtiges leisten, etwas bewegen.[11] Was Euch vielleicht verblüfft, aber wir sind intrinsisch motiviert, haben Freude daran, etwas zu gestalten und mit anderen Erfolge zu feiern. Selbstverwirklichung eben.

Wenn viele von uns Digital Natives an Karriere und Wachsen denken, fokussieren wir Karrieretreiber wie Persönlichkeit, Leistungsbereitschaft, gezeigte Leistungen beziehungsweise Erfahrungen – und Vorgesetzte, die dies auch leben.[12] Das treibt uns voran, das ist uns wichtig, das bedeutet für uns optimieren. Nicht vertikal, nicht finanziell, sondern in die Breite gefächert, maximal sinnvoll, fair, offen, variabel. Interessanterweise denken die meisten von uns genauso über Unternehmen. Stichworte Demokratie, Problempunkt Hierarchie, Problempunkt Statussymbol. Lösung: Unternehmenskultur.

Die Luft zum Arbeiten

Keine Panik, Ihr müsst jetzt nicht noch eine »Unternehmenskultur« neu auf die Beine stellen. Eure Unternehmenskultur gibt es schon, sie ist ohnehin da, subtil im Hintergrund – und wir möchten sie mitpflegen. Jede Organisation, sogar jedes Amt hat eine Kultur, mag es noch so lahm, verängstigt und überhierarchisiert sein (dann ist es eine richtig üble Kultur, aber sie ist existent). Die gilt es zu erkennen, zu begreifen – und sich zu überlegen, ob man damit eigentlich einverstanden ist. Und ob sie attraktiv und den künftigen Wirtschafts- und Menschenanforderungen gewachsen ist. Ob sie für uns aus Arbeit Leben macht.

Wie erkennt man also diese Kultur? Nationen berufen sich dabei auf die Innen- und Außensicht, auf Werte (so abgedroschen sich das auch anhören mag), Menschen und Traditionen. Mit Letzterem tun wir Digital Natives uns manchmal schwer – aber nur, wenn Ihr diesen Begriff benutzt, um inhaltslose Argumente anzubringen, um im Stillstand zu verharren, um starre hierarchische Strukturen einzuhalten. Das sind Traditionen, die wegmüssen. Das ist die Asche, nicht das Feuer. Diese »traditionell« sinnlosen Strukturen in Eurem Unternehmen solltet Ihr erkennen.

Sammelt relevante Aspekte wie Hierarchieketten, Arbeitszeiten, Teamwork, Ideenfindung, aber auch Kommunikationskanäle, Menschenbild, Mitsprache, Feedback, Projekt- und Mittagspausengestaltung. Beobachtet Euch selbst, Eure Mitarbeiter, Eure Kunden: Wem gefällt was und wieso, wo gibt es Probleme und warum, seit wann ist was wie? Welche zugrunde liegenden Konzepte von Arbeit, Mitarbeiter, Mensch, Leistung und Leben finden sich bei Euch? Sprecht mit Eurem Team, mit all Euren Mitarbeitern und fragt sie nach diesen Aspekten. Wenn alle sagen: »Ich hasse meinen Job«, wisst Ihr eine Menge mehr. Fragt Eure Kunden, Partner, Zulieferer und andere Außenstehende, die Euch kennen und mit Euch zusammenarbeiten. So erhaltet Ihr ein erstes, grobes Bild. Und könnt Euch (gemeinsam mit Euren Leuten) überlegen, was davon gefällt, was nicht und was Euch komplett abschreckt. Was für Euer Unternehmen, Eure Branche wichtig ist und was eher schädlich. Und dann geht es weiter. Nach vorn.

Das allein ist für viele schon ein steiniger Weg. Und wenn wir denken, schlimmer geht es nicht, kommen Unternehmer um die Ecke, die doch tatsächlich darauf bestehen, bereits alles richtig gemacht zu haben, eine Unternehmenskultur und ein angenehmes Betriebsklima sei schon längst auf den Weg gebracht worden. 73 Prozent aller Mitarbeiter in den Führungsetagen gehen laut einer Studie des Personaldienstleisters Hays davon aus. Fragt man normale Mitarbeiter, sind es nur noch 41 Prozent.[13] So viel zur Kommunikation. Und zum Selbstbild.

Hinzu kommt, dass bei Fragen nach konkreten Maßnahmen plötzlich doch nicht so viel vorliegt. Nanu? Schon umgesetzt, aber heimlich? Zu Hause auf Papier? Oder doch nur im Kopf? Um weiteren Schuldzuweisungen zuvorzukommen: Eine Unternehmenskultur entwickelt man nicht mittels Trockenübungen an einem Wochenende. Und schon gar nicht neu. Recht haben aber all diejenigen – und das sind viele –, die überzeugt davon sind, dass Unternehmenskultur und -klima wichtig und geeignet sind, um Mitarbeiter zu binden.[14] Das Ziel bleibt ein gemeinsames. Das Unternehmen soll gesund bleiben und fit für die Zukunft (oder Gegenwart) gemacht werden, die Mitarbeiter sollen bleiben und die neuen zu den Besten zählen. Somit können auch diejenigen Unternehmer und Human-Resources-Spezialisten, deren Strategien bislang fruchtlos blieben, frohen Mutes sein. Aus Fehlern lernt man. Klingt nach Selbstoptimierung? Check.

Um so den neuen Anforderungen gerecht zu werden, müsst Ihr also Grundsätzliches verbessern und Eure Kultur auch tatsächlich leben. Es geht nicht darum, seine Mitarbeiter mit einem erlernten »Tschakka« an der Tür zu empfangen, einen Motivationsspruch ins Büro zu hängen oder die viel beschworenen Kickertische aufzustellen. Es geht um den Kern Eures Unternehmens, wie Ihr zusammenarbeitet, miteinander umgeht, wie Ihr Euch organisiert, wer für was zuständig ist, welche Rahmenbedingungen vorherrschen. Wenn Ihr Euch selbst (besser noch, Eure Mitarbeiter) beim Betreten des Büros mit einem unbewussten vorfreudigen Lächeln erwischt – dann habt Ihr verstanden, was ich meine. Und genau das wird sich in Engagement, Leistung und Erfolg niederschlagen. Aufgaben, Strukturen, Methoden werden sich fast automatisch eingliedern.

Dabei geht es nicht darum, Mitarbeiter zu einer neuen Kultur zu zwingen oder zu überreden: Herrscht eine starre Angst- und Zuständigkeitskultur vor und plötzlich wird eine Kultur der Selbstverantwortung, Motivation und Eigeninitiative vorgeschrieben, verfallen die Mitarbeiter wahrscheinlich eher in Schockstarre, als dass sie sich aktiv beteiligen. Versucht man, sein Unternehmen schlagartig an neue Anforderungen anzupassen, reagiert das »unternehmenseigene Immunsystem« – und wird alle überstürzten Veränderungen attackieren.[15]

Es geht darum, die eigene Kultur bottom-up weiterzuentwickeln, nicht darum, allen mal eben etwas Neues vorzusetzen. Es funktioniert nur gemeinsam, orientiert an den Bedürfnissen der Mitarbeiter, an dem, was sie und die Organisation brauchen, um den Aufgaben und Anforderungen gerecht zu werden. Wer die Bottom-up-Methode nicht mag oder kennt, verwechselt seine Position mit der eines verbitterten Dompteurs, der sich seinen Zirkus und die Sechzigerjahre zurückwünscht. Wünscht doch bitte woanders weiter, wir haben zu tun.

Euer Team einzubeziehen, ist essenziell – aber tut es nicht nur pro forma, sondern lasst Euch auch auf Ideen ein, die Euch auf den ersten Blick nicht gefallen. Nur so könnt Ihr erkennen, welche Kultur (und welches Potenzial) in Eurem Unternehmen schlummert. Wenn Eure Azubis im Handwerksbetrieb nach einem eigenen Projekt, der Veränderung der Organisationsform oder einem Twitter-Account fragen, kann man das diskutieren – oder noch besser, ausprobieren. Ob Ihr 50 plus seid und Euch Euer Alter egal ist, ob Ihr den Laden übernommen habt und Euer Vater Euch im Nacken sitzt: Investitionen lohnen sich, besonders solche, die Euren Mitarbeitern wichtig erscheinen. Sollte der Account laufen, habt Ihr einen Kanal hinzubekommen, der Euch interessant macht – abgesehen davon, dass Eure Leute sich wohlfühlen, weil sie mitgestalten konnten. Und wenn der Twitter-Account nach drei Monaten brachliegt: so what, Erfahrung gemacht, etwas gelernt. Macht Euch dann aber die Mühe (die eigentlich gar keine ist), diese Erfahrung zu diskutieren, zu nutzen. Eure Mitarbeiter werden sich auf jeden Fall einbezogen fühlen, gebunden. Win-win.

Und warum solltet Ihr das nicht wollen? Es wird Euch stärken, Eure Arbeit verbessern und Euch richtig gute Mitarbeiter bescheren. Denn es geht um die Konsequenzen dieser Kultur, nicht nur um sie an sich. Sie wird in jeden Aspekt Eurer Arbeitswelt hineinspielen. Ob Onboarding, Unternehmensorganisation, Führung, Bindung oder das tägliche Miteinander: Wie Ihr dies alles ausgestaltet, wird durch Eure Kultur mitbestimmt. Also formt sie clever – sie ist Euer ständiger Begleiter.

Zu Hause im Beruf

Noch zu abstrakt, dieses Gerede über Kultur und Arbeit als Leben? Versuchen wir es konkreter, sodass Ihr besser versteht, wie wir Arbeit konzeptualisieren – und leben wollen. Dann wird es Euch nicht mehr so schwerfallen, unsere Erwartungen bei der Realisierung nachzuvollziehen. Arbeit ist Leben – das bedeutet, dass das, was wir tagein, tagaus tun, im Idealfall das sein soll, was wir richtig gut und richtig gerne tun. Arbeit wird fast schon zum Hobby und wir zu involvierten, aktiven Fans des Geschehens. Was grundlegend dazugehört: Euer Umgang miteinander, in Form von Kommunikation. Kultur als ständiger Begleiter wird auch und vornehmlich in Eurer Kommunikation erkenn- und erlebbar, Sprache ist schließlich Kultur, und zwar in diesem Fall ein Teil ihrer konkreten Umsetzung.

Wenn wir also täglich acht Stunden bei Euch leben, werdet Ihr und unsere Kollegen zu mehr als zu Leuten, die zufällig nebenan sitzen und gleichzeitig essen gehen. Bleibt unsere Kommunikation beschränkt auf Befehle, Fragen, Fachbegriffe oder gestresste Zurufe, wird es ohnehin nichts mit dem Wohlfühlen, mit der Heimat: Wenn 60 Prozent aller Arbeitgeber es nicht schaffen, regelmäßig Kontakt zu ihren Mitarbeitern und Managern aufzunehmen und zu halten, wenn in 31 Prozent der Unternehmen in Deutschland keine Zeit für Gespräche gefunden wird – ja, dann ist eigentlich schon alles zu Eurer Kultur gesagt.[16] Und es ist auch egal, wie Ihr es nennt, was da fehlt. Ich nenne es: Katastrophe! Da braucht sich dann niemand zu wundern, dass weder die Mitarbeiter in ihrem Job besser werden noch zufrieden mit ihrer Lebensarbeitszeitgestaltung sind, geschweige denn loyal.

Wie könnt Ihr mit Euren Leuten lebendig, authentisch, motivierend umgehen, wenn Ihr keine Ahnung habt, mit welchen Schwierigkeiten wir bei der täglichen Arbeit kämpfen, welche Vorschläge wir zur Verbesserung (Effizienz!) der Arbeitsprozesse haben? Und wie könnt Ihr eigentlich wissen, wie wir mit Kunden umgehen? Wer Eure Kunden überhaupt sind und was diese wollen? Dieser Rattenschwanz von Lücken, die Ihr Euch mit dieser Un-Kommunikation ins Haus holt – während wir das sinkende Schiff verlassen –, lässt sich kaum überbieten.

Mitteilen auf Augenhöhe

So gesehen ist es beinahe zum Schreien komisch, dass Ihr unsere Forderung nach Feedback als Zeitfresser und damit gar als Produktivitätsstopper anseht.[17] Die üblichen Diskussionen dazu kann ich mir hier sparen. Unzählige Berater und Gurus haben genug darüber gesagt und geschrieben. Ihr wollt es ohnehin nicht mehr hören, dass wir mehr von Euch hören möchten. Dabei scheint es, als würdet Ihr das Konzept völlig falsch verstehen: Es geht bei Feedback nicht um Personalselektion, Beförderung, Gehaltsveränderungen. Ebenso wenig darum, einem Mitarbeiter Honig um den Bart zu schmieren, um eine gute Miene zum bösen Spiel zu machen.

Für uns bedeutet Feedback Kommunikation auf Augenhöhe. Für uns ist es ein Optimierungstool. Kein Controllingtool. Wir suchen das Gespräch, um permanent zu wachsen. Kapitel 2, Ihr erinnert Euch? Wir wollen unsere Stärken ausbauen, vorankommen, uns ideal einbringen. Doch auch wir wissen nicht immer, wie das funktioniert. Umso besser, dass wir kommunizieren, fragen und lernen wollen. Selbstoptimierung, Ihr wisst schon. Aber dafür brauchen wir Eure Tipps und eine angemessene Fehlerkultur! Haben wir keinen allzu großen Schaden angerichtet, haben wir vor allem ein produktives Learning mitgenommen (und werden diesen Fehler nicht noch einmal machen). Das geht aber nur, wenn Fehler gemacht werden dürfen, wenn sie als unvermeidlich angesehen werden, um voranzukommen, und wenn sie als Learning verstanden werden. Tja, und das geht nur mit und dank Eurem konstruktiven Feedback. Vielen älteren Mitarbeitern ist das jährliche Beurteilungsgespräch schon zu viel. Sie haben offensichtlich noch nicht verstanden, dass Feedback unbedingt schnell und regelmäßig erfolgen sollte und sich somit vollständig vom überholten Jahresgespräch unterscheidet. Die meisten von uns sind sogar mit monatlichen Gesprächen nur einigermaßen zufrieden – es darf ruhig ein wenig mehr sein. Wir fordern im Schnitt doppelt so oft Feedback wie andere Generationen zuvor, erhalten es aber nicht.[18]

50 Prozent weniger Feedback als benötigt? Redet eigentlich irgendjemand mit einem? Ach so, richtig, das war ja das Problem. Ich hoffe, Ihr kommt spätestens jetzt auf den Trichter. Apropos Trichter: Vor dem Hintergrund der technischen Entwicklung werden gute Kommunikation und Feedback immer wichtiger – ganz unabhängig von unserem Bedürfnis danach. Hinzu kommt nämlich, dass unsere Tätigkeitsfelder und unsere Ergebnisse permanent abstrakter werden. Wir sehen selten sofort, dass etwas fertig ist, da komplexere Dinge nicht nach einer Woche abgeschlossen

sind und viele von uns mit Konzepten, Strategien, vielleicht auch Algorithmen arbeiten, die nicht ein eindeutiges, sofort sichtbares Ergebnis liefern.

Arbeiten, wie uns der Schnabel gewachsen ist

»Solange du deine Füße unter meinen Tisch stellst …« Ja, richtig, so war das früher mit dem Respekt, den Hierarchien, dem Dürfen und Müssen gewesen. Gute alte Zeiten? Wir freuen uns jedenfalls, dass unsere Eltern schon vieles anders gemacht haben. Es wurde sicher auch mit unserer Generation wenig diskutiert, wenn wir über die Autobahn laufen oder ans Bügeleisen fassen wollten, aber ansonsten galt die Devise: »Hier sind die Argumente, aber versuche es doch, wenn du magst.«

Dem einen oder anderen von Euch wird das bekannt vorkommen: Auch wenn Ihr gar nicht darum gebeten habt, seid Ihr bestimmt schon einmal von uns auf Euer Verhalten angesprochen worden – und unser unmittelbares Feedback hat Euch erschreckt. Der Azubi in der zweiten Ausbildungswoche, der seinen Chef wissen lässt, dass er in den vergangenen zwei Wochen von ihm noch rein gar nichts gelernt habe. Der Praktikant am dritten Tag, der Euch auf Eure umständlichen Arbeitsprozesse hinweist. Der Trainee, der Euch nach einer harten Verhandlung seine Verbesserungsvorschläge für die nächste Runde zukommen lässt. Und Ihr habt Euch gefragt: Mit welchem Recht (wobei »Wissen« oder »Perspektive« schlauer wäre) sagt mir der Anfänger, wie ich zu arbeiten habe? Die Antwort: mit gutem Recht.

Feedback ist für uns selbstverständlich. Wir fordern eine generelle »Kultur des sofortigen Aussprechens«. Schafft diese Kultur des konstruktiven Dialogs, der gegenseitigen Hilfsbereitschaft – ohne dass sich jemand von einer Rückmeldung persönlich angegriffen fühlt. Wir möchten miteinander reden und uns gegenseitig Hinweise liefern, nicht schaden. Und ja, richtig gelesen, gegenseitig, beid-

seitig: Wir stehen nicht nur darauf, Feedback von allen anderen Seiten zu bekommen, sondern auch darauf, Feedback zu geben.
Jeder in der Chefetage hat es verdient, Rückmeldung zu seinem Verhalten zu bekommen. Gerade dort »oben« sollte die Möglichkeit bestehen, sich weiterzuentwickeln und zu optimieren. Der Vorgesetzte kann nämlich ein noch besserer Vorgesetzter werden, indem er nicht nur vorsitzt, sondern auch vormacht und dank konstruktiven Feedbacks an sich arbeitet. Wir gehen doch alle davon aus, dass wir die Firma voranbringen, Gas geben wollen. Für keinen geringeren Zweck arbeiten wir.
Den Chef bewerten? Da fällt Euch bestimmt das 360-Grad-Feedback ein, die Methode, bei der Führungskräfte aus unterschiedlichen Perspektiven beurteilt werden sollen. Sie hat dem ein oder anderen Manager Furcht und Schrecken gelehrt, wurde gelobt und verrissen, eingeführt, abgeschafft, wieder eingeführt. Wie Ihr das praktiziert habt, war es immer mit einem enormen Aufwand verbunden: Alle mussten informiert und Fragebögen konzipiert werden, alle mussten viele Personen bewerten, die Bögen mussten ausgewertet werden, allen hatte man eine Rückmeldung zu geben. Und aufgepasst, entscheidender Schritt: Man musste aus den Ergebnissen Maßnahmen ab- und einleiten. Dass Ihr zum Bewerten Eurer Über- und Untergebenen extra eine Methode braucht, finden wir zwar komisch – für uns ist jedes Feedback immer 360 Grad. Ihr dürft sie ruhig weiterbetreiben – aber bitte nur als sinnvolle, institutionalisierte Ergänzung zum permanenten Kommunizieren und Feedbacken. An jedem Tag, mit jedem Einzelnen, in alle Richtungen.
Ein Nachsatz zum Feedback sei mir – oder eher Euch – gegönnt: Wer Sorgen hat, dass so viele Leute nicht kritikfähig sind, mag recht haben, aber auch hier macht Übung den Meister. Selbst wenn sich einige nach dem SARA-Modell mit den vier typischen Feedback-Reaktionen verhalten – geschockt, wütend, ungläubig und dann erst akzeptierend –, ist dies noch lange kein Grund zum Rückzug, ganz im Gegenteil.[19] Probleme entstehen nämlich vor-

nehmlich bei ungeübten Feedback-Gebern und -Nehmern. Ja, Feedback geben muss man üben. Es gibt sogar Feedback-Techniken wie zum Beispiel das Sandwich-Prinzip. Wem es hilft, bitte! Und noch etwas: Nicht nur messbare, klassische Erfolge gehören gelobt und mit Feedback versehen, denn es gibt auch welche auf innovativer, kultureller oder emphatischer Ebene. Eine Schande, solche Beiträge zu übersehen, sie nicht zu honorieren, nur weil keine Zahl dranhängt. Sie sind langfristig (mindestens!) genauso viel wert wie das effizient abgeschlossene Projekt. Und ebenso sinnvoll.

Mit Thron und Zepter. Oder Statussymbole 2.0

Die Tendenz unseres Verhaltens und unserer Erwartungen: Alle Grenzen verschwimmen, also suchen wir in unserem zweiten Zuhause Strukturen, um unsere Umgebung zu verbessern, damit wir besser werden. Deshalb sind wir wohl ständig so verwirrt, wenn Ihr mit Euren Statussymbolen kommt. Titel, noch noblere Firmenwagen, Parkplätze direkt vor der Tür und größere Büros. Bei vielen von uns tritt dabei nur noch Fremdscham auf. Solche Machtrituale und Statussymbole stammen doch aus dem Mittelalter, als das »gemeine Volk« weder lesen noch schreiben konnte. Da waren ein roter Umhang, das Zepter und der erhöhte Sitz wichtig, um erkannt zu werden. Entschuldigung, aber das muss doch nicht mehr sein.
Uns interessiert nicht, auf welcher Stufe Ihr oder wir im Organigramm stehen. Wir möchten vielmehr wissen, wer was weiß, was kann, wie derjenige seine Fähigkeiten weitergibt, teilt, vermittelt. Wer welche Ideen hat, wer sie umsetzen kann, wer ins Team passt. Durch solche Aspekte empfinden wir Respekt für andere (oder erfahren selbst Respekt). Denn das könnt Ihr Euch nun wirklich abschminken: Wir sind nicht respektlos oder haben diesem Konzept abgeschworen. Wir tun nur endlich das, was Ihr schon seit Langem erzählt, nämlich dass man sich Respekt verdienen muss. Aber nicht

durch widerspruchlosen Gehorsam nach oben, worauf dann Türschild, toller Parkplatz oder das größte Büro folgen. Wir möchten gar nicht allein auf einer anderen Etage sitzen, während das Team die wirklich spannenden Aufgaben bekommt.

Wenn wir etwas als Statussymbol betrachten, dann interessante Projekte, Entwicklungsmöglichkeiten und Freiheit. Denn schon länger wird (generationenübergreifend) immer klarer, dass die dicken Autos und teuren Armbanduhren nur angeschafft wurden, um andere zu beeindrucken. Das ist wahrlich traurig und für uns einfach abschreckend. Für Euch fühlt sich unser öffentliches Präsentieren aller Reisen und Auslandsaufenthalte in den sozialen Medien wohl ein wenig ähnlich an. Hier scheinen wir tatsächlich recht exhibitionistisch zu sein und Erfahrungen erst zu realisieren, wenn sie veröffentlicht sind. Nichtsdestoweniger sammeln wir Erfahrungen, keine Uhren oder Autos. Wir nutzen unsere Statussymbole, wenn wir sie denn so nennen. Und genau dafür brauchen wir keine Karriereleitern: Wir müssen nicht erhöht sitzen, damit der Pöbel uns erkennt, und wir möchten schon gar nicht allein sitzen, sondern uns mittendrin einbringen. Mit unseren Ideen, unserer Persönlichkeit und unserem Wissen.

Wir gehen sogar noch einen Schritt weiter: Die Grenzen zur »Führungsriege« sind für uns fließend: 28 Prozent von uns haben schon mal ihren Vorgesetzten außerhalb der Arbeitszeit kontaktiert und nicht über Berufliches gesprochen beziehungsweise – Hallo? Wir sind's! – geschrieben.[20] Warum auch nicht? Unsere Konzepte von Autorität sind nicht gebunden an Distanz, Hierarchie und Ehrfurcht. Respekt haben wir vor Kollegen und Vorgesetzten, die sich an uns herantrauen, uns auf Augenhöhe begegnen können, offen und authentisch sind, von denen wir etwas lernen können. Und wie die 28 Prozent zeigen: nicht nur für Berufliches. Dass wir dann am Wochenende nach einem geäußerten Kochrezept fragen, hat weder etwas Abwertendes noch etwas Peinliches. Seht es eher als Kompliment.

So, wie wir Arbeit in unserem Leben verankert sehen, wie wir gute

Zusammenarbeit definieren, werden wir beinahe automatisch zu Freunden, bauen intensivere Beziehungen auf, möchten uns gut verstehen. Wenn schon kleiner Familienersatz, dann auch mit Gefühl, mit Spaß und Nähe. Doch bevor Ihr jetzt Angst bekommt, dass wir aus Eurem Unternehmen einen Kuschelclub für Einzelkinder machen: Nein, tun wir nicht. Zur Beruhigung: Wir suchen unsere engen, wahren Freundschaften meist außerhalb der Arbeit. Mit den Kollegen ist es so wie mit Familienmitgliedern: Selbst wenn man sie gut kennt, ähnliche Eigenschaften aufweist und viel Zeit mit ihnen verbringt – wir haben sie meist nicht bewusst und willentlich ausgesucht.

Trotzdem schaffen enge Beziehungen unter Kollegen die ideale Atmosphäre, um richtig gut zu arbeiten. Das mag für den einen oder anderen von Euch übertrieben klingen, aber daran gibt es nicht viel zu rütteln: Wenn wir uns wohlfühlen, können wir uns entfalten und unsere Leistung steigern. Das ist grundsätzlich bei allen Menschen so, dennoch legt die Generation Y auf solche Aspekte der Arbeitswelt mehr Wert als andere Generationen. Das mögen Karriereexperten auf mangelnde Erfahrung zurückführen – wir hätten noch nichts zu erzählen, deshalb redeten wir so viel und so gerne mit allen Kollegen. Die meisten von uns schieben es eher auf gelebtes und erarbeitetes Work-Life-Blending.[21]

Das bedeutet für Euch: Neben der Kultur, neben Teamgeist, Motivation, Offenheit, Flexibilität und Innovation stehen auch unsere möglichst guten Beziehungen zu Kollegen für unseren professionellen Ehrgeiz. Sie helfen uns, engagiert und effizient zu bleiben. Einige Unternehmen ziehen heute sogar Bewerber mit dem besseren »Cultural Fit« den Bewerbern mit der höheren Qualifikation vor. So sollte also klar sein, warum es uns wichtig ist, im Job intensive Beziehungen aufzubauen und sich gut zu verstehen. Das passiert, wenn man so lebt, wie wir arbeiten, und umgekehrt.

Hinzu kommt, dass viele von uns schon diverse Neuanfänge in solchen Kreisen vollzogen haben. Das kompensieren wir zum einen mit engen Freundschaften außerhalb des Jobs, zum anderen aber mit dem Wunsch nach tollen Kollegen, die uns bei einem Neustart schnell wieder integrieren, akzeptieren und das neue Unternehmen für uns noch attraktiver machen.

Ready, set, go!

Ihr seht, es zieht sich ein dicker roter Faden durch die Verhaltensmuster, Aufgaben und Herausforderungen, die uns allen in der heutigen Arbeitswelt begegnen. Nimmt man sich diesem an, bekennt sich zu ihm, werden enorme Teile des Wandels automatisch vonstattengehen. Alles beginnt mit den neuen Markterfordernissen und dem Wertewandel, welche eine veränderte Grundeinstellung zu Arbeit und zu Menschen erfordern. Darauf baut der Umgang mit Mitarbeitern und Kollegen auf und darauf die Kultur, darauf wiederum die in den folgenden Kapiteln aufgeführten organisationalen Überlegungen. Wenn dieser Faden gehalten wird, sind Feedback und Selbstbestimmung, Eigenverantwortung und Augenhöhe, Loyalität und die Anpassungen der Organisation, Führung, Tools und Rahmenbedingungen nur noch logische Schritte. Logische Schritte, um digital reif und für die digitalen Generationen zum attraktiven Arbeitgeber zu werden. Schritte, die man gemeinsam geht und die sich als Herausforderungen wieder perfekt einreihen in die neue Kultur und das gemeinsame Wachsen.
Und wenn sich einige beim Thema Feedback noch immer sorgen, was sie denn da loben oder von sich geben sollen: Schaut hin, wir geben jeden Tag alles und sind voll bei der Sache, wenn alles richtig läuft. Da gibt es immer etwas, was wir noch lernen, verbessern, verändern können. Und falls nicht: »Das war toll, wie wir heute zusammengearbeitet haben! Danke für den produktiven Tag!« Nur Mut. Holt Euch doch ein Feedback, dann werdet auch Ihr noch besser.

TEIL II
Wandel leben

4
Von Machtspielen zum Fair Play – das Netzwerk-Unternehmen

Ja, wir wollen arbeiten. Wir wollen sogar so richtig ranklotzen, mit unserem Schaffen etwas bewegen – und zwar mehr als nur die Maus über den Bildschirm. Um das Unternehmen voranzubringen und um selbst voranzukommen. Ciao Vorurteil faule Generation Freizeitstress. Diverse Quellen bezeichnen uns als enorm leistungsbereit für die Arbeit.[1] Vollkommen richtig – aber nur, wenn die Umstände stimmen.

Wir haben hier also eine Interessensübereinkunft. Ihr beschäftigt uns, wollt Leistung sehen und – stellt Euch vor, wir wollen die erwartete Performance auch tatsächlich bringen. Natürlich wollt Ihr wissen, ob wir das versprochene Engagement auch einbringen – und sich die Investition in uns lohnt. Es ist Euch mit Euren spitzen Bleistiften also gar nicht zu verübeln, dass Ihr auf uns ein akribisches Performance Management anwendet (oder anwenden wollt). Mit jährlichen Beurteilungsgesprächen. Ist klar. Aber im Ernst: Wenn Ihr über Themen wie Performance Management nachdenken wollt, managt erst mal Eure eigene, die der Organisation: Ist sie anpassungsfähig, flexibel, schnell? Können in ihr Ideen reifen? Stimmen die Rahmenbedingungen für die tägliche (Zusammen-) Arbeit? Haben wir alles, was wir brauchen? Können wir mit den Kollegen, dem Vorgesetzten und der Organisationsform wirklich Höchstleistungen erzielen? Oder zermürbt uns Euer Zuständigkeitsdenken? Spart Euch die Kontrollen unserer Arbeitswilligkeit und nutzt die Zeit lieber für die Schaffung wirklich guter Arbeitsplätze. Prädikat: Kulturell wertvoll. Oder wer ist bei Euch dafür zuständig? Und: Können wir helfen?

Wer schafft eigentlich »Stellen« – und warum?

Was für eine verrückte Frage! Soll das jetzt etwa der Praktikant bestimmen? Ganz ruhig. Aber mutet es manchmal nicht ziemlich exzentrisch an, wie Abteilungen aufgebaut und bemannt sind? Wir – und damit meine ich wieder alle, die offen sind für Veränderungen, also die flexiblen Fünfzigjährigen und viele der Digital Natives – fragen uns ja sogar, warum es überhaupt diese sturen Abteilungen geben muss. Denn agile Unternehmen haben bereits gezeigt, dass es nicht nötig ist, sich selbst solche Grenzen, Hürden und Schranken zu errichten. Leitplanken, ja, unbedingt sogar, aber diese dann in einer ganz anderen Qualität. Das ist schon einmal die erste gute Nachricht an Euch: Wir fordern nicht die Abschaffung jeglicher Regeln. Wir wissen schließlich selbst, dass ein Fußballspiel nur Spaß macht, wenn sich alle an die Spielregeln halten. Die zeigemäßen Organisationsstrukturen, um die es in diesem Kapitel geht, müssen für uns den Rahmen bieten und uns befähigen, uns selbst zu helfen, selbst Entscheidungen zu treffen, gute Lösungen zu finden und eigenverantwortlich zu agieren.

Wer aufgrund seiner zahlreichen Abteilungen und steilen Hierarchien nun doch zusammenzuckt, muss nicht den Praktikanten um Hilfe fragen. Hier soll zunächst nur der Stein in Bezug auf Selbstbestimmung im Alltag ins Rollen kommen: Werft noch einen Blick auf Eure Strukturen – und verfolgt eine von Euch geschaffene Stelle von A bis Z: Wer hat seine Zeit dafür aufbringen müssen? Wer hat sie angestoßen, wer entschieden, wer davon profitiert? Wie lange hat das Ganze gedauert und wie erfolgreich war es? Welche Abteilungen sind chronisch überlastet, werden aber – aus welchen Gründen auch immer – nicht aufgestockt?

Gebt die Selbstbestimmung über Eure Stellen nicht in einer Nacht-und-Nebel-Aktion an Eure Mitarbeiter weiter. Überdenkt, ob es nicht Sinn macht, die Organisationseinheiten »Stelle« und »Abteilung« gleich ganz abzuschaffen – um Euch in flexibleren, zeitgemäßen Modellen zu organisieren (wir kommen später darauf zu-

rück). Werft entsprechende Überlegungen doch mal in die Runde. Wer weiß, vielleicht hat der eine oder andere Mitarbeiter eine Idee oder großen Spaß, daran mitzuwirken.
Und vielleicht geht Ihr sogar noch weiter und fragt: Wer entscheidet eigentlich, wer Chef wird? Wer ist eingebunden in die Auswahlverfahren, die Gespräche, die finale Entscheidung? Bevor einige hier demokratische Fantastereien vermuten: Es gibt bereits CEOs, die von den Mitarbeitern gewählt werden.[2] In Unternehmen, in denen das geschieht, wurde nämlich vor allem eines erkannt: Der Mitarbeiter wählt ohnehin. Wenn er keine offizielle Stimme bekommt, verwendet er die inoffizielle – und reduziert entweder sein Engagement oder verlässt die Firma, den Chef, das sinkende Schiff eben.

Es war einmal ... die Hierarchie

Sich hocharbeiten, Karriereleitern, Aufstieg, obere Etagen: Viele dieser Wörter sprechen oft für sich – oder für Euch und Eure Sicht auf Erfolg. Der Kulturclash ist nahezu vorprogrammiert, denn für einen nicht unerheblichen Teil von uns gilt: Wachsen ist das neue Ankommen, glücklich das neue Erfolgreich und mittendrin das neue Oben. Hat man das im Hinterkopf, werden Eure Begriffe, die Euer vertikales Denkens entlarven, für viele von uns hinfällig. Horizontale Ziele sind heute gefragt, Breite und Teamwork wie auch schnelle und gute Zwischenergebnisse. Wir arbeiten nicht für Prestige oder Macht. Damit sind Hierarchien und steile Wege raus – doch das ist gar nicht so schlimm: Denn es gibt genug andere Wege zum Erfolg, Ihr müsst eigentlich nur wählen und zupacken.[3]
Die Anwendung tradierter Modelle etwa nach dem deutschen Ökonom Max Weber (mit seiner Bürokratietheorie) oder dem US-amerikanischen Arbeitswissenschaftler Frederick Winslow Taylor (der Erfinder der Fließbandproduktion) mutet etwas veraltet an. Das liegt unter anderem daran, dass deren Organisationspraktiken es

selbst sind. Sie sind darauf ausgelegt, mit klar definierten Grenzen zu arbeiten und kaum Flexibilität zuzulassen. War damals auch nicht nötig, sie zielten einzig und allein darauf ab, Effizienz und Produktivität zu steigern. Es ging darum, in den Fabriken Hand- und Kopfarbeit sklavisch zu trennen, alle Arbeitsschritte in möglichst kleinteilige, sich wiederholende Schritte zu unterteilen und damit eine hohe Formalisierung herbeizuführen. Das Fließband war der letzte Schrei (und das auch zu Recht, damals). Man brauchte Aufpasser zur Kontrolle, die prüften, ob alle Arbeiter ihre Handgriffe wie vorgesehen durchführten – sie durften ja nicht selbst denken, sie waren die Hände, nicht der Kopf. Eigentlich waren sie eher Maschinen oder Zahnräder im getakteten Getriebe. Alles der Effizienz wegen.

Diese Modelle wurden in der Vergangenheit entwickelt und haben seitdem maßgeblich zu unserem Fortschritt und heutigem Wohlstand beigetragen. Einige Elemente bilden noch heute die Grundlage unseres Verständnisses von Organisationen: Zwar ist die Fließbandarbeit mit Menschen noch nicht völlig abgeschafft, aber es geht eindeutig in eine neue Richtung: Natürlich sind Menschen weiterhin in industriellen Produktionsanlagen zu finden, aber inzwischen mit komplett anderem Anforderungs- und Aufgabenniveau: weniger als Maschinenersatz, mehr als Kopf. Und auch Max Webers Vorstellungen von Bürokratie bröckeln, denn erledigt hat sich inzwischen der Gedanke, dass wir uns auf einem Markt bewegen und mit Geschäften zu tun haben, die in ihrer Gänze nur ansatzweise kognitiv erfassbar sind.

Aber dennoch vorfolgen einige von Euch Aspekte dieser alten Organisationspraktiken. Nochmals zum Abpinseln: Sie passen nicht mehr zur heutigen (Wirtschafts-)Realität. Wenn Ihr das nicht versteht, seid Ihr in alten Menschenbildern und Denkstrukturen stecken geblieben, die keinen Freiraum und Alternativen zuließen. Diese neuen Ansätze gibt es jetzt, also werdet frei!

Heute wissen wir, dass es um Prototypen und vor allem um die schwächeren oder stärkeren Abweichungen geht. Individuelles

Vorgehen lässt sich nicht in drei, vier Kategorien einordnen. Wir wissen, dass auch der Praktikant mit seiner Idee das nächste große Ding ins Rollen bringen kann. Wenn nicht bei Euch, tja, dann eben im eigenen Start-up.

Auf jeden Topf passt ein Deckel

Uns ist bewusst, dass hohe Formalisierung auch sinnvoll sein kann. Dass es Kontexte gibt, die Hierarchien begünstigen oder sie brauchen. Tätigkeiten, die sich durch hoch repetitive, stark getaktete Arbeitsabläufe auszeichnen, bei denen nicht mitgedacht werden darf. Wie lange es diese in der Form noch geben wird, ist aber nur eine Frage der Zeit. Gerade deswegen sollte auch hier über eine Überarbeitung der Befehlskette, über die Abflachung von Hierarchien und einen stärkeren Einbezug nachgedacht werden. Jobenrichment – also die Erweiterung der Aufgaben und Kompetenzen von Mitarbeitern – steigert die Arbeitszufriedenheit und damit die Produktivität. Und es entsteht die Chance, dass sich das Unternehmen durch die Erfahrung aller Mitarbeiter stetig verbessern und weiterentwickeln kann. Das dürfte in unseren Augen Anreiz genug sein, um sich mit diesem Thema zu beschäftigen.
Die Überarbeitung Eurer Zuständigkeitsstrukturen bedeutet, dass Eure Leute mehr Verantwortung übernehmen, noch mehr Kompetenzen mitbringen müssen. Das erfordert Zeit, Geld und Fachkräfte. Letztere müssen erst einmal gefunden werden. Wie sieht die Realität aus? Hohe Kompetenz und Eigenverantwortung werden längst benötigt, die Leute, die das mitbringen, sind vielleicht schon da, ihnen wird aber wiederholt wegen Euren sturen Denkmustern und Kontrollen hineingepfuscht. Entlastet doch das mittlere Management (oder schafft es ganz ab), setzt in Euren Dienstanweisungen das um, was ohnehin Realität ist. Die Qualität würde sich verbessern, das innovative Potenzial ebenso – jeder könnte theoretisch zu einem »Head of Ideas« werden. Wenn Ihr sie denn lasst, und das

ist aktiver gemeint, als es klingt: Weiterbildungen, Zusatzqualifikationen und Verantwortungsübertragung geschehen nicht einfach so.

Bei unseren heutigen Arbeitsbedingungen stellen steile Hierarchien und Euer Silodenken Hindernisse dar. Weil Genehmigungswege zu weit, Diskussionen zu redundant und Entscheidungen zu langsam sind. Dynamische Momente werden extrem ausgebremst, schnelle Reaktionen dadurch verhindert und wirklich wichtige Informationen, Ideen und Gedanken verschluckt. Die »Zielpersonen« da oben müssen Entscheidungen fällen, obwohl sie gar nicht wissen, worum es geht, da sie weder das zuständige Team noch die Zielgruppe kennen. Doch fröhlich blockieren sie produktive Abläufe und frustrieren alle Mitarbeiter, die wirklich mitdenken. Das ist das Problem mit unseren Hierarchien. Nicht dass es grundsätzlich Führung gibt oder jeder alles können und entscheiden möchte. Besonders wenn es um Innovationen geht, sind Hierarchien Gift, Käfige, No-Gos. Die besten Leute können ihr Potenzial unter solchen erschwerten Bedingungen nicht entfalten. »Eigenverantwortlich arbeiten« klingt dann zynisch, wenn es permanent heißt: »Wir übernehmen das, du schau nach oben und folge den Anweisungen.«

Das starre Organigramm, das Mitarbeiter entweder nicht verstehen oder das sie ständig viel zu viel Zeit kostet, ist mit seinem Mutterschiff Hierarchie in die Jahre gekommen. Hinderliche Strukturen können prinzipiell in jedem Unternehmen abgebaut werden. Die Umsetzungen mögen vielfältig sein, aber Veränderungen sind letztlich überall zu vollziehen. Und sie machen Sinn. Sie können Wege verkürzen, Innovationen hervorbringen und Zeit sparen, die wir heute mit der Technik, den Kunden und dem Wettbewerb ohnehin nicht haben. Der heutige Markt gibt diesen Spielereien keinen Raum mehr, jetzt heißt es: flexibel bleiben, Verbindungs- und Entscheidungslinien öffnen und vertikal ebenso wie horizontal aufsetzen. Also merke: hinderliche Strukturen abbauen? Ja! Führung und Management ausschalten? Nein!

Damit zeichnen sich neue Rollen von Mitarbeitern und Führungskräften ab. Jeder entscheidet mit – in den Bereichen, in denen er die entsprechende Kompetenz mitbringt. Dafür braucht es Vertrauen, in die eigenen Leute und in sich selbst. So etwas entsteht nicht von heute auf morgen – und es entsteht gar nicht, wenn die Unternehmenskultur den nötigen Nährboden dafür nicht hergibt. Es heißt also umpflügen, möglichst sofort.

Wir machen uns die Welt – demokratisch

Wenn Hierarchie und ihr Top-down-Prinzip nichts mehr taugen, was wäre dann mehr bottom-up als die Demokratie? Ihr erinnert Euch, die Herrschaft des Volkes, unser politisches System. Genau dieses Steuerungsprinzip versuchen manche Unternehmen für Entscheidungen anzuwenden – und treffen damit bei uns einen Nerv. Den Motivationsnerv: Dank der Human-Relations-Bewegung, die vor knapp hundert Jahren als Reaktion auf den Taylorismus entstand und den Mensch als soziales Wesen deklamierte, wissen wir – und Ihr hoffentlich auch –, dass der zwischenmenschliche Umgang die Motivation maßgeblich steuert. Beim klassischen Pyramidendenken können kollegiale Beziehungen vertikal gar nicht erst entstehen, während die horizontalen oft in Frust und Gejammer untergehen. Und man will schnell heim, raus aus dem Laden. Das ist dann die einzige Initiative, die wir ergreifen. In flachen, demokratischen Strukturen dürfen wir mehr: mitreden, mitbestimmen, mitunternehmen. Die eigene Meinung ist gefragt. Like. Euch dürfte gefallen, dass es den Grad der Demokratisierung (und die Unternehmensbeispiele dazu) in nahezu stufenloser Ausprägung gibt. Was darf es für den Einstieg sein?
Von uns aus können wir den Chef direkt wählen, allerdings erwarten wir dafür die entsprechenden Voraussetzungen. Also eigenverantwortliches Arbeiten, Kenntnisse der Strukturen, Visionen und Ziele, Kommunikation auf Augenhöhe. Nein? Eine Nummer zu

hoch? Gut, dann nehmt andere Entscheidungen, die wir demokratisch fällen dürfen, es gibt jede Menge von ihnen. Lasst die Teams neue Mitglieder wählen (wenn es sein muss, lasst Euch zunächst ein Vetorecht), bietet (wenn Ihr wollt auch anonyme) Vorschläge für Neues – und Diskussionen darüber. Beteiligen könnt Ihr Eure Leute auch über diverse Eigentumsformen, offeriert ihnen Anteile, legt alle Zahlen offen. Beteiligt sie an allem, was das Unternehmen bewegt.

In einem demokratischen Unternehmen geht wirklich so einiges. Etwa besser verteilte Macht, die mehr Beteiligung ermöglicht, und zwar anders als bei den bislang bekannten formalen Mitbestimmungsformen wie Gewerkschaften und Verbänden. Hier geht es nicht darum, »die anderen« zu überwachen, zu bremsen, in Opposition zu stehen. Sondern zu realisieren, dass alle im selben Boot sitzen und es Sinn macht, alle zu beteiligen. Weil sie in ihren Bereichen genug Wissen haben – oder zumindest erlangen können – und den Zusammenhang mit dem großen Ganzen verstehen. Einzelne Mitarbeiter können Dinge verbessern, auf den gemeinsamen Tisch bringen. Jeder Mitarbeiter kann sich voll einbringen, bei allen Themen, für die er wirklich qualifiziert ist oder bei denen er eine Verbesserung des Workflows vermutet. Dies sind natürlich die »ganz normalen« Aufgaben, die der jeweilige Job mit sich bringt. Ebenso sind hier aber auch Mitbestimmung über Arbeitszeiten, Tools, Teamgestaltung und Weiterbildung gemeint. Und es funktioniert, wenn die Rahmenbedingungen dafür funktionieren: Kultur, Klima, Vertrauen, Kommunikation. Das Ganze dauert seine Zeit, es werden Themen diskutiert, die bei manchem Chef das Augenlid zucken lassen. Aber dafür sind die Mitarbeiter involvierter, fühlen sich mehr gebunden – und bringen sich stärker ein, als Mitglied und als Mitarbeiter.

Die Synaxon AG – eine IT-Firma mit 150 Angestellten – agiert auf demokratischer Basis. Ein viel zitiertes Musterbeispiel. Mit einer cleveren Software (Liquid Feedback aus der Piratenpartei-Schmiede, siehe auch Kapitel 6) entscheiden die Mitarbeiter über große und kleine Veränderungen. Ideen (»Initiativen«) werden anonym eingebracht und diskutiert, dann ruhen gelassen und schließlich in einer Abstimmung angenommen oder abgelehnt. Alle Ideen? Ja. Alle, die dem Unternehmen nicht schaden und mit der Verpflichtung als AG vereinbar sind. Und so kam die Belegschaft von kleineren Themen zu den richtig wichtigen wie Kündigungsschutz oder Gehaltsanpassungen an den Manteltarifvertrag. Wumms. Insgesamt 300 000 Euro jährlich mehr Personalkosten.[4] Der Vorstand zahlte, denn erstens war das Thema ohnehin schon auf dem Tisch, zweitens zeigte die Initiative erneut seine Relevanz für die Mitarbeiter und drittens: Der Vorstand hätte weniger gewonnen, hätte er das Geld als Märtyrer und alleiniger Entscheider vergeben. So wurde die Belegschaft gehört und hat gleichberechtigt mit dem Vorstand zusammen das Ziel erreicht. Der Umsatz des Unternehmens hat sich übrigens innerhalb von fünf Jahren verdoppelt bei nur zehn neu eingestellten Mitarbeitern.[5] Es fällt nicht schwer, sich vorzustellen, dass es keine allzu großen Probleme beim Recruiting gab. Das hätten sie allerdings auch vorher nicht gehabt, denn die AG fällt seit Jahren durch ihre Unternehmenskultur, ihre offenen Strukturen und eine grundlegende Selbstorganisation auf. Sie haben dieses basisdemokratische Tool obendrauf gesetzt und sind nicht erst damit in ein Zeitalter flacher Hierarchien und Mitbestimmung aufgebrochen. Das nur für diejenigen, die damit bei null starten wollen und dann frustriert ihre Wunden lecken, weil es nicht so funktioniert hat. Wie gesagt, an solche Veränderungen müssen alle – Eure Mitarbeiter und Ihr selbst – langsam herangeführt werden. Das kann nicht nur Zeit und Geld kosten, sondern auch mal Nerven. Synaxon kann und will damit leben, sie freuen sich über ständige Herausforderungen und ständige Brüche in Routinen. Wer hier nun hellhörig wird, wird es zu Recht: wieder ein IT-Unternehmen, wieder jung, expandierend, frech, wild. Langzeitstudien? Es wird schon gut gehen, sehen wir doch. Oder ist es doch nur ein Schönwetterkonzept, das beim ersten Sturm in sich zusammenfällt?

Die Kurzzeiterfahrungen sind nicht von der Hand zu weisen, doch sie deuten nicht nur auf Gewinn: Der Zeitaufwand ist groß. Die einen akzeptieren das – alles für die Demokratie! –, die anderen nehmen es in Kauf, weil sie es irgendwie können. Das tun aber nicht alle. Für sie muss es deshalb Ziel sein, eine individuelle Lösung zu erarbeiten, die demokratische Elemente bei spezifisch notwendigen Entscheidungen einbezieht, vielleicht sogar innerhalb gewisser Rahmen – und sie darauf zu beschränken. Vorerst. Bis sich wieder etwas verändert. Das Gleiche gilt für komplexe Sachverhalte, die nicht von allen sofort und vollständig überblickt werden: Gerade in heterogenen Teams haben nicht alle eine identische Ausbildung, das kognitive Niveau, die Einsicht, etwas ändern zu wollen. Hier entsteht ein Steuerungsproblem, das nicht einfach zu lösen ist (was wir ja auch in unserer westlichen demokratischen Welt derzeit miterleben dürfen) – es sei denn, Ihr investiert noch mehr Zeit, um alle auf einen vergleichbar hohen Wissensstand zu bringen. Oder Ihr stellt von allen gewählten Repräsentanten die auf, die das nötige Know-how mitbringen. Oder überlegt Euch sehr genau, welche Entscheidungen von welcher Gruppe getroffen werden und wer da mitbestimmt.

Oje. Was jetzt? Eine hierarchische Organisation funktioniert nicht, eine demokratische ist zu kompliziert, beide Varianten schlucken Zeit, die heute niemand mehr hat. Fast richtig. Denn jetzt bedarf es eines entscheidenden Gedankens: Hört auf, in sturen Konzepten mit festen Grenzen zu denken! Lasst Eure Konzepte fluider, gradueller und relativer werden. Was heißt: Welchen Grad der Demokratisierung könnt, wollt und müsst Ihr Euch leisten? Welchen brauchen die Mitarbeiter und an welchem Punkt findet Ihr Euch? Wie sind Eure institutionellen Rahmenbedingungen, was lassen sie zu, wozu laden sie ein?

Demokratie ist ohnehin schon bei jedem angekommen, allein durch die Mitarbeiter und das Netz. Da könnt Ihr von oben einen noch so großen Finger draufhaben, wenn wir wollen, schreiben wir einen Blog über Eure Ausbeutung. Ihr könnt eigentlich nur zu-

schauen, auf jeden Fall aber nicht diktatorisch bestimmen. Also könnt Ihr direkt den demokratischen Weg einschlagen. Und ganz offiziell zuhören, was der Einzelne zu sagen hat – schließlich wollen wir nicht nur eine Stimme, sondern, dass sie wahrgenommen wird. Ihr könnt Euch nicht mehr leisten, sie zu ignorieren.
Zu viel Hierarchie wird Euch nicht weiterbringen, zu viel Demokratie kann aber ebenso bremsen, also sucht eine elegante und effiziente Mitte für Euch: Für gewisse Momente ist es für jedes Unternehmen möglich und unerlässlich, demokratische Elemente zu nutzen, während Ihr für andere Situationen klare Zuständigkeiten und Entscheidungskompetenzen etabliert, die allen die Arbeit erleichtern und Abläufe beschleunigen, also Sinn machen. Aufgaben, die durch Routine und Analysierbarkeit »glänzen«, können durchaus mit einer gewissen Standardisierung fortgesetzt werden – besonders wenn Ihr das mit Euren Mitarbeitern diskutiert und gemeinsam definiert. Für Aufgaben, die sich um Innovationen drehen und Volatilität und Flexibilität benötigen, sind demokratische Strukturen unerlässlich.
Peter F. Drucker, US-amerikanischer Ökonom, würde das genauso sehen – schließlich sah er die Relevanz aufkommender Technologien und Innovationen voraus. Schon vor fünfzig Jahren sagte er, dass wir in einer Wissensgesellschaft agieren werden und Wissensarbeiter Zugang zu Informationen, zu Strukturen brauchen, die Eigenverantwortung zulassen, und zu den Zielen des Unternehmens, um dem eigenen Tun einen Sinn zu geben. Drucker nannte das Management by Objectives, Führen durch Zielvereinbarungen. Und das war längst nicht alles. Begriffe wie »Kundenorientierung«, »Selbstmanagement« oder »Zielorientierung« stammen ebenso aus seiner Feder – viele der Management-Praktiken, die heute eingesetzt werden, fußen auf seinen Ideen.[6] Leider sind ihre Realisierungen oft Fehlinterpretationen. Zielvereinbarungen, wie wir sie heute kennen, bestehen meist aus seltsamen Notizen, an die sich 27 Prozent der Mitarbeiter und 51 Prozent der Führungskräfte (immer erst) nach einem Jahr überhaupt noch erinnern.[7] So hat sich

das einer der bedeutendsten Vordenker im Bereich Management, Wirtschafts- und Arbeitswelt sicher nicht vorgestellt.[8] Zuletzt schüttelte Drucker 2002 (er starb 2005) nur den Kopf darüber, dass man sich wunderte, warum die Leute denn nicht produktiv arbeiteten. Ohne die richtigen Strukturen – und die richtigen Einsichten – geht es einfach nicht. So stirbt jeder Patient bei der besten OP. Bleibt nur zu hoffen, dass Ihr jetzt bereit seid, auf ihn zu hören und nicht nur ein neues Modell über Eure alten Konzepte zu stülpen. Sondern die alten Konzepte loszuwerden. Modelle gibt es genug.

Wenn es ein wenig flexibler sein darf

Weder strenge Hierarchie noch flache Demokratie versprechen also die einfache Pauschalreise ins Unternehmensglück. Da hilft nur ein weiterer Blick über den Tellerrand hinaus, dorthin, wo einige hochinteressante, innovative und moderne Organisations- und Managementkonzepte entstehen und gedeihen. Oft stammen sie von Technologie- und Softwareunternehmen, jedoch nicht, weil die Programmierer nichts Besseres zu tun haben, als die eigene Unternehmenskultur zu hacken – im Zweifel sind die Gründer oder Geschäftsführer ohnehin involviert. Sondern weil diese Unternehmen am längsten und intensivsten den Anforderungen der Gegenwart ausgeliefert sind: kurzlebige Produkt-Update-Zyklen, hohe Innovationskraft und Bewegung in einem vernetzten, komplexen Umfeld. Dass das alles aber längst nicht mehr nur auf Technologieunternehmen zutrifft, sondern zunehmend auf alle anderen Branchen, haben wir ja bereits besprochen. Also, schaut auf zu den alten Hasen der neuen Welt. Und so viel vorneweg: All diese Konzepte lassen sich zweifelsfrei und nur mit leichter Modifikation – wenn überhaupt – auf jeden noch so altbackenen Saftladen mit »Das war schon immer so«-Kultur übertragen. Wenn Ihr Euch traut – und Eure vorhandenen Mitarbeiter mitnehmt.
Falls Ihr zögert: Ihr schlagt mit solchen Veränderungen zwei Flie-

gen mit einer Klappe. Nicht nur stellt Ihr Euch auf die heutigen und zukünftigen Anforderungen des Marktes ein, Ihr punktet zudem kräftig bei uns als potenzielle Mitarbeiter. Denn wir sind laut einer brandaktuellen Studie des Fraunhofer-Instituts für Arbeitswirtschaft und Organisation von den neuen Arbeits- und Organisationstrends recht angetan, sie passen zu unserer Vorstellung von Leben und Arbeit.[9] Direkt verantwortlich sein für die Zielerreichung? Für fast 90 Prozent der Befragten ein klares Plus. Vielfältige Aufgaben gleichzeitig übernehmen und bearbeiten? Klar, sagen mehr als 78 Prozent. Diverse Rollen in häufigen Wechseln ausüben? Für mehr als 80 Prozent kein Problem. Interessanterweise schlucken wir auch nicht alles, aber hey, niemand behauptet, dass alles Neue an sich schon perfekt ist. Das ist ja gerade der Clou an der Sache: Wenn ein Aspekt ideal zu Euch und Eurer Kultur passt, adaptiert ihn, setzt ihn ein. Wenn andere es nicht tun, modifiziert sie, bis sie passen – oder lasst sie weg. Punkt. Es geht um Flexibilität. Auch die Modelle müssen sich das gefallen lassen. Und sie können entsprechend angepasst werden, verdammt gut sogar. Wenn Euch die folgenden drei Modelle zusagen – bitte, auch kein Problem, sie lassen sich hervorragend in Kombination nutzen. Für die Streber unter Euch: Nur zu, nehmt sie alle!

Beweglich denken, beweglich handeln – agile Unternehmen

2001 wurde das »Agile Manifest« veröffentlicht. Es kam aus der Softwareentwicklung und war seinerzeit auf diese gemünzt, fand aber recht schnell den Weg in alle Branchen. Was drinstand? Menschen und Interaktionen gehen über Prozesse und Werkzeuge, funktionierende Software (Produkte) geht über umfassende Dokumentation, die inhaltliche Zusammenarbeit mit dem Kunden geht über Vertragsverhandlungen und das Eingehen auf Veränderungen geht über starre Planbefolgung. Agilität ist also laut Manifest eine sehr gute Antwort auf die steigende Komplexität und Geschwindigkeit unserer Arbeitswelt.

Wie gesagt, die Softwarebranche bekam zuerst zu spüren, dass Märkte und Kunden dynamisch wurden, dass ständig neue Ideen und Konzepte aufkamen, dass man nicht mehr zwei Jahre an einer Realisierung sitzen kann, ohne dass sich Wünsche und Erfordernisse ändern. Die Innovationszyklen mussten ständig kürzer werden, andernfalls würde man – sinnbildlich – die Postkutsche nach dem Rennwagen herausbringen oder die Krücke nach der Prothese. »Von unten« einen Brief an die oberen Etagen zu schreiben, um darin mitzuteilen, dass etwas anderes gewünscht wird, damit die Vorgesetzten zu dem Entschluss kommen, dass man bislang gut gefahren sei, mit dem, was man gemacht habe – das hat keine Perspektive mehr. Der Kunde ist dann längst weg, Der wird schon wiederkommen? Nein, wird er nicht.

Die agilen Methoden haben sich bewährt und sind inzwischen im Wissenskanon der Avantgarde angekommen: Informatikstudenten lernen die agilen Methoden bereits im Studium.[10] Aber sie sind nicht nur für Informatiker hochrelevant, sondern für alle, die in komplexen Umfeldern arbeiten. Architekten, Maschinenbauer, Mediziner, BWLer. Hätte in Berlin-Schönefeld ein Daily Scrum stattgefunden, wären die Tegeler den Fluglärm längst los. Aber der Reihe nach.

Weil die agilen Management-Ansätze aus der Softwareentwicklung kommen, klingen sie auch so: Scrum oder Kanban, um die zwei gängigsten zu nennen. Sie lassen sich jedoch mittlerweile extrem effizient auf jedes Unternehmen und jede Branche anwenden. Für ihre Realisierung müsst ihr Offenheit, Dynamik und Mut für Selbstorganisation und Eigenverantwortung mitbringen, denn Eure Leute können nicht agil sein, wenn sie nicht selbst schnell genug entscheiden können. Gleichzeitig müssen sich Strategien, Prozesse und Strukturen an den Bedürfnissen der Kunden orientieren, während Kultur, Führung und Personalinstrumente sich an denen der Mitarbeiter ausrichten. Das sind die beiden entscheidenden »Zielgruppen«, nichts anderes. So wird das Unternehmen zu einem dynamischen Netzwerk – oder zu einem lebenden Organismus.[11] In dem jeder seine unabkömmliche Rolle spielt und Wissen – zumindest das, welches man benötigt – immer und überall abrufbar ist. Tja, da kommt man mit einem Organigramm nicht weit. Keine unflexiblen Kästchen mehr, die voneinander abgegrenzt, untereinander und nebeneinander angeordnet sind und sich in keiner Weise beweglich zeigen. Immer die gleichen Wege, immer die gleichen Abstände? Von wegen, so zeigt sich kein Unternehmen im wahren Leben. Also wozu »Abbilder« machen, die nur unwesentliche Aspekte aufgreifen? Los, bildet die Realität auch auf dem Bildschirm ab und baut Dynamogramme![12] Wie der Name schon sagt – das sind flexible, dynamische, netzwerkartige Strukturen, in denen Veränderungen und Bewegungen kontinuierlich reflektiert werden. Denn: Markt und Kunde machen schließlich, was sie wollen, da muss das Unternehmen mithalten können.

In Loops zum Ziel: Scrum

Ist die Basis gelegt, können Unternehmen ihr Vorgehen im Projektmanagement agil umsetzen, als Scrum. Dieses Modell umfasst wenige Regeln und fußt auf der Idee, dass Entwicklungsprojekte zu komplex sind, um von Anfang an vollständig durchgeplant zu werden. Stattdessen geht man empirisch vor – und iterativ: In kurzen Zyklen, Sprints genannt, werden Zwischenergebnisse fokussiert, um die weiteren, bislang unklaren und noch nicht definierten Prozesse und Anforderungen zu finden. Das Ganze läuft möglichst transparent ab, um sämtliche Probleme, Lösungen und Fragen zu erkennen und festzuhalten. Nach jedem Sprint können der aktuelle Stand geprüft, Änderungen des Produkts oder der Planung vorgenommen werden. Der Kunde oder Anwender des geplanten Ergebnisses bleibt permanent im Fokus, denn seine Sicht ist die entscheidende.

Damit das gelingt, werden drei Rollen verteilt, die bestimmte Aufgaben übernehmen: Der Product Owner (»Produktbesitzer«) spielt den Auftraggeber, gibt die Prioritäten und zu entwickelnden Produkteigenschaften vor und steht dem Team zur Seite, damit dieses alle nötigen Informationen hat. Der Scrum Master leitet den Prozess und ist dafür verantwortlich, dass das Ganze nach den Scrum-Regeln funktioniert. Er dient außerdem dem Team als Coach, damit es produktiv vorgehen kann, mimt den Moderator und hat die Wertschöpfung für das Unternehmen im Blick. Das Team mit drei bis neun Mitgliedern nimmt die dritte Rolle ein und setzt aufgrund seiner heterogenen Fähigkeiten die vorgegebenen Anforderungen um – und zwar selbstständig. Schließlich hat es alles – inklusive der Kompetenzen –, um dies zu tun und kann sich mittels der kurzen Intervalle ständig selbst überprüfen und optimieren.

Die Sprints sind die Arbeitsphasen, in denen sich die Teams hochkonzentriert an die Arbeit machen, ohne Störungen von außen. Diese iterativen Intervalle können sich bis zu vier Wochen erstrecken. In dieser Zeit werden keine essenziellen Änderungen gemacht und die Deadlines strikt eingehalten – alles andere kann ja im nächsten Sprint passieren. Die Arbeitsergebnisse aller Teammitglieder werden täglich in einem kurzen (maximal fünfzehnminütigen) Daily Scrum aktualisiert; mögliche Probleme werden ebenfalls besprochen. Stehend und mit Gesprächsregeln. Damit daraus kein Endlos-Meeting wird. Durch die interdisziplinäre Zusammensetzung und den hohen Wissenstand der Mitglieder lassen sich so oft schnell Lösungen finden.

In der Praxis hat sich Scrum bewährt, da einfach umzusetzen; es ist wohl deshalb die am häufigsten angewandte agile Methode. Wer sich über die Regeln wundert: Ja, flexibel heißt nicht, wild und chaotisch, nur clever und rasch, denn bei Bedarf – der dank der Strukturen nicht erst am Ende erkannt wird – kann individuell optimiert werden.

Mit Signalkarten im Flow: Kanban

Diese Methode greift ebenso die kleinen Schritte auf, um handlungsfähig zu bleiben, Anpassungen vornehmen zu können und ohne lange Verzögerungen erste Ergebnisse zu erhalten. Die »Signalkarten« (»Kanban« stammt aus dem Japanischen und bedeutet ebendies) dienen der Visualisierung von Arbeitsschritten – und seinen Hindernissen. Hier geht es nicht um alberne Bildchen, sondern um die Unterstützung der Mitarbeiter, den Überblick zu behalten, zu sehen, wo man steht, was erledigt ist, was vorliegt. Klar strukturiert, für alle. Das Board wird in die entscheidenden Stationen – zum Beispiel »geplant, entwickeln, testen, ausliefern, geschafft!« – unterteilt, während die Aufgaben und Anforderungen als Karteikarten durch diese Stationen »wandern«. Die analogen Boards sind an sich schon begrenzt und gestatten nicht mehr als eine gewisse Anzahl von »Tickets« an einer Station – ist diese voll, muss der nächste Schritt warten oder der noch andauernde von anderen mit übernommen werden. Sobald es weitergehen kann, nimmt der Mitarbeiter (oder ein Team) ein weiteres Ticket auf, anstatt es einfach »aufgedrückt« zu bekommen.

Die Boards stehen tatsächlich im Büro, wobei es Kanban-Software gibt, die alles digital in Cafés oder in die Wohnzimmer der Mitarbeiter transportieren kann. Trello ist die bekannteste davon – und hat dazu geführt, dass inzwischen der Urlaub mit Kumpels, die Wohnungsrenovierung und das Vereinsfest mit Kanban-Boards geplant werden. Bei allen agilen Praktiken geht es nicht nur darum, produktiv und schnell zu sein, um den Kunden zu beglücken und das Unternehmen erfolgreich zu halten, sondern den Mitarbeitern beziehungsweise den Teams die bestmöglichen Strukturen zu liefern, um gut arbeiten zu können. So etwas spricht sich herum – bis in Schützenvereine und WGs.

Eine Auszeit nehmen – um zu arbeiten

Für uns digitale Generationen sind diese Arbeitsstrukturen so reizvoll, weil sie effizientes Arbeiten in kleinen Schritten (wir mögen Projekte) und eigenverantwortliches Miteinander (wir mögen Teamwork) in den Fokus stellen. So kommt Feedback zur vollen Entfaltung – es steht praktisch jeden Tag fix im Programm! Und es entsteht für Euch die Notwendigkeit, uns alles Unerlässliche zur Verfügung zu stellen und kurze Wege zu etablieren. So können wir wirklich vorankommen, zeitnah aus Fehlern lernen, neue Ideen einbringen.
Viele Unternehmen – mit Google als Vorreiter – gönnen sich dazu noch die Slacktime, um die Ideen der Mitarbeiter noch intensiver zu nutzen. In diesen Phasen wird ein Teil der Arbeitszeit für Projekte verplant, die einen brennend interessieren. Ob 10 Prozent oder 20 Prozent, ob wöchentlich oder monatlich: Die Mitarbeiter können sich in der Slacktime austoben und Konzepte weiterdenken, für die sie im Tagesgeschäft keine Zeit haben, die aber möglicherweise einen großen Gewinn für das Unternehmen darstellen können. Ob die Behebung von alten Fehlern, die Entwicklung neuer Features und neuer Produkte, die Verbesserung des Kundenservice oder des internen Workflows – alles, was mit der Arbeit zu tun hat, darf und kann hier fast spielerisch aufgenommen werden. FedEx, sipgate, Google, Atlassian und viele andere Unternehmen mit Innovationshunger lieben ihre Slack-Slots. Nicht alle haben es beim ersten Mal perfekt hinbekommen, nicht alle Mitarbeiter haben »Juhu« geschrien, aber letztendlich wurden sie mit Erfolg und großer Zufriedenheit in den Teams etabliert. Also, nicht verzagen, wenn es nicht sofort klappt: Nehmt Euch Slack-Zeiten, um Eure Slacktime zu perfektionieren!
Auf der Organisationsseite bedeuten diese Umstellungen vor allem die Annahme eines intrinsisch motivierten Menschen, einher geht sie mit weniger Hierarchien, mehr Eigenverantwortung, weniger Druck und besserer Kommunikation. Unternehmen, die agile Me-

thoden einführten, hat es meist nicht nur eine starke Kultur und wachsendes Commitment gebracht, sondern ebenso finanziellen Erfolg und eine konstante Kundenbindung. Es geht hier um nicht mehr und nicht weniger als um das blanke Überleben – und die Analogie zur Evolutionstheorie macht in der Tat Sinn: Es überlebt die Art (oder eben Organisation), die anpassungsfähig ist, sich flexibel, schnell und selbstständig assimilieren kann.[13] *Survival of the fittest* eben. Um zu überleben, müssen schwerfällige, autoritäre Organisationen im Command-and-Control-Stil abgeschafft werden, damit kreative und freie Tätigkeiten möglich werden. Damit diese schneller und effektiver möglich werden. Kurze Planungs- und Realisierungszyklen lassen sich nicht umsetzen, wenn man auf die Reaktion von »oben« warten muss, und ebenso wenig, wenn man in homogenen, abgeschlossenen Teams arbeitet. So können in kurzer Zeit einzig Propeller oder Akkus als Prototypen entstehen, nicht aber ganze Drohnen. Also wird die Verantwortung auf flachere Strukturen verteilt. Hierarchien sind out, Netzwerke in; Ab-Teilungen sind nachteilig, interdisziplinäre Teams produktiver; blindes Befolgen von Regeln ist destruktiv, Fehler sind erlaubt, daraus lernen erst recht. Check.

Nicht ohne Führung, sondern mit Führung von allen: Holokratie

Das Konzept steckt bereits im Namen: Holokratie ist ein Kompositum aus dem Altgriechischen *holos* (»ganz«, »vollständig«) und *kratía* (»Herrschaft«) und bedeutet somit »Alle herrschen« oder »Herrschaft des Ganzen«.[14] Na ja, man könnte auch sagen: »Führung ohne Führungskräfte«, oder – um die Worte des US-amerikanischen Erfinders und Unternehmers Brian J. Robertson zu benutzen: »neues Betriebssystem für Organisationen«.[15] Dieses Betriebssystem beraubt Unternehmen nicht vollständig aller Hierarchien, es entledigt sie jedoch ihrer personalen, also an bestimmte Personen gebundenen Machtmuster und schafft Kreise anstelle von Ebenen.

Dadurch steht eine dynamische Steuerung im Vordergrund, die sich durch ständige Anpassungen und permanentes Schleifen an die Gegebenheiten anpassen kann. Die Prozesse selbst sind strikt geregelt, allerdings nur ihre Form, nicht ihre Inhalte. Transparenz und Partizipation an der Entscheidungsfindung stehen weit oben auf der Agenda, ebenso wie der kollektive Input. Jeder Mitarbeiter hat eine entsprechende Rolle und kann mithilfe seines aktuellen Wissensstands und des gemeinsamen Ziels die Inhalte selbst bestimmen und bearbeiten. So wird die Komplexität der Prozesse auf viele Schultern – mit dem gleichen Ziel – verteilt. Und die Verantwortung für Einzelbereiche konsequent an die Rollen vergeben. Dezentral, aber in engem Kontakt zu allen anderen.

Vertikale Strukturen werden durch die sich selbst organisierenden Kreise ersetzt, die sich themen- und tätigkeitsbedingt überlappen. Den Mitarbeitern werden diverse Rollen und Positionen zugewiesen. Diese Rollen sind jedoch nicht einzelnen Personen gleichzusetzen wie Eure althergebrachten Stellen, denn ein Mitarbeiter kann mehrere Rollen innehaben – und diese auch wieder abgeben. Gleichzeitig sind die Rollen an Zuständigkeiten, Rechte und Pflichten gekoppelt, um Konflikte zu minimieren: Weiß jeder, welche Rolle mit welchen Aufgaben er genau hat, werden Wege kürzer und Erwartungen zu Wissen.

Es gibt also keinen klassischen Chief Financial Officer (CFO) mehr, sondern die Rolle »Finanzen«. Werden die Aufgaben einer Rolle für einen Rolleninhaber zu groß oder zu viel, kann eine Rolle von mehreren (bis zu drei) Mitarbeitern besetzt werden (Jobsharing lässt grüßen, siehe Kapitel 7). Reicht die Mehrfachbesetzung noch immer nicht aus, wird die Rolle in einen Kreis verwandelt und die anfallenden Aufgaben auf die dem Kreis zugehörigen Rollen verteilt. Aus der Rolle »Finanzen« wird der Kreis »Finanzen« mit den dazugehörigen Rollen »Buchhaltung«, »Finanzierung« und »Controlling«. Wird eine dieser Rollen wiederum zu groß, bilden sich daraus erneut Kreise mit entsprechenden Rollen. Jede Rolle hat Rechte, Pflichten und erkennbare Zuständigkeiten – damit jeder weiß, was er zu tun hat und was er von den anderen Rollen erwarten kann. Und nein, mit diesem scheinbar engen Korsett wird nicht unser Freigeist eingeschränkt, der für Innovationen so wichtig ist. Haben wir als Rolle »Buchhaltung« eine tolle Idee zum Design unserer Produkte, hat das in meiner Buchhaltungsrolle nichts zu suchen – ich nehme einfach eine Rolle im Kreis Produktentwicklung an und bringe mich da mit ein.

Dieses System funktioniert gut, weil es Regeln, Pflichten und Rechte definiert – aber nicht für Personen, sondern für Rollen. Und nicht irgendwie und irgendwo, sondern vollständig transparent. Diskutiert werden die Rollen, die Kreise, außerhalb des operativen Geschäfts, in sogenannten Governance Meetings. In ihnen treffen sich regelmäßig zum Beispiel alle Rollen des Kreises Finanzen. Hier stellt die Rolle »Buchhaltung« ihr Anliegen (mit Lösungsvorschlag!) vor, etwa, dass sie die Aufgaben allein nicht schafft, dass aus der Rolle ein Kreis werden soll. Hat niemand Einwände, sieht niemand geschäftsgefährdende Aspekte? Gut, genehmigt. Die Rolle »Controlling« spricht an, dass sie regelmäßig aktuell aufbereitete Geschäftszahlen braucht, schlägt vor, dass die Buchhaltungs-Rolle (oder jetzt der Kreis) dies in ihre Pflichten aufnehmen und diese wöchentlich aufbereiten soll. Die Rolle »Buchhaltung« hat einen Einwand, trägt vor, das sei nicht zu schaffen, schlägt eine wöchentliche Bereitstellung der Rohdaten und eine monatliche Aufbereitung vor. Keine weiteren Einwände? Genehmigt. Dokumentiert. Verändert.

Für das Tagesgeschäft gibt es parallel und streng getrennt operative Treffen, die Tactical Meetings. Genau wie die Governance Meetings haben diese eine streng vorgegebene Struktur und klare (Gesprächs-)Regeln, die mittels gewählter »Facilitator-Rolle« eingehalten werden. Das soll verhindern, dass die Meetings länger dauern als notwendig und schnell Entscheidungen getroffen werden können.

Auch hier gilt die integrative Entscheidungsfindung: »Was können wir jetzt wirklich anwenden?« Nicht: »Was wäre optimal?« Es geht um Brauchbares, nicht um Perfektes. Alle Entscheidungen laufen nicht top-down und nicht nach Konsens, sondern nach Konsent: Wenn nicht alle zustimmen, ist es okay – solange niemand eine Geschäftsgefährdung sieht. So werden Beschlüsse nicht auf das optimale Ergebnis (was von vornehrein gar nicht absehbar ist) ausgerichtet, sondern auf ein anwendbares, auf eines, das sich verbessern lässt, wenn es nötig wird. Keine Überschneidungen, kein Zeitraub, definierte Strukturen, erleichterte Entscheidungsfindung. Handlungsfähigkeit: Check.

Ihr fragt Euch: Wenn es keine Abteilungs- oder Kreisleiter mehr gibt, wer sagt denn, wer was zu tun hat? Und wer vertritt dann in Zukunft die »Buchhaltung« im Finanz-Kreis, wenn aus der Buchhaltungs-Rolle ein eigener Unterkreis wird? Die Antwort: Double Linking. Einerseits gibt es in jedem Kreis die »Lead Link«-Rolle, die noch am ehesten das ist, was Ihr Abteilungsleiter nennt. Sie sucht für die Rollen die richtigen Personen, hat ein Auge darauf, ob alles so läuft, wie es soll – und: übernimmt alle anfallenden Tätigkeiten, für die der Kreis zuständig ist, aber keine spezielle Rolle.

Die Rolle des »Rep Link« ist jedoch die spannendere: Sie vertritt ihren Kreis in über- und untergeordneten Kreisen. Und wird demokratisch innerhalb des Kreises gewählt. Sie ist meist auch keine »Vollzeitrolle«, sondern on top zur eigentlich operativen Rolle im jeweiligen Kreis. Die gewählten Vertreter in höheren, unteren und Nachbarkreisen tauschen relevante Informationen aus und achten darauf, dass die Kreise sich gegenseitig berücksichtigen. Deswegen sind die Vertreter in den anderen Kreisen gleichberechtigt: Möchten höhere Kreisen den unteren Aufgaben zuweisen oder sie ganz abschaffen, muss es im Gesamtkontext Sinn machen, produktiv sein und von den Vertretern mitgetragen werden. Ist es wirklich notwendig, können auch Links zwischen Rollen unterschiedlicher Kreise etabliert werden. Durch die Verbindungen sind Kommunikation und Feedback auf allen Ebenen gesichert, von innen heraus.

Durch die Rollen entsteht auf der menschlichen Ebene eine flache Struktur, weil Mitarbeiter in einem Kreis eine übergeordnete Rolle haben können und gleichzeitig (!) in einem anderen eine rein operative. So oder so haben die einzelnen Rollen nicht mehr Macht oder eine lautere Stimme bei Entscheidungen. Die höheren und unteren Kreise sind eher Aufgaben geschuldet als hierarchischem Wunschdenken mancher Manager. Vor allem aber liegen Verantwortung und Entscheidungsfindung in den Arbeitskreisen, nicht mehr bei einem oder wenigen Vorgesetzten.
Klingt getaktet, minutiös geplant, vollständig geregelt? Ja, ist es auch. Manche wundern sich in der Tat ob der Masse von Regeln (die in einem Regelwerk, der »Holocracy Constitution« niedergeschrieben sind[16]), doch sie dienen dem schnellen, flexiblen Handeln. Einmal in einem Kreis und einer Rolle, können die Mitarbeiter ihre Qualitäten und ihr Wissen frei und vollständig entfalten und nutzen. Fußball braucht eben auch sein umfassendes Regelwerk, damit die Spieler die Freiheit haben, ihre Höchstleistungen individuell und selbstbestimmt auszuüben.
Holokratie wehrt sich nicht gegen Hierarchien an sich, sondern gegen Hierarchien von Menschen. Deshalb liegen ihr vier wichtige Grundprinzipien zugrunde, die sich für jedes Unternehmen adaptieren lassen: die Auftrennung des »Abteilungsleiters« in einen operativen Verwalter und einen gewählten fachlichen Repräsentanten (Double Linking), die Trennung von operativen Meetings und Steuerungstreffen mit strengen Gesprächsregeln, die klaren, niedergeschriebenen Zuständigkeiten, Pflichten und Rechte der Rollen sowie die ergebnisorientierte, dynamische Entscheidungsfindung.
Holokratie ist noch lange nicht in aller Munde, aber sie nimmt Formen an, praktische Formen, schließlich ist die Idee bereits zehn Jahre alt.[17] Mittlerweile sollen mehr als dreihundert Unternehmen nach diesem Prinzip agieren, viele mit Erfolg, manch andere mit Schwierigkeiten.[18] Zappos, das US-amerikanische Zalando und Amazon-Tochter, darf hier als spannendes Beispiel gelten. Wäh-

rend CEO Tony Hsieh begeistert war und noch immer ist, sind seit Einführung des Konzepts (2015) 14 Prozent der Belegschaft gegangen.[19] Viele Mitarbeiter waren überfordert oder unzufrieden, weil es keine Titel mehr gibt – und sie bis zu 60 Prozent weniger Lohn erhalten. Vielleicht liegt das Problem bei Zappos darin, dass das Unternehmen zuvor schon demokratisch-agil-flexibel gestaltet war, die Mitarbeiter aber nicht die treibende Kraft waren, sondern Hsieh als Pionier und Visionär gern und stetig voranschreitet. Er will nämlich noch viel weiter, weg vom Konzept Unternehmen hin zum Konzept Stadt, diese stürben schließlich nicht so leicht wie Unternehmen.

So weit wie der Harvard-Absolvent Hsieh muss niemand von Euch gehen, aber: Auszüge der Holokratie lassen sich in agilen Kontexten, insbesondere in solchen, in denen Hierarchien in Arbeitsabläufen notwendig sind, gut umsetzen.[20] Selbst ein kleiner Handwerksbetrieb kann Rollen verteilen, Kreise bilden und dem Meister die Rolle »Lead Link« im Werkstatt-Kreis, die Rolle »Auftragskalkulation« im Vertriebs-Kreis sowie die Rolle »Sicherheitsbeauftragter« im Lackier-Kreis zuschreiben. So kann er mittendrin handeln, als Lead Link noch immer einen prüfenden Blick auf die Bearbeitung der Aufgaben werfen und doch alle anderen gleichberechtigt teilhaben lassen. Banken (für uns Digital Natives nichts anderes als aufgeblähte, personalintensive Excel-Tabellen – das muss der Computer doch allein hinbekommen?) wird aktuell nahegelegt, sich doch bitte mal der Holokratie zuzuwenden, wenn sie bei den aufkommenden FinTechs überleben wollen.[21] Sie sind zu starr, zu steil, zu langsam, um zu bestehen. Da helfen keine personellen Änderungen, hier muss die gesamte Branche und jedes Haus komplett auf den Kopf gestellt werden. Mal schauen, wer den ersten Schritt macht.

Nicht das Rad neu erfinden, nur die Kraftübertragung optimieren

Mymuesli ist eines der Start-ups in Deutschland, die sich langfristig – seit immerhin zehn Jahren – bewährt haben. Es hat nicht nur überlebt, sondern seine Gründerschuhe endgültig abgestreift und ist richtig erfolgreich geworden – und das im eigentlich doch gesättigten Markt der Müsliproduktion. 2007 sind drei Jungs damit in ihrer Studentenbude gestartet, neun Jahre später haben sie mehr als 650 Mitarbeiter an zwei Produktionsstandorten, zig lokale Geschäfte (ja, sie sind auch offline unterwegs, wobei das Mixen eigener Müslikreationen nur online funktioniert) und sind bei zahlreichen großen Lebensmittelhändlern präsent.[22] Der Laden brummt – mittlerweile nicht nur mit Müsli, sondern auch mit Saftorangen, Kaffee und Tee. Die drei Gründer, Max Wittrock, Hubertus Bessau und Philipp Kraiss, sind mehr als zufrieden.

Aktuell sind sie es vor allem aufgrund ihres neuen Arbeits- und Organisationsmodells. Mymuesli folgt Google – und konzentriert sich auf Ziele und Schlüsselergebnisse. Wie bitte? Das ist das Erfolgsgeheimnis von Google? Ziele und Schlüsselergebnisse? Richtig, auf Englisch: Objectives and Key Results, auf Business-Cool: OKR. Intel-Mitgründer Andy Grove hat diese Management-Methode entwickelt (Intel, Ihr wisst schon, die Entwickler und Hersteller der Prozessoren, die fast in jedem Computer stecken und immerhin seit Jahren Platz 7 der attraktivsten Arbeitgeber für ITler weltweit belegen[23]). Generell kann sich dieses Modell als das konservativste der hier besprochenen einreihen, es baut schließlich auf Druckers Management by Objectives (MbO) und die SMART-Formel (Kriterien für eine erfolgreiche Zielsetzung: Spezifisch. Messbar. Akzeptiert. Realistisch. Terminiert) auf, hat Zielvereinbarungen gepimpt und erweitert. Und mehr Sinnhaftigkeit für alle eingebunden. Und das Ganze mehr bottom up strukturiert.

Das Modell wurde bei Google erstmals 1999 eingesetzt – also im zarten Alter von noch nicht mal einem Jahr. Seitdem hat sich daran nichts geändert. Na ja, vielleicht sind noch ein paar agile Strukturen hinzugekommen. Denn optimieren kann man immer, vor allem mit der nötigen Flexibilität im Kopf. Die hatten die Jungs von mymuesli, und so brachte Gründer Hubertus Bessau die Idee mit Erfolg ins Spiel.[24]

Ziele erreicht man über Schlüsselergebnisse, die als Zwischenziele gelten können. Sie alle müssen so konkret wie möglich formuliert und natürlich realistisch sein. Also beispielsweise nicht »die beliebteste Firma aller Zeiten werden«, sondern »innerhalb eines Jahres den Umsatz um 30 Prozent steigern« mit Schlüsselergebnissen wie »20 Prozent mehr Facebook-Freunde erhalten«, »zwei Stars als Testimonials gewinnen«, »zwei bislang nicht erreichte Zielgruppen untersuchen und gewinnen« oder »Produktion um 15 Prozent steigern«.[25]

Bei OKR wird das gesamte Unternehmen als eine Pyramide gesehen, die funktional unterteilt ist und auf jeder Ebene eigene Ziele und Schlüsselergebnisse festlegt. Die Einzelziele und Ergebnisse bedingen sich gegenseitig und stehen miteinander in Einklang. Das Gesamtziel bleibt auf diese Weise für jeden im Blick, die Mission (Vision) ist für alle die gleiche, Bindung und Motivation sind dadurch sehr hoch. Das Ziel der Umsatzsteigerung im obigen Beispiel ist vorherrschend, für die einzelnen Abteilungen entwickeln sich daraus jedoch ihre spezifischen OKRs: Die Produktentwicklung kann beschließen, ein neues Produkt herauszubringen oder ein altes zu optimieren, der Vertrieb, neue Wege zu gehen, die Marketingabteilung, neue Kanäle zu nutzen oder mehrsprachig zu werden und so weiter. Auf der Ebene der Mitarbeiter zieht sich das ebenso durch. Diese individuellen OKRs werden nicht vorgegeben, sondern verhandelt und abgestimmt. In der Regel werden pro Person drei bis fünf Ziele mit je bis zu vier Schlüsselergebnissen gesetzt, die in bestimmten Zeitspannen erfüllt und mit den anderen Teams abgestimmt werden. Alle haben aber parallel das eine große Ziel vor Augen, jeder packt in seinem Bereich und mit seiner Expertise dort an, wo er am meisten bewegen kann.

Die OKRs werden von den Abteilungen entwickelt und definiert: Richtung und Strategie können in Führungshänden liegen, müssen aber nicht. Dass solche strategischen Ziele aber nicht immer aus der Basis kommen, macht Sinn, schließlich haben die Teams, die für das operative Geschäft verantwortlich sind, anderes zu tun. Und es gibt Experten für solche Dinge. So oder so müssen die obersten OKRs von allen als Vision angenommen und verstanden werden, damit die Mitarbeiter bei ihren eigenen OKRs erfolgreich handeln können. Bei mymuesli stehen die aktuellen Top-OKRs übrigens groß in der Teamküche an der Wand – damit jeder vor Augen behält, wonach der Einzelne all seine Handlungen gerade ausrichtet. Das ist der nächste entscheidende Unterschied zum MbO, das seinerzeit zu oft zu schlecht implementiert und von den Führungskräften diktiert wurde.

Mymuesli hatte sich beispielsweise das Ziel gesetzt, das Unternehmen in Schweden zu etablieren. Nachdem diese Vision stand, machte sich jede Abteilung eigenverantwortlich an die Arbeit: Das Marketing-Team setzte sich mit den schwedischen Werberegeln und Kundengewohnheiten auseinander, ließ Unterlagen übersetzen, entwickelte zielgruppengenaue Kampagnen. Das Finanzteam befasste sich währenddessen mit den rechtlichen Rahmenbedingungen in Schweden, sprach sich mit Juristen ab und leitete entsprechende Maßnahmen ein. Und so weiter. Jeder in seinem Gebiet, jeder für sich – aber jeder mit demselben gemeinsamen Ziel. Und siehe da: Seit 2016 gibt es einen mymuesli-Laden in Stockholm.

Alle drei Monate kommen bei mymuesli die Teamleader zu Meetings zusammen, besprechen ihre OKRs samt Erfolgsquoten und planen neue. Die Quoten werden prozentual berechnet und in den nächsten Runden angepasst. Google treibt es hier ein wenig doll und setzt sämtliche Ziele als »Stretch Goals«, also Ziele, die eigentlich unerreichbar sind. Wachsen bedeutet in diesem Konzern konsequenter als sonst, die Komfortzone zu verlassen. Das kann demotivierend wirken, die Teams sind schließlich zum Scheitern verurteilt. Es können so aber auch enorm Spirit und Ehrgeiz entstehen – und hin und wieder werden »Moonshots« getätigt, wahnwitzig klingende Ziele also tatsächlich geknackt. Um zu tiefe Abstürze zu vermeiden, gilt bei dem Internetriesen alles zwischen 60 Prozent und 70 Prozent als erreicht.

Von nichts kommt nichts – weder Höchstleistungen noch Innovationen. Gleichzeitig gilt es zu betonen: Vorsicht, Sanktionen-Liebhaber und Leistungsbeurteiler da draußen! Dafür sind die OKRs nicht gedacht, niemand wird gefeuert (oder befördert), weil er besonders schlechte (oder gute) Ergebnisse geliefert hat. Stattdessen werden diese Daten für die Festlegung der nächsten Ziele und Ergebnisse genutzt. Learning by Doing. Und dann: Fertig und ran an die Arbeit. Drei Monate lang keine weiteren großen Strategie-Meetings – Eigenverantwortlichkeit par excellence, live und in der Praxis. Ach, und noch etwas: Alles ist vollkommen transparent gestaltet, jeder kennt die OKRs der anderen. Das hilft, denn so können einzelne Mitarbeiter besser verstehen, welche Aufgaben andere erledigen und warum, wie sie alle in Zusammenhang mit dem großen Ziel stehen, welchen Sinn sie erfüllen. Die Empathie wächst, und das Team auch – nämlich zusammen.

Einige klassisch denkende Führungskräfte werden sich mit diesem Modell noch am ehesten anfreunden können, hat es doch etwas Altbackenes und Hierarchisches. Bitte, tut, was Ihr nicht lassen könnt. Uns gefällt das Ganze aus anderen Gründen: Es ist Bottom-up-Prinzip und schafft es, alle für die eine große Vision des Unternehmens zu gewinnen. Alle ziehen am selben Strang, und gleichzeitig lässt es jeden Einzelnen eigenverantwortlich arbeiten. Solange Ihr dies beherzigt, soll es uns recht sein, dass hier gewisse Aspekte aus Peter F. Druckers Zeiten mitschwingen. Drucker war ein Vordenker, Kind seiner Zeit, ja, aber auch ein genialer Beobachter und Menschenfreund. Bitte, nur zu.

Arbeiten – und arbeiten lassen

Welcher Weg darf es denn sein? Welches Modell passt zu Euch, zu Eurer Branche, Euren Leuten? Wie weit seid Ihr mit Eurer Kultur, welche Schritte müssen dem Modell der Wahl vorausgehen?
Die Modelle hören sich wunderbar an – oder vielleicht auch nicht? Gibt es in solchen Strukturen Platz für Mitarbeiter, die keine Verantwortung tragen, keine Entscheidungen fällen möchten? Die ihren Job richtig gut erledigen, aber keine Ambitionen haben, stetig zu wachsen? Dieser Typ Mitarbeiter ist existent, und seine Vorstellungen von Arbeit sind weder verwerflich noch schädlich, schließlich gibt es jede Menge Aufgaben, die andere Mitarbeiter nicht so gern machen möchten – noch.

Gute Nachrichten

Die erste gute Nachricht lautet: Mitarbeiter, die keine Verantwortung übernehmen wollen, finden auch in den modernsten Strukturen ihren Platz – allerdings ist die langfristige Entwicklung nicht zu ignorieren: Unsere Arbeitswelt wandelt sich, allzu viele Routinetäter wird sie bei den volatilen Anforderungen auf Dauer nicht verkraften wollen. Für heute lässt sich aber sagen: Ein heterogenes Team, das sich seiner Diversität bewusst ist und dies zu nutzen weiß, kann all das sehr gut auffangen. In einer Holokratie, ach, eigentlich in allen guten Teams, wird dies gelingen – aber es bleibt eine der großen Herausforderungen agiler und anderer menschenfokussierender Methoden.
Die zweite gute Nachricht: Es geht Schritt für Schritt. Und es geht in Kombination: agil und holokratisch, OKRs in agilen Strukturen, sucht es Euch – clever und gemeinsam – aus. Zwar meinen einige Theoretiker, dass diese Ansätze sofort auf das gesamte Unternehmen angewendet und in allen Ebenen durchgesetzt werden sollten, um ihre volle Wirkung zu entfalten. Doch das ist nur eine Perspek-

tive. Und ja, solche Veränderungen sind nicht in zwei Wochen erledigt, allerdings sind es die wenigsten Dinge, die gut und nachhaltig etabliert werden sollen. In zwei Wochen können aber die ersten positiven Reaktionen von Euren Mitarbeitern erfolgen, weil sie sehen, dass Ihr Euch bemüht, wirklich alle mitzunehmen auf die Reise des Unternehmens.

Die dritte gute Nachricht – vor allem für uns – kommt aus der »Global Human Capital Trends«-Studie von Deloitte, in der über 7000 Unternehmer aus 130 Ländern befragt wurden: Für 92 Prozent der Unternehmen habe es höchste Priorität, ihre Organisationsstruktur zu einem vernetzt-flexiblen Model weiterzuentwickeln. Sechs Prozent haben tatsächlich schon andere Formen als die traditionell-funktionale, 39 Prozent planen eine Neuorientierung ihrer Organisation. Und fokussieren dabei neue Karrierewege, sinnstiftendes, flexibles Arbeiten und Verbesserungen in Führung und Kultur.[26] Wenn das stimmt, sollten sich alle, die noch nicht mitziehen, warm anziehen. Genau jetzt. Der Wettbewerb schläft nicht, und der Markt ohnehin nicht. Macht Ihr Euch auf den Weg, sind wir auf dem Weg zu Euch.

Menschlichkeit und Gewinn vor Hierarchie und Bürokratie

Auf den Weg gemacht hat sich vor fast zehn Jahren Jos de Blok, er hat in den Niederlanden das Altenpflege-Unternehmen Buurtzorg ins Leben gerufen.[27] Für die Zahlenfreunde unter Euch: Gestartet ist es mit vier Pflegefachkräften. Heute spart der ambulante Krankenpflegedienst bis zu 40 Prozent Kosten und bis zu 50 Prozent Zeit im Vergleich zu ähnlichen Unternehmen – und das bei mittlerweile rund 10 000 Mitarbeitern. Belgien hat das Konzept bereits übernommen, China, Singapur, Japan, die USA, das Vereinigte Königreich und ein paar andere mehr fragen bereits nach Jos, um diese sanfte Revolution einzuführen. Warum wir in Deutschland nicht vor seiner Tür stehen, ist absolut unverständlich: Die Branche stöhnt und ächzt, weil die Mitarbeiter allesamt ausgelaugt und schlecht honoriert werden. Und weil kein Nachwuchs mehr folgt. Beim jetzigen Stand der Dinge kann man diesen Beruf auch niemandem empfehlen, allerdings werden wir alle irgendwann Altenpfleger brauchen. Jos de Blok selbst sagt, er habe den als Idealisten gestarteten Gemeindeschwestern ihre Berufung zurückgeben wollen.[28] Also hat er nach Pfeilern dieser einstigen Ideale gesucht, sie freigeschaufelt und mit den modernen Strukturen unserer Arbeitswelt vereint. Der Niederländer hat dafür kein spezifisches Modell übernommen, sondern einen neuen Mix aus bestehenden Ideen und Innovationen in seiner Branche geschaffen.

Die Bedürfnisse der Menschen sind die Grundlage für die Prozessgestaltung. Netzwerke statt Hierarchien, so lautet die Devise, und zwar im Umfeld des Patienten wie in dem des Mitarbeiters: Familien, Nachbarn, Ärzte werden in eine »achtsame Kommunikation« eingebunden, um Wege zu verkürzen und Beteiligungen zu optimieren. Die Fachkrankenpfleger werden als Experten behandelt, bezahlt und geschätzt. Sie bieten Dienstleistungen, die einen hohen Wert haben und die sie selbst am besten einzuordnen und zu planen wissen, und werden als Partner geschätzt. In selbst organisierten Teams von vier bis zwölf Mitarbeitern können individuelle Arbeitszeitwünsche und Lebenssituationen flexibel und im Abgleich mit den Anforderungen der pflegebedürftigen Alten berücksichtigt werden. Die Planung von Einsätzen erfolgt eigenverantwortlich, ebenso die von Touren, von Vertretungen, Dokumentationen und Abrechnungen. Das funktioniert aufgrund einer eigens entwickelten Methode, die in sechsstündigen Trainings an neue Teammitglieder weitergegeben wird. Dabei stehen konstant auch der Gewinn und die Wirtschaftlichkeit im Raum: Jeder muss für sich lernen, auf Preis-Leistung-Relationen zu achten und mit seinen Ressourcen nachhaltig umzugehen. Gleichzeitig ist Gewinnmaximierung out, sodass der Mensch und seine möglichst schnelle Genesung im Vordergrund stehen – und nicht die Zahlungseinstel-

lung. Das funktioniert, denn es gibt genug zu tun, zudem ist die Bewertung der Teams auf erfolgreiche Genesungsprozesse zugeschnitten, nicht auf Geld.
Der Arbeitgeber Buurtzorg wurde bereits viermal in Folge ausgezeichnet. Denn nicht allein stehen die Patienten im Mittelpunkt, sondern auch die Mitarbeiter. Selbstorganisation bedeutet hier tatsächlich, was es meint. Wer es nicht glaubt: Bei 10 000 Pflegekräften sitzen nicht mehr als fünfzig Mitarbeiter (0,5 Prozent!) in der Zentrale und kümmern sich um die Verwaltung. Und zwar ohne Jahresplanung oder Kontrollmechanismen. Es gibt die Möglichkeit der Begleitung, falls die Teams Schwierigkeiten mit ihrer Selbstorganisation und Eigenverantwortung haben, doch das kommt selten vor. Was soll man dazu sagen? Respekt – und bitte endlich in Deutschland einführen. Dann kommen auch Fachkräfte nach, weil sie als solche handeln können.

Wer performt und wer managt?

Zurück zur anfänglichen Frage nach Performance und Management. Für den einen oder anderen von Euch wurden womöglich in diesem Kapitel zu wenige Zahlen ausgespuckt. Der Controller in Euch will ja etwas zum Controlen. Genau darum dreht es im Performance Management: Es geht darum, Menschen und deren Leistungen auf Zahlen zu reduzieren. Natürlich sind Zahlen und Statistiken notwendig. Aber mal ehrlich: Performance Management klingt innovativer und professioneller, als es ist. Zumal laut seiner Definition lediglich die strategische Steuerung und Messung von Leistung und Effektivität gemeint ist. Leistungen zu kontrollieren und zu messen, ist bis zu einem gewissen Grad mit Zahlen möglich. Alter Hut. Doch auch wenn für Euch dieser Punkt oft im Vordergrund steht – relevant geht anders.
Dabei beschweren wir uns nicht darüber, dass Ihr Zahlen mögt. Laut der Deutschen Gesellschaft für Personalführung (DGFP) ha-

ben im Jahr 2015 mehr als 60 Prozent aller Unternehmen das Performance Management als wichtige Aufgabe erkannt.[29] Schön und gut, einleuchtend, wirklich. Weniger einleuchtend scheint Euch aber Folgendes: Unser »Efficiency Score« kann nur durch die Decke gehen, wenn wir uns für die Aufgabe committen – und Ihr Euch für uns. Vergesst das nicht.

Wie und was Ihr managt, ist nicht immer klar. Deloitte evaluierte 2015 sein Performance-Management-System – und kam zu dem Ergebnis, dass es im Jahr zwei Millionen Stunden für Performance Management verwendet.[30] Oder verschwendet? Nicht unbedingt, denn problematisch ist nicht die exorbitant anmutende Stundenzahl. Legt man sie auf die 250 000 Mitarbeiter und Arbeitstage um, kommen dabei gerade 7,37 Minuten pro Mitarbeiter und Arbeitstag heraus (oder siebenunddreißig Minuten pro Woche). Nach einem Acht-Stunden-Arbeitstag sieben Minuten darüber nachzudenken, ob man seine Tagesaufgaben erledigt und Tagesziele erreicht hat, klingt nahezu lächerlich. Holt diese Zeit mit schnelleren Aufzügen oder einem Verbot sinnloser Meetings wieder rein, das ist cleverer.

Doch darum ging es letztlich nicht. Deloittes Problem lag vielmehr in der Umsetzung: Vor allem auf den Chefetagen wurde diskutiert, gerechnet, wurden Ratings erstellt. Über Mitarbeiter. Mit ihnen selbst wurde aber viel zu wenig geredet. Oder man bezog sie gar nicht in den Bewertungsprozess ein. Da liegt mir der Begriff »blinder Aktionismus« fast auf der Zunge. Die Reaktion darauf: Anstelle der Ratings gibt's nun nach jedem abgeschlossenen Projekt einen Fragebogen für die Teamführer. Darin wird aber nicht mehr gefragt, was die Leiter über die Leute denken, sondern welche Projekte sie in Zukunft mit ihnen machen würden. Ob das der Weisheit letzter Schluss ist, bleibt offen. Solange jedenfalls nicht alle Mitarbeiter einbezogen werden, über die geurteilt wird.

Höchste Zeit also, den Fokus zu verlagern! Und schön ist es, festzustellen, dass dies auch zu passieren scheint: Aktuell stehen immer weniger Bilanzen und Zahlen aus der Vergangenheit im Vordergrund, stattdessen geht es verstärkt um den Leistungsträger Mensch. Die Frage ist nicht mehr zwangsläufig, wie man Mitarbeitern noch mehr aufhalsen kann, um größeren Profit zu machen, sondern was man für sie tun kann, um mit ihnen den Gewinn für alle zu optimieren. Was muss man bereitstellen, welche Voraussetzungen kann man bieten, damit sie ihre Fähigkeiten ideal entfalten und Höchstleistungen erbringen? Was ist zu verändern, damit sie motiviert sind, aktiv mitgestalten und so das Unternehmen sichern? So rennt Ihr bei uns offene Türen ein. Früher mag das bevorzugt mit Geld und Sicherheit funktioniert haben, wir sind heute in der komfortablen Lage, uns von anderen Reizen und Bedürfnissen leiten zu lassen. Alles, was Sinn macht, effizient ist und Erfolg verspricht, wird von uns explizit bejaht und genutzt.

Entscheidend ist unsere veränderte Grundeinstellung zur Arbeit, ob wir mit ihr in die Kultur Eures Unternehmens passen. Falls es nicht so ist, muss Euch das nicht peinlich sein, Ihr steht nicht allein da. Nur elf Prozent sagen, an ihrem Performance Management müsste nichts überarbeitet werden.[31] Doch nur weil Unternehmen sich mit diesem Thema auseinandersetzen, heißt es noch lange nicht, dass sie es effizient und erfolgreich tun. Der Rest ist gerade dabei (oder sollte endlich anfangen), ihr System zu reflektieren, zu evaluieren, zu restrukturieren. Dazu haben die letzten Seiten recht viel Input geliefert. Vielleicht klappt's dann auch mit der Performance.

Versucht es doch mal mit individuellen Maßnahmen für individuelle Performances, legt einen Fokus auf die Stärken und setzt Impulse für die Verbesserung. Gebt Feedback, face to face, und bietet weitere Wachstumschancen für Eure Leute an. Unsere Jobs, Aufgaben und Ziele werden kontinuierlich spezifischer, da helfen 08/15-Routinegespräche nicht mehr. Wie denn auch? Jetzt muss es der eigenen Persönlichkeit angemessen sein. Denkt an die speziellen OKRs der Teams, Rollen und Mitarbeiter, diskutiert darüber. Redet mit den Mitarbeitern auch über die Teams – und mit den Teams über die Mitarbeiter. Wenn das Performance Management wirklich etwas bringen soll, sollte es so offen, flexibel und so personalisiert wie möglich sein.

Und apropos OKR: Wie wär's mit einem Online- oder Intranet-Tool für alle Mitarbeiter, in das sie ihre Tages-, Wochen-, Monatsziele und -aufgaben eintragen. Selbstständig oder, je nach Kontrollwahn der Führung oder dem Grad der benötigten Unterstützung, zusammen mit der Leitung. Und natürlich für alle Kollegen transparent einsehbar – wir wollen schließlich wissen, wer gerade woran arbeitet und wer mich oder wen ich zu welchen Themen einbeziehen oder unterstützen könnte. Wenn Eure Controller unbedingt wollen, könnt Ihr bei den Aufgaben oder Zielen noch ein Feld mit »Anteil am Gesamtprojekt« oder »Geschätzter Zeitaufwand« anlegen. Nach dem Erledigen der Tagesziele wird das entsprechend vermerkt und vom Computer ausgewertet, dokumentiert, aufbereitet, präsentiert. Und zusätzlich hilft das Ganze am Ende jedem Einzelnen, sich besser zu organisieren. Diese Strategie muss niemand übernehmen, die zugrunde liegende Idee, sich selbst und seine Methoden zu hinterfragen, allerdings schon. Und das Beste: Es dauert nicht länger als sieben Minuten pro Tag.

In dieser Zeit dürfen sich übrigens auch Human-Resources (HR)-Abteilungen selbst evaluieren und controllen. Viele sind bereits dabei, ihre Rolle zu überdenken, denn Personalentwicklung muss heute vorrangig Veränderungsprozesse begleiten, Coaching und Supervision gestalten und sämtliche Mitarbeiter kontinuierlich schulen und fortbilden. Dazu im Blick behalten, wo es woran mangelt, wo das Unternehmen schneller, flexibler und/oder innovativer werden muss. Dave Ulrich, US-amerikanischer Professor für Wirtschaft und Management, hat es einmal treffend formuliert: »Bei HR geht es nicht um HR, sondern ums Business.«[32] Und so sollte es bei jedem Mitarbeiter sein: Es geht ums Business, um die Unternehmensziele, nicht um Geld, Hierarchien oder Macht. Die Human-Resources-Spezialisten müssen sich mit dem gesamten Unternehmen vernetzen, um ihren Job wirklich gut machen zu können. Wie jede andere Abteilung – falls Ihr daran festhalten wollt – und jeder Mitarbeiter. Nur so kann jeder effizient tätig sein, denn nur so weiß man, wo welches Wissen in welchem Flur sitzt.

Prädikat wertvoll, wenn sinnvoll

Das ist eines der großen Fazits dieses Kapitels: Wenn es sinnvoll ist – für Euch, für Eure Leute –, dann macht es. Ihr könnt Euch einen Holocracy-Coach ins Haus holen und Euren Laden komplett umkrempeln lassen. Ihr könnt aber auch mit ersten agilen Strukturen starten. Oder Strukturen ausbauen, die noch keine Namen haben, bei Euch aber gut funktionieren. Messen könnt Ihr das dann auch, klar. Aber nehmt auch qualitative Aspekte mit rein, nicht nur die quantitativen. Und hört auf, in diesen Bereichen mit Zeit zu knapsen. Noch ist sie da. In zehn Jahren hinkt Ihr vielleicht so hinterher, dass jede Sekunde zählt – und Euch dennoch nichts retten wird.
Falls Euch das alles zu viel Kontrollverlust bedeutet, Ihr Eure eigene Rolle nicht definieren könnt, darf ich erneut Peter F. Drucker zurate ziehen. Er hat erkannt, dass Führung auf Vertrauen und Wertschätzung basieren sollte und dass Management viel mehr ist als eine ökonomische Aufgabe, nämlich soziale Innovation und gesellschaftliche Verantwortung. Habt Ihr weniger Kontrolle, wird Euer Aufgabenfeld aber nicht geschmälert, ganz im Gegenteil. Selbstverständlich kann man darüber lachen – oder weinen –, wirft man einen Blick auf Manager und ihr Gebaren. Ihr Gehalt behalten sie noch, selbst wenn ein Unternehmen ihretwegen den Bach runtergeht. Doch wenn sie nicht bald begreifen, dass Erfolg und Leistung ohne zufriedene und freie Mitarbeiter und Teams nicht mehr möglich ist, wird auch das sich ändern. Zumindest kann man das hoffen. Peter F. Drucker würde es tun.

5
Netz und doppelter Boden – so geht Führung heute

»Den ›Chef‹ wird es in Zukunft nicht mehr geben«, sagt der österreichische Trendforscher Harry Gatterer vom Zukunftsinstitut.[1] Recht hat er. Mit traditionellen Chefs funktioniert der Markt nicht mehr, und wir tun es noch weniger. Dass einigen von Euch das Angst macht, ist nachvollziehbar – aber diese Situation wird kommen, wenn auch sicher ganz anders, als wir alle denken. Denn selbst wenn es hierarchielose Unternehmen gibt, mit extrem flachen Strukturen und absoluter Gleichberechtigung: Für die meisten Organisationen und für viele Menschen – die jungen und digitalen eingeschlossen – ist es gar nicht ein erwünschtes Ziel, überhaupt keinen Chef zu haben. Es hat gewisse Vorteile und ist letztlich unerlässlich, dass man sich in bestimmten Bereichen auf spezielle Experten verlassen kann, dass sie die Verantwortung für etwas übernehmen, damit andere keine oder Verantwortung für etwas anderes übernehmen können. Dass sie das große Ganze im Auge behalten, dafür sorgen, dass die Mitarbeiter alles haben, um gut zu arbeiten, dass sie als Vorbild dienen. Chef zu sein ist nicht so leicht, wie manch Außenstehender womöglich denkt. Ihr kennt das.

Ein wirklich guter Chef zu sein, ist allerdings noch schwieriger. Und die Digitalisierung setzt dazu einen drauf: Durch die sich wandelnden Anforderungen übernehmen die einzelnen Mitarbeiter die Aufgaben eines durchschnittlichen Chefs selbst, sie müssen es, um effizient zu bleiben. Sie setzen und halten sich an Deadlines, ermahnen sich zu Fleiß, erledigen ihre Arbeit – viel mehr haben 08/15-Vorgesetzte seinerzeit nicht gemacht. Jene Vorgesetzte allerdings, die Mitarbeiter in einem permanent komplexer werdenden

Arbeitsumfeld führen wollen, sind mit stark erhöhten Anforderungen konfrontiert. Fachlich und kognitiv sowieso, aber vor allem, was soziale Kompetenz betrifft. Dadurch ist Chef sein so anspruchsvoll wie nie zuvor. Was womöglich erklärt, warum es in den letzten Jahren viele wirklich schlechte Führungskräfte gab.[2] Das Schöne (und für Euch gleichzeitig Herausforderndes) an der Situation ist die Tatsache, dass die Schlechten immer weniger Chancen haben. Ihr könnt Euch kein Dasein als mittelmäßiger Chef mehr erlauben. Die Leute rennen Euch davon, weil Euer Unternehmen nicht mehr mithalten kann mit den offenen, dynamischen, flexiblen Strukturen des Marktes und des Wettbewerbs.

Auch wenn in der Presse das Gerücht umhergeht, dass die Generation Y das Konzept von Führung völlig neu definiert[3] – vergesst es. Die neuen Erfordernisse für Führungskräfte sind weder unser Verdienst noch unsere Schuld. Wir selbst sind sogar meist überfordert, sollen wir plötzlich führen. Der Wandel begann vor unserer Zeit und jetzt müssen wir miterleben, wie Ihr versucht, uns mit überalterten Führungsvorstellungen durch diese neuen Anforderungen zu befehlen. Verwirrung, Unwille und Demotivation sind die Folge, die logische noch dazu.

Dabei erwarten wir gar nicht, dass Ihr alles mitmacht, was blinkt, modern daherkommt oder »digital« schreit. Aber viele von Euch wollen am liebsten gar nichts ändern, weil es doch so toll funktioniert. Und nun, ach du Schreck, kommen Digitalisierung, die neue Arbeitswelt und die digitalen Generationen und Ihr müsst Eure »Erfolgswege« verlassen und auf Abgründe zusteuern? Nein. Vergesst am besten auch alle Sündenböcke und spart Euch die Energie für den internen Wandel. Gewisse Strukturen sind als Konsequenz größerer Entwicklungen unerlässlich. Das wissen wir, deshalb streben wir nach Unternehmen, die sich zu diesen neuen Wegen bekennen und sich optimieren möchten. Wenn Ihr Euch auf dem heutigen Markt nur einen Zentimeter nach vorn bewegen wollt, kommt Ihr nicht um eine Überarbeitung Eurer Führungswerkzeuge herum. Alles andere wäre der Versuch, ein Auto zum Galoppieren zu bringen. Mit Sattel und Peitsche. Wundert Euch nicht, dass Ihr Euch so kein Stück bewegt. Sondern lediglich den Lack zerkratzt.

Der Chef vom Dienst – noch notwendig?

»Leute verlassen nicht die Firma, sie verlassen ihre Führungskraft.«[4] Ups. So viel zu Eurer Verantwortung und der Sorge davor, dass der Wandel Euch überflüssig macht. So viel zu unserer ach so frei gewählten Wanderung durch die Unternehmen und zu unserer mangelnden Loyalität. Wobei – es gab sie eigentlich nie, nicht so, wie viele sie sich schönreden. Die einen haben sich früher nicht getraut, ein Unternehmen zu verlassen, die anderen hatten keinen Kontakt zu ihrem Vorgesetzten. Sie alle haben zwar ihre Aufgaben irgendwie erledigt, aber sehr wahrscheinlich nicht mit Elan, Engagement und Ehrgeiz. Es gab früher auch weniger Scheidungen, dennoch war Liebe damals nicht stärker oder besser als heute. Man ging nur nicht so schnell, weder in der einen noch in der anderen »Familie«.
Laut der Gallup-Studie »Engagement Index Deutschland« entstehen der deutschen Wirtschaft enorme Kosten durch mangelnde Produktivität, die aus fehlender emotionaler Bindung resultiert. Die Zahlen schwanken zwischen jährlich 76 und 99 Milliarden Euro Verlust.[5] Was also für manche von Euch nach emotionalem Blabla klingt, hat nämlich sehr konkrete Auswirkungen – die sich wiederum in Konsequenzen manifestieren: Ungebundene Mitarbeiter werden häufiger krank, arbeiten nicht mit ihrer vollen Leistungsfähigkeit und vertreten ihr Unternehmen in keiner Weise nach außen. Oder falls doch, im negativen Sinne. Adieu Employer Branding.
Das Problem liegt nicht bei uns: Wir sind loyal – aber flexibel.[6] Und wir glauben an sie und brauchen sie: echte Persönlichkeiten, die hinter einem guten Unternehmen stehen. Oder eher mittendrin.

Doch während über 90 Prozent aller befragten Führungskräfte der Meinung sind, ein guter und akzeptierter Chef zu sein, sind nur 43 Prozent der Mitarbeiter ähnlich optimistisch.[7] Diese Zahlen weisen doch eine seltsame Diskrepanz auf, nicht wahr? Passt nur leider wunderbar zum Phänomen Selbst- versus Fremdbild. Das würde mit richtigem und kontinuierlichem Feedback nicht passieren, aber scheinbar glauben einige von Euch noch immer, dass Feedback viel kostet und es deshalb sinnvoller ist, schlecht zu führen und die eigenen Leute ständig zu verprellen.

Bindung, Vertrauen, Loyalität – das zeichnet ein Unternehmen nämlich nur aus, wenn Führungskräfte diese wichtige Basis erarbeiten. Erarbeiten, nicht bloß einfordern, womöglich noch durch einen ach so tollen Titel auf ihren Visitenkarten oder weil sie seit unzähligen Jahren in dem Laden buckeln. Das reicht uns nicht als Argumente – das sind keine. Das hätte genauso wenig jemandem von Euch reichen sollen, keine Ahnung, warum Ihr das so lange habt ertragen können. Schlimmer noch: Einige Manager der älteren Generationen haben sich da durchgebissen, um dann genauso zu werden: »Mein Chef hat damals nichts Richtiges geleistet, dann muss ich das jetzt auch nicht: Ich habe lange genug geschuftet, um hier anzukommen.« Ankommen. Feierabend. Und dann sind diese Chefs genervt, wenn die Jungspunde es besser haben und sich nicht an Spielregeln halten wollen.[8] Tja, gestern ist nun mal nicht heute, wir müssen gar nichts.

Laster vergangener Zeiten

Die meisten von uns können nicht damit umgehen, wenn jemand sich nicht weiterentwickelt, nicht den Willen hat, besser zu werden. Unfähige, arrogante, hierarchiegeile Chefs ertragen wir ebenso wenig wie solche, die nicht fördern, nicht zuhören, nicht performen. Fehler machen darf jeder, aus Fehlern lernt man schließlich. Aber wenn uns das Weiterkommen, Teilhaben, Mitentscheiden und Wachsen verwehrt wird, bedeutet das ganz schnell: ab zum nächsten Bewerbungsgespräch. Denn dann können wir nicht verstehen, warum wir was wie machen sollen. Kein Trotz, nur Logik. Unsere Logik, gut, aber sie macht Sinn. Herrgott, es ist doch verrückt, dass wir als anstrengend bezeichnet werden, weil wir Wachstum fordern! Und aufgepasst: Wir fordern noch mehr. Um wirklich voranzukommen, ist es absolut notwendig, dass wir uns von den Altlasten trennen – und davon gibt es einige.

Eure »Führungskonzepte« zum Beispiel. Schlimm genug, dass einige davon wie skandinavische Krimis klingen: Unterwerfung, Gehorsam, Befehlsgewalt.[9] Und erschreckend, dass solche Verhaltensweisen noch immer korrekt oder gar wünschenswert sein sollen. Das sind sie nicht, das waren sie auch noch nie, aber in Zeiten von Automatisierung, Digitalisierung und Wissensgesellschaft ist das blanker Hohn – und das unabhängig davon, ob wir über Fließbandarbeiter, Verkäufer, Reinigungskräfte, Anwälte, Ärzte oder Buchhalter sprechen. Die Gegner dieser Methoden sind heute in der Mehrzahl und sie kommen nicht nur aus den Reihen der digitalen Generationen. Ihr wart mit diesen Ideen früher sicher ebenso wenig einverstanden.

Hinzu kommt ein Problem, das Mitarbeiter – generationenunabhängig – extrem abtörnt: das Reinreden ohne Ahnung. Nur 41 Prozent aller befragten Mitarbeiter – aus sämtlichen Generationen, wohlgemerkt – sahen 2015 bei ihrem Vorgesetzten eine hohe Kompetenz in Bezug auf die Arbeit, die von ihnen verlangt wurde.[10] In der Tat scheitert erfolgreiches Arbeiten und Führen sehr häufig an den Qualitäten der Vorgesetzten. Sie wissen dann weder, wie man Menschen gut führt und besser arbeiten lässt, noch, was sie da fachlich eigentlich machen.

Gute Führung bedeutet nicht mehr, seinen Leuten zu erzählen, wie sie ihren Job zu machen haben. Chefs müssen nicht mehr auf jedem Spezialgebiet den neuesten Stand kennen. Das wissen wir, das geht auch gar nicht anders. Aber dann können sie fragen, das Know-how ihrer Mitarbeiter wertschätzen und ihnen vertrauen.

Dafür müssen sie nur näher herankommen – doch das fällt vielen schwer, denn die soziale Kompetenz liegt dafür meist nicht vor. Zuzugeben, dass man weniger Ahnung hat als ein Mitarbeiter, war bis vor Kurzem undenkbar. Heute ist die fachliche Kompetenz bei Weitem nicht mehr das Einzige, was zählt. Erweist sich die Führungskraft als fairer Teamplayer, der nicht abgeschottet Aufgaben erledigt, von denen niemand weiß, und sich auch ganz ohne Besserwisserei authentisch gibt und zuhört, werden seine Mitarbeiter ihn akzeptieren.

Bei der Auswahl der Führungskräfte müssen alte Strukturen und Relevanzen verschoben werden: Mitarbeiter, die fachlich extrem versiert sind, ihre Aufgaben hervorragend erledigen und konstant gut performen, werden (nach dem alten Denken) oft ihrer Tätigkeit entrissen und zur Führungskraft befördert. Das Unternehmen verliert dabei doppelt: Es fehlt eine enorm gute, wenn nicht die beste »Fach«-Kraft – und die Mitarbeiter müssen sich mit einem Chef plagen, für den der Umgang mit anderen Menschen puren Stress bedeutet. Diese Persönlichkeiten sollten nicht zwangsläufig zur Führungskraft werden – zumal man ihnen damit meist auch nicht unbedingt einen Gefallen tut. Sie sollten lieber die Möglichkeit bekommen, eine Fachkarriere zu starten. Ohne Abstriche, genauso wichtig, nur ohne (wie Ihr es nennt: »disziplinarische«) Personalverantwortung.

Denn schlechte Führungskräfte klammern sich sklavisch fest an sinnlosen Hierarchien, am Silo-Denken, an internen Regeln, deren Zweck niemand mehr nachvollziehen kann. Diese Strukturen sichern ja immerhin ihre Position. Wobei all diese Altlasten, zusammen mit den Konkurrenzkämpfen zwischen Mitarbeitern, Teams, Abteilungen und Führungskräften, doch theoretisch schnell und sicher abgeschafft werden könnten. Dazu müssen wir aber die alten Garden und Hüter, die nicht bereit sind, neue Wege zu gehen, loswerden. Ebenso wie die vielen mittelmäßigen Führungskräfte, die noch nicht einmal gemerkt haben, dass ein Wandel um sie herum stattgefunden hat. Der Markt hat nämlich keine Geduld für solche Spielchen mit der Langsamkeit, er wird derartige Unternehmer zerkauen und ausspucken. Dynamik ist das Stichwort und dynamisch kann niemand sein, der zu lange Wege und zu starre Genehmigungsprozesse verfolgt. All das muss geändert werden – und wer wäre für diese Aufgaben besser geeignet als die Führungskraft?

Die ersten Forderungen nach neuen Strukturen und Methoden sind von guten Führungskräften – und solchen, die es werden wollen – bereits vernehmbar, das darf an dieser Stelle nicht unterschlagen werden. Laut einer Studie des Bundesarbeitsministeriums und der INQA (Initiative Neue Qualität der Arbeit) haben mehr als drei Viertel aller Manager in Deutschland verstanden, dass es so wie bislang nicht weitergehen kann.[11] Manager Thomas Sattelberger, Mitautor der Studie, will in ihr sogar einen Hilfeschrei erkennen, denn Manager säßen in Gefängnissen und wünschten sich ebenso Veränderungen wie alle Mitarbeiter.[12] Na dann, auf geht's!

Die entscheidenden Dos starker Führung

Hat sich das für Euch schon abgezeichnet? Wir verstehen Führungskräfte als Dienstleister für die Mitarbeiter. Da wird wohl einigen Chefs gerade das Rotweinglas aus der Hand gefallen sein. Doch, richtig gelesen: Der Chef ist Dienstleister seiner Mitarbeiter. Jetzt dürft Ihr das Glas nochmals fallen lassen, denn: Nicht wir arbeiten für Euch. Ihr arbeitet für uns. Das ist weder diffamierend noch überheblich gemeint, sondern realistisch. Die Mitarbeiter erhalten durch die Digitalisierung mehr operative Verantwortung, müssen sich selbst organisieren und mit einem erhöhten Druck im Team umgehen – schließlich stehen die gemeinsamen Erfolge im Vordergrund, da möchte niemand negativ auffallen. Das nimmt dem Chef einen Teil seiner Aufgaben weg, ja. Aber das schmälert seine Position nicht, es verschiebt sie nur. Genau deswegen gilt es, sich darauf zu konzentrieren, das Verbleibende richtig gut zu machen. Anstatt nur »vorgesetzt« zu sein, ist die Führungskraft nun aktiv gefordert, bestimmte Aufgaben zu erledigen.

Erstens müsst Ihr die Strategieentwicklung übernehmen, das große Ganze überblicken und für die Zukunft positionieren. Dazu gehört, mit uns zu kommunizieren, und zwar so, dass wir folgen können, wollen und in die Entwicklungen einbezogen werden, die idealerweise von uns ausgehen. Also nicht nur mitteilen, sondern vermitteln – genau das schafft Motivation und lässt die Ziele zu gemeinsamen werden. Zweitens müsst Ihr adäquate Rahmenbedingungen schaffen, damit Eure Leute diese Ziele und die Strategie auch verfolgen können. Ihr haltet uns also den Rücken frei, gebt uns die notwendigen Werkzeuge und schafft Hindernisse aus dem Weg. Drittens steht Ihr als Coach neben uns, fördert unser Wachstum – das Euch zugutekommt – und führt so, dass jeder selbstständig und engagiert vorgehen kann. Klingt nach Arbeit? Ist es auch, es ist richtig gute Führungsarbeit. Und das ist es doch, was Ihr wollt.

Führungsaufgabe 1: Die Strategie entwickeln –
und alle mitnehmen

Mitarbeiter, die ihren (operativen) Job gut machen, sind weder in der Lage noch gewillt, die übergeordnete Strategie allein zu entwickeln, das ist sozusagen eine andere Baustelle. Die gerne die Führung übernehmen darf. Nichtsdestotrotz schlucken wir aber nicht alles, was dieser »andere Mitarbeiter« sich zusammenreimt, schließlich betrifft es uns mittel- und unmittelbar. Wir folgen auch hier nichts und niemandem, wenn uns nicht klar ist, warum wir das tun sollten.[13] Stellt die richtigen Fragen, bezieht uns ein, bedient Euch an unserer Kompetenz. Es geht für die Führungskraft darum, unser aller Ideen und Gedanken zusammenzuführen, weiterzuentwickeln und in eine Strategie zu übersetzen. Die dann kommunizierbar, nachvollziehbar und attraktiv ist. Als das gemeinsam erarbeitete Ziel.

Dafür müsst Ihr uns nicht nach dem Mund reden oder Honig um selbigen schmieren. Wenn Ihr gut in Eurem Job seid, wird das schon in Ordnung sein – Ihr müsst es nur teilen, alle abholen und begeistern. Oder anders: die Motivationskette anstoßen. Und die Kommunikationskette ebenso, wenn wir Einwände, Änderungswünsche, wichtige Ideen zu Euren Überlegungen haben. Gerade im mittleren Management – wenn Ihr Euch nicht überflüssig machen wollt – seid Ihr die Schnittstelle zu den obersten Entscheidern und müsst dafür Sorge tragen, dass Eure Leute gehört werden, dass sie das mitbekommen – und dass ihr Input umgesetzt wird, wenn es Sinn macht.

Führungsaufgabe 2: Haltet uns den Rücken frei

Wenn Führungskräfte führen, heißt das, sie stehen hinter (nicht vor) uns – und halten uns den Rücken frei: Sie sollen für ihre Mitarbeiter arbeiten, ihnen eine Umgebung schaffen, in der alle richtig gut arbeiten können. Dabei geht es weder um den gemütlichen Mitarbeiter noch ausschließlich um die digitalen Generationen oder den Untergang des Abendlands. Es geht um Erfolg.
Wenn Investitionen getätigt, Änderungen durchgesetzt und Wechsel gelebt werden müssen, ist es an der Führungskraft, dies zu tun. Wenn wir neue Tools brauchen, andere Arbeitsbedingungen, Räume, Zeiten, können wir das begründen. Eure Aufgabe ist es, zuzuhören und dies dann umzusetzen. Damit wir unseren Job machen können. Genauso wichtig ist, dass Ihr diese Ideen selbst lebt, um alle anderen mitzureißen. So funktioniert dieses Nah-dran-Sein, so bauen wir Vertrauen und Motivation auf. Ihr müsst wirklich und ehrlich hinter uns stehen. Wir möchten gemeinsam in diesen Arbeitswelten leben und die neuen Aufgaben genießen. Seid Ihr nicht dabei, seid Ihr zu weit weg, um uns wirklich eine Unterstützung zu sein.
Und eine Sorge könnt Ihr Euch sparen: Wir nehmen Euch so

schnell nichts weg. Denn das, was Ihr da gerade habt, reizt uns ja gar nicht so richtig. Wir brauchen kein Eckbüro im obersten Stock. Wir möchten viel lieber gemeinsam erfolgreich sein und in unserer Arbeit selbstsicherer werden, eigenverantwortlich.[14] Wenn Ihr richtig gute Führungskräfte werdet, unsere Arbeit honoriert und uns teilhaben lasst, sind wir weder in Kampflaune noch beim Kofferpacken.

Führungsaufgabe 3: Die flexible Leitplanke zum Wachsen

Wir konnten in unserem bisherigen Leben sehr weit kommen, indem wir Wikipedia, Google & Co. hinzugezogen haben. Noch ein Erklär-Video auf YouTube hinterhergeschoben, und schon konnte es losgehen. Auch wenn es um unsere Arbeit geht, kommen wir damit recht weit. Allerdings nur bis zu einem gewissen Grad, der sich zunächst theoretisch manifestiert. Es ist ähnlich wie beim Sport: Wer ein guter Volleyballspieler werden möchte, tut gut daran, Techniken und Regeln theoretisch zu kennen. Steht jedoch die praktische Anwendung bevor, hilft Wikipedia auch nur bedingt. Erst recht nicht, wenn man einen Marathon laufen will. Hier brauchen wir gute Trainer, die dranbleiben, mit uns die Herausforderung annehmen und uns besser machen (wollen). Von denen wir lernen können, die uns immer wieder daran erinnern, warum wir das tun.

Das Gleiche gilt besonders für Aufgaben, die stupider, einfältiger, monotoner sind oder ein gefühlt ewiges Wiederholen verlangen, bis man sie wirklich gut beherrscht. Oder solche, die zu abstrakt sind, um sie sofort greifen zu können. Uns ist hier und da nicht bewusst, warum sie wirklich nötig sind, wieso sie dazugehören und dass auch sie uns voranbringen können. Ebenso verheerend ist allerdings, dass viele Führungskräfte nicht in der Lage sind, uns hierbei zu unterstützen und zu führen. Aber Vorsicht, verwechselt dies nicht mit Führen im Sinne von Zwingen, Erpressen und sinnlos Einfordern. Es geht vielmehr darum, uns wie ein Trainer zu vermitteln, warum dieser Teil der Arbeit ausgeführt werden muss, welchen Sinn er hat, wie er uns und Euch weiterbringt – und was wir verbessern können. Natürlich heißt das für uns: durchbeißen, trainieren, immer und immer wieder die gleichen Strecken nehmen, die gleichen Übungen machen.

Kennen wir die Gründe und sehen den Fortschritt, fühlen wir uns mit diesen Aufgaben nicht alleingelassen. Für das Resultat lohnen sich die »Strapazen« in den meisten Fällen, denn so können wir wachsen. Fühlen wir uns zudem konkret an dem Resultat beteiligt, werden die meisten von uns auch viel eher bereit sein dranzubleiben. Erreichen wir kleine Zwischenziele und bringen uns diese Spaß und Befriedigung, sind wir motiviert, weiterzumachen. Den Marathon zu laufen. Und wir werden es später ebenso machen, wenn wir in Eurer Position sind. Schließlich gehört es zu den Führungsaufgaben, am Unternehmen zu arbeiten und es zu stärken. Wenn wir diese Aufgaben erledigen, dabei zufrieden sind, es verstehen und später so weitergeben, habt Ihr Euren Job verdammt gut gemacht. Like.

Gleichzeitig weisen diese Punkte ein gewisses Stresspotenzial auf, durch steigende Selbstverantwortung, einen Optimierungsdrang und durch höhere Verantwortung. Früher hielt man sich an die Regeln – wie stumpfsinnig oder nachteilig diese sein mochten – und konnte kaum Fehler begehen. Man wollte möglichst nicht anecken und erst recht keinen Stress haben. Doch ohne Stress kein Fortschritt – wobei hier positiver Stress gemeint ist. Und da kommt die Führungskraft wieder ins Spiel, denn sie muss genau dies leisten: den Mitarbeitern in ihren neuen Verantwortungen die Leitplanken schaffen, die sie brauchen. Als Coach beiseitestehen, um besser zu werden. Um eigenmächtig und sicher mit Verantwortung umzugehen. Die Führung muss also jeden einzelnen Mitarbeiter und seine Weiterentwicklung individuell beobachten, seinen Weg nachvollziehen und ihn so fördern, dass er sich ideal entwickeln kann – und dabei das Beste für das Unternehmen gibt. Ihr seid somit zum situativen Coach mutiert, der für selbstständige Entscheidungen die richtigen Rahmen setzt.

Dies funktioniert ebenso wenig theoretisch wie unser Vorankommen. Als Coach spielt man vielleicht nicht aktiv mit, sollte aber am Rand konstante Unterstützung leisten. Worauf ich hier hinauswill: Ohne Feedback führt Ihr jedes Coaching ad absurdum. Das wisst Ihr? Scheinbar aber immer noch nicht alle, denn eine häufige Kritik von Digital Natives bezieht sich auf ständig verschobene Termine für Einzelgespräche mit Vorgesetzten. Das hat zweierlei Geschmäckle: Zum einen werden die Mitarbeiter nicht gut gecoacht, zum anderen sind solche Absagen eindeutige Hinweise darauf, dass wir unserem Chef gleichgültig sind. Wer permanent Termine verschiebt, hat offensichtlich kein Interesse an einem Meeting, an dem, was sein Gegenüber zu sagen hat oder hören möchte.[15] Das ist dilettantisch. Versucht das doch mal mit Eurem Partner. Oder mit Euren Kunden. Ach, und noch etwas: nicht ansprechbare und unzugängliche Chefs? Wenn irgendetwas Euch überflüssig macht, dann das.

Vorbilder, Förderer, Visionäre braucht das Land!

Es geht nicht ohne Führung, nicht ohne produktive, flexible und kommunikative Leitplanken. Es geht aber sicherlich ohne Machtspiele, Kontrolle, Druck und Zwang. Wir alle haben keine Zeit für schlechte, machthungrige Bosse – lasst sie ziehen, sorgt dafür, dass sie gehen, und konzentriert Euch auf ein Führen, das Sinn macht. Für Schritte wie Eigenverantwortung und Selbstorganisation von Teams und Mitarbeitern bedarf es zudem echter Vorbilder. Nur so können Vertrauen und Bindung entstehen.[16] Zu emotional? Muss es aber sein, schließlich »kaufen« wir alle aus dem Bauch heraus. Es ist also nicht verwunderlich, dass diese Aspekte auch bei der Arbeits-Familie eine entscheidende Rolle spielen.

Doch damit nicht genug: Es gibt momentan so vieles, das sich in der Arbeitswelt verändert, überall neue Herausforderungen, in allen Branchen und Märkten Disruption – selbst altbekannte Aufgaben bleiben nur kurz bestehen, bevor sie wieder ihre Form ändern. Leuchttürme (und Visionäre) sind jetzt unerlässlich. Klar, uns gefällt diese neue Arbeitswelt, die schnellen Strukturen, die Innovationen. Doch um das genießen zu können, ist ein wenig Stabilität extrem wertvoll. Wir möchten zu jemandem aufschauen, der in sich ruht, stabil ist, den Weg kennt. Nicht weil er ein paar Etagen über uns sitzt, sondern weil wir von ihm etwas lernen können. Das geht nur mit wirklichen Visionären, nicht mit nervösen, passiv-aggressiven Kontrollfreaks, denen ständig die Zügel aus der Hand rutschen und die links und rechts Bögen schlagen, weil sie selbst nicht wissen, wohin sie möchten. Unsere Vorbilder entscheiden sich für eine spannende Richtung und nehmen uns mit. Weil sie wollen, dass wir wachsen. Und sie es mit uns tun.

Es braucht also neue Qualitäten auf der Führungsetage – die dann nicht mehr gebraucht wird, weil Chefs mittendrin viel besser aufgehoben sind. Was hierzu gebraucht wird? Es sind tatsächliche Führungsqualitäten, oft noch unbekannt, zu Beginn unbequem und auch anspruchsvoller als Herumkommandieren, Druckmachen und Kontrollewahren.

Vom Leadership zum Followership

Doch nicht jeder kann ein Leuchtturm mit entsprechenden Führungsqualitäten sein. Wer es aber versucht und wirklich erfolgreich führen möchte, benötigt als grundlegende Voraussetzung eine starke Persönlichkeit, unabhängig davon, welche spezielle Form der – natürlich guten – Führung anvisiert wird. Das mag eine hohe Anforderung sein, aber hey, dafür seid Ihr nun mal Chef geworden. Wobei laut der schon erwähnten INQA-Studie 29 Prozent von Euch glauben, dass sich ein Management vollständig an Effizienz und Profitmaximierung orientiert.[17] In dieser Untersuchung heißt es zwar, »nur noch« 29 Prozent, allerdings scheint mir das eine euphemistische Formulierung zu sein, schließlich handelt es sich um fast ein Drittel. Zumindest muss sich niemand mehr wundern, warum diese Wanderungen der jungen Fachkräfte existieren und dass die gute alte Loyalität dahin ist.

Denn die jungen Generationen fragen nach talentierten, inspirierenden Geistern, spannenden Menschen und kompetenten Vorbildern.[18] Wow, das klingt etwas utopisch, aber es klingt auch wichtig. Wer würde solche Führungskräfte ablehnen? Von den digitalen Generationen kaum jemand, denn so wird aus Leadership »Followership«.[19] Vorgesetzte werden stark durch das Team und seine Entwicklung, dadurch, dass Mitarbeiter folgen, anstatt nur aktiv geführt zu werden. Besser werdende Mitarbeiter sind ein guter Indikator dafür, dass die Führung auf dem richtigen Weg ist. Ein exzellenter Chef schafft es zudem, Mitarbeiter einzustellen, die besser sind als er. Keine Existenzangst, kein Neid, keine Machtspielchen. Es geht allein darum: das gemeinsame Ziel im Blick zu haben. Dafür braucht man Mitarbeiter, die Stärken mitbringen, die man selbst nicht hat, Kompetenzen, die die eigenen überragen. Damit macht sich so eine Führungskraft nicht schwächer, sie zeigt nur, dass sie es draufhat. Vor solchen Verhaltensweisen haben wir Respekt und diesem folgt Loyalität. Denn sie lohnt sich.

Und wisst Ihr, was dann passiert? Wir schauen zu Euch auf. Wenn Führungskräfte Änderungen nicht als Gefahr ansehen, werden sie zum Vorbild, zur natürlichen, positiven Autorität. Das geht wirklich. Bei uns nur noch so. Chefsessel, toller Titel, langes Buckeln? Beeindruckt uns nicht. Nicht die Bohne. Wir sind durchaus gewillt, Helden als Chefs zu haben. Dafür gilt es, Komplexität und Diversität unserer Arbeitswelt zu fokussieren und mit einer individuellen Führung zu reagieren, die einzelne Mitarbeiter und ihre Weiterentwicklung sowie flache Strukturen in den Vordergrund stellt. Hierzu bedarf es hoher sozialer Kompetenz und innerer Kraft. Charakterliche Integrität ebenso, ansonsten wird es uns schwerfallen, Euch zu vertrauen. Seid Ihr zuverlässig, ehrlich, berechenbar und hilfsbereit, können wir Euch folgen. Begeistert werden wir bei der Sache sein – und Euch zu begeistern versuchen, denn auch das gehört dazu: Idealerweise solltet Ihr ebenso Feuer und Flamme sein für unsere gemeinsamen Aufgaben wie wir und Euch nicht nur wie ein Roboter aufführen. Ihr sollt uns antreiben, fordern, fördern, methodisch kompetent sein – aber bitte als Mensch mit Emotionen, Ehrgeiz und Spaß. Dann werden Euch Eure Aufgaben viel leichter fallen und Ihr werdet noch besser werden. Gerade wenn es darum geht, andere zu motivieren, versagen positionale Autoritäten, ihnen fehlt der persönliche Zugang zu den Mitarbeitern. Nicht dass sie nicht dazulernen können – doch dann werden sie nicht mehr als positionale Autoritäten auftreten, sondern als personale und funktionale. Und für uns bleibt dann nur noch eine Frage: Wo kann ich mich bewerben?

Die Kräfte in den eigenen Reihen

Dazulernen möchten aber (leider) noch lange nicht alle. Es scheint nicht so einfach zu sein, die neuen Aufgaben als wichtig und erfolgsweisend zu erkennen, denn der mögliche oder eher gefühlte Machtverlust trifft so manchen Chef härter als die Einsicht, dass sie besser werden können. Das Dumme ist, dass solche Führungskräfte – oder sagen wir Führungsschwächen – die gesamte Entwicklung aufhalten. Zu lange wehren sie sich, den Wandel aktiv mitzugehen, und wenn sie es dann doch versuchen, führen sie ihre »neue« alte Rolle so schlecht aus, dass man kaum das Potenzial dahinter erkennt. Genauso erschreckend ist, dass neben dem Fachkräftemangel offensichtlich auch ein »Persönlichkeitsmangel« herrscht: Denn wo sollen die Chefs herkommen, die in flachen Hierarchien und modernen Führungsstilen Erfolgschancen erkennen und gewillt sind, mit ihren Teams gemeinsam besser zu werden? Ohne hervorzustechen, ohne zu befehlen?

Hier macht es durchaus Sinn, sich die eigenen Reihen genauer anzusehen – also, Augen auf! Es gibt einige Kräfte in jedem Unternehmen, die in den hinteren Reihen sitzen, sozial ungemein kompetent sind, ihren Job gut hinbekommen und dabei nach links und rechts schauen, auf diese Weise andere mitnehmen, motivieren, begeistern. Es sind die Mitarbeiter, die von ihren Kollegen geschätzt und um Rat gefragt werden. Einige von ihnen möchten ihre Position nie verlassen, doch das hängt oft damit zusammen, dass sie nicht ins klassische Management wechseln, sondern als Experte in ihrem Fach tätig bleiben möchten. Viele werden aber auch bei Beförderungen schlicht übergangen, weil sie ihre Ellbogen zu wenig einsetzen, zu leise sind – oder zu gut, um sie aus ihren Positionen zu nehmen. Beide Gründe stellen ein Armutszeugnis für das Unternehmen dar. Das macht Erfolg aus: diejenigen nach vorn zu setzen, die für die anstehende Aufgabe die besten Fähigkeiten mitbringen. Die mutigen Unternehmen machen das sogar situativ. Ja, Ihr müsst einiges ändern, um erfolgreich zu werden. Aber damit könnt Ihr genauso gut intern beginnen.

Nennt es, wie Ihr wollt – aber tut es endlich!

Für all Eure Aufgaben haben sich diverse Führungsstile etabliert, ob agil, transformational, partizipativ, integrativ, situativ oder eine Mischung aus alldem. Die Wahl sei Euch und Euren Teams im Einklang mit Eurer Unternehmenskultur, -größe und -organisation überlassen. Wichtig ist, dass die Strukturen flexibel sind und neben den gesellschaftlichen und arbeitsweltlichen Kontexten auch die individuellen Umfelder von Branchen und Menschen berücksichtigen.[20] Für die einen ist der Gedanke der Mitarbeiterbindung besonders relevant, um den Fachkräftemangel auszugleichen und die hohen Fluktuationskosten zu minimieren, für die anderen, ihre bestehenden Teams zu optimieren oder noch schneller auf Veränderungen im Markt reagieren zu können. Letztlich überblickt Ihr

nicht nur Eure Teams, sondern auch die strategischen Ziele des Unternehmens – und zu Eurer Strategie muss gehören, das Ziel gemeinsam und auf dem bestmöglichen Weg zu erreichen. Das funktioniert in unserer heutigen Arbeitswelt nur noch, wenn es auf jedes Unternehmen individuell zugeschnitten ist.
Der Sportartikelhersteller Ortlieb aus Mittelfranken folgt beispielsweise dem partizipativen Prinzip auf seine Art und Weise – und freut sich über erfolgreiche Teams, die in der schnelllebigen Outdoor-Branche (geht mal shoppen, falls Ihr hier stutzt: So Zelte und Jacken haben extrem rasante Update-Zyklen und sich rasant ändernde Features) eigenverantwortlich handeln.[21] Die Führung steht mit den 174 Mitarbeitern auf Augenhöhe – und zwar auf einer hohen, denn jeder ist für die Sicherheit der von ihm mitproduzierten Produkte verantwortlich. Was zunächst unheimlich erschien, hat sich als Vorteil herausgebildet. Heute sind die Teams nicht nur sehr motiviert, sondern können auch eigenständig mit Budgets von über 50 000 Euro umgehen. Sie nehmen mehr teil, haben mehr Rechte, tragen aber auch gerne und professionell ihre Pflichten und Verantwortungen. Die Führung hat hier aber nicht nur die Partizipation gefordert und die neu geschaffenen Freiräume beim Golfspiel verpulvert. Ganz im Gegenteil. Sie hat das Unternehmen generationenübergreifend und flach strukturiert, ohne dabei alle über einen Kamm zu scheren. Entsprechend gehen sie mit dem Feedback- und Erklärungsdurst der digitalen Generationen gelassen bis begeistert um, reden viel mit ihnen und investieren noch mehr in die persönlichen Entwicklungen und die Förderung der Kompetenzen. Dass die Mitarbeiter aufgrund der flachen Hierarchien nicht schnell aufsteigen können, machen sie dadurch mehr als wett. Erhalten wir durch Fortbildungen, Feedback und Verantwortung die Chance zum Weiterkommen, wird die Vertikale uninteressant.
Götz Werner, Gründer des Unternehmens dm-Drogerie, hat bereits vor über zwanzig Jahren revolutionäre Wege beschritten und auf Basis eines wertschätzenden Menschenbilds seinen ganz eigenen

»dialogischen Führungsstil« entwickelt.[22] Die Mitarbeiter sind und fühlen sich verantwortlich für ihre Filiale, entscheiden gemeinsam über das Sortiment oder die Preisänderungen und lassen sich von ihren Regionalverantwortlichen beraten, nicht jedoch bevormunden oder steuern. Bei fast 40 000 Mitarbeitern sicher eine gewaltige Herausforderung, der auch mit vielen Aktionen und Ansätzen begegnet wurde. Die daraus entstandenen Pfeiler Mitbestimmung, Vertrauen und »Demokratisierung von Wissen« kommen bei allen, besonders aber bei den digitalen Generationen sehr gut an, ähnlich wie es bei Ortlieb der Fall ist. Das Vorgehen ist individuell, basierend auf die diskutierten Grundannahmen, die heute nötig sind, um Mitarbeiter zu Experten zu machen, die bleiben.

Für alle gilt: Reflektiert ständig Eure Kultur, Organisation und Kommunikation, Eure Hierarchie, Eure Macht- und Teamstrukturen – denn es gibt keine pauschalen »Regeln für Dummies«, die man sich mal eben aneignen und dann nach Schema F ausführen kann. Sammelt aufmerksam Informationen, wägt mögliche Vorgehensweisen ab, gleicht sie mit Euren Soft Skills ab. Doch da für Euch ebenso die Trial-and-Error-Methode und Learning by Doing gilt, bleibt hier nur noch zu sagen: Na dann, auf geht's!

Kodex – zur Führung der digitalen Generation

Nehmen wir an, Ihr seid so eine Führungskraft mit Persönlichkeit, mit dem Mut zu steten Veränderungen, mit Soft Skills und einem Emotionalen Quotienten (EQ), der es erlaubt, empathisch zu sein und seine Leute mitzureißen – oder Ihr wollt so eine werden. Damit habt Ihr die Voraussetzungen, um ein richtig guter Chef zu werden, der uns als Vorbild dient. Theoretisch. Denn hier sollte Euer Wissen über unser Verhalten genutzt werden, um die richtigen Wege zu erkennen und einzuschlagen. Wenn Ihr feststellt, dass wir unzufrieden sind, oder Ihr unzufrieden mit uns seid, aber nicht wisst, was uns fehlt oder warum wir uns gerade schon wieder so aufmüpfig oder demotiviert verhalten, könnte es eng werden mit den Lösungen. Trial and Error in allen Ehren, aber hier geht es auch ein wenig leichter.

Sehen wir uns doch also einmal genauer an, welche Verhaltensweisen wir von Euch wann erwarten (und warum). Und was Ihr – auch bei uns und gerade in der digitalen Welt –, nie aus dem Blick verlieren dürft. Es geht um: Flexibilität, situatives Gespür, individuelle Förderung, laterales Coaching ... Ach, lest einfach selbst weiter. Mit dem folgenden Kodex könnt Ihr Euch eine ganz persönliche Chef-Mütze stricken.

Geheimnis 1: Flexibel im Kopf – und in Raum und Zeit

Virtuell, digital, mobil, vernetzt – hier geht es um Fähigkeiten, Teams nicht vor Augen zu haben, sondern sie agieren zu lassen, um dennoch in einem starken, kontinuierlichen und vertrauensvollen Kontakt mit ihnen zu stehen. Es ist quasi die Grundvoraussetzung, um mit uns überhaupt in Tuchfühlung zu kommen. Medienaffinität bleibt hierfür ein wichtiger Aspekt, denn wer seine Mitarbeiter digital begleiten und unterstützen will (nein, nicht kontrollieren, darum geht es nicht mehr), muss seine gesamte Führungsklaviatur auch über Chats, Videokonferenzen, E-Mails und Telkos beherrschen und möglichst mit Slack, WhatsApp, Trello, Skype, Twitter und einigen weiteren Kanälen virtuos umgehen können. (Welche Tools für welchen Zweck sinnvoll sind, bespreche ich in Kapitel 6.) Ja, liebe Führungskräfte, Ihr könnt die Tools nicht nur für Eure Mitarbeiter »zulassen«, sondern Ihr solltet ebenso mit ihnen arbeiten und darin up to date sein. Wie wollt Ihr denn ernsthaft mit uns zusammenarbeiten, wenn wir diese Tools nutzen, um schnell zu kommunizieren und zu organisieren – und Euch aber einen Screenshot von einem Stand ausdrucken müssen, der eine halbe

Stunde später schon nicht mehr aktuell ist? Wenn wir Euch ausgedruckte Inhalte zukommen lassen müssen, an denen viele arbeiten und es permanent Bewegung gibt? Wenn wir für ein Meeting ins Büro kommen müssen, weil Ihr nicht skypen wollt, sondern auf das echte Gegenüber besteht – »Man kann doch schließlich nicht alles am Telefon besprechen!« Doch, kann man! Mit solchen Forderungen, mit solch digitaler Ignoranz haltet Ihr uns nicht den Rücken frei, so werft Ihr uns Steine in den Weg.

Wenn Ihr Euch selbst und ständig gegen solche Änderungen stellt, Euch nicht schnell und flexibel auf neue Kontexte, Bedingungen und Kundenwünsche einstellen könnt, seid Ihr keine Vorreiter. Wenn es Euch stört, dass um neun Uhr niemand im Büro ist und stur bis siebzehn Uhr bleibt, weil Ihr sonst den Überblick verliert, dann müsst Ihr an Euch arbeiten. Schaut nicht auf die Uhr, sondern in die Tools. Das mag auf den ersten Blick aufwendiger erscheinen, als den Kopf in das Großraumbüro zu stecken und alle zu überblicken – aber mal ehrlich, dort saßen oft genug viele einfach nur herum, viel mehr taten sie aber auch nicht. In den Tools könnt Ihr sofort erfassen, was aktuell geschafft wurde, wer gerade wo unterwegs ist und woran arbeitet. Dort seht Ihr vor allem, wie viel schon erledigt wurde und ob die Projekte funktionieren. Tut es das nicht, müsst Ihr Eure Rolle als Weichensteller und als unser Abgeordneter in der Unternehmenspolitik aktiv ergreifen, um Probleme zu lösen, die uns am Arbeiten hindern.

Das ist auch ein Aspekt, den wir unter »Rücken freihalten« verstehen: Gibt es Regeln in Eurem Haus, die Vorgehensweisen starr halten, gilt es, diese nicht zu schützen, sondern Alternativen und Ausnahmen zu finden – und die alten Regeln langsam abzuschaffen. Ihr müsst hier in erster Linie unser Freund und Helfer sein, nicht ein Rechtshüter. Regeln sind, ich erwähnte es schon, wichtig und gut, auch für uns. Aber da wir alles hinterfragen, bleiben einige dieser Regeln auf unseren Wegen auf der Strecke. Weil sie hinderlich sind, altbacken, in eine andere Zeit und zu einer anderen Philosophie gehören. Anwesenheitspflicht? Wozu, wenn es auch an-

ders geht, wenn wir zu Hause, im Café, früh morgens oder spät abends viel besser arbeiten können? (Mehr dazu in Kapitel 7.)
Sprecht mit uns und sammelt Argumente. Liegen keine vor, fällt es Euch doch auch nicht schwer, sich für die Abschaffung bestimmter Regeln stark zu machen. Was behindert, muss weg. Um mit uns darüber zu sprechen, müsst Ihr aber zunächst in Erfahrung gebracht haben, dass uns etwas stört, behindert. Das ist jetzt eine Eurer Aufgaben – und wenn Ihr diese nicht erledigt, könnt Ihr den zweiten Teil ebenso wenig hinbekommen: uns den Rücken und die Wege freihalten. Wir brauchen Eure offenen Ohren, Eure Aufmerksamkeit. Und dann Eure Kraft und Position, um veraltete Strukturen anzupassen, aufzulösen, fluide zu machen.
Ach so, und persönliche Gespräche müsst Ihr dennoch führen, den Zusammenhalt fokussieren und die Unternehmenskultur greifbar halten. Doch auch das flexibel: Meetings mittags in der Kantine oder im Café, mit Laptops, die alle relevanten Daten enthalten. Das heißt: Auch Eure Laptops sind auf dem neuesten Stand und immer dabei. Gönnt Euch diese Fortbildung, Ihr werdet genauso daran wachsen wie wir.

Geheimnis 2: Situativ – und immer empathisch

Brian J. Robertson (ja genau, der Holocracy-Erfinder aus Kapitel 4) hat in einer völlig anderen Situation erlebt, warum jedes einzelne Stück eines Ganzen absolut essenziell ist: Als Jungpilot eines kleinen Motorflugzeugs gab es im Cockpit eine Fehlermeldung: »Critical low voltage«. Was bedeutete das? Robertson hatte keine Ahnung. Weil alles andere fehlerfrei lief, entschied er sich nach einiger Zeit, die Meldung zu ignorieren. Wird schon nicht so wild sein, dachte er sich. Wenig später war alles tot, der Bordcomputer, Navigation, Radar, Funkgerät. Und das bei einem Gewitter über einem internationalen Verkehrsflughafen. Kurzum: Der Absturz war nicht mehr abzuwenden. Das Ganze ging gerade noch glimpflich aus, aber ihm wurde dadurch klar, wie wesentlich es ist, auf jedes einzelne Teil zu achten und die ersten Anzeichen wahrzunehmen, zu erkennen und mit ihnen zu arbeiten. Gleichzeitig erkannte er, dass es möglicherweise nur etwas Einzelnes ist wie ein einziger Mitarbeiter, der etwas wahrnimmt, das alle anderen zunächst übersehen. Wird dieser eine nicht gehört, kann sich die kleine Erbse unter der Unternehmensmatratze zu einer tickenden Zeitbombe entwickeln.[23]

Ihr habt mit uns diese Warnlichter im Unternehmensalltag an allen Ecken und Enden. Macht Gebrauch davon! Wir können dank Technik und eigener Kompetenzen unsere Aufgaben theoretisch bewältigen, beides aber nur durch die Arbeit eines guten Chefs wirklich nutzen. Da wir jedoch uniform ungleich sind, muss jeder Chef uns auch so führen: uniform individuell. Jeder Mitarbeiter ist eine Schublade für sich, wenn Ihr lieber dieses Bild heranziehen wollt. Es wird schlichtweg nicht mehr funktionieren, zwei, drei Wege zu schaffen und alle mehr oder weniger standardisiert zu beschreiben. Deshalb müsst Ihr als Führungskräfte so nah an jedem Einzelnen bleiben und sozial aufmerksam sein. Ihr müsst individuell Rücksicht nehmen, damit jeder Einzelne Eurer Mitarbeiter seinen Job praktisch auch so gut macht, wie er theoretisch kann: Welche Kollegen passen zu wem, welche Tools braucht wer, welche Arbeitsweisen, Kontaktformen, Weiterbildungs- und Coaching-Maßnahmen? Das mag sich für Euch wahnsinnig aufwendig anhören, aber wenn Ihr mittendrin steht und Eure Mitarbeiter lateral führt, und zwar als Menschen und nicht als Arbeiter, sieht das ganz anders aus.

Seid Ihr authentisch und versucht uns individuell zu berücksichtigen, sind wir alle einen Schritt weiter. Jetzt gilt es allerdings noch, die Wahrnehmung aller beteiligten Menschen zu berücksichtigen: Jeder nimmt eine Situation und Menschen anders wahr, beeinflusst durch eigene Erfahrungen, Vorlieben, Werte und Denkweisen. Somit entsteht ein Bild, ein Fremdbild, das auch eine Führungskraft nicht vollständig bestimmen oder vorgeben kann (umgekehrt ist es natürlich genauso), der angedachte Führungsstil kommt dadurch vielleicht gar nicht so rüber, wie man es geplant hatte.

Halb so schlimm – wenn Ihr reflektiert und bereit seid, Anpassungen vorzunehmen. Die digitalen Generationen fordern ja authentische Kommunikation, also ist noch kein großer Schaden angerichtet. Wenn das mit dem Feedback und der Nähe jedoch funktioniert, werden diese Diskrepanzen ohnehin schnell ausgeräumt sein. Doch genau dieses Sparring müsst Ihr bei Euren Leuten bewusst suchen. Allein dreht Ihr Euch – und wir uns mit – nur im Kreis, um Euch selbst und um uns.

Redet mit uns als gleichwertige Partner, seid ehrlich und offen und habt doch bitte Ahnung von dem, was Ihr tut – und von dem, was wir tun. Und ein Bewusstsein von dem, was Eure Mängel sind. Wir bewegen uns längst auf Märkten, in Kontexten und Komplexitäten, die, ich sagte es schon mehrmals, kognitiv nicht mehr erfassbar sind. Seid Euch dessen ständig bewusst. Das geht nur mit kontinuierlicher Selbst- und Fremdreflexion. Wenn Ihr im Dialog also unsicher seid oder Feedback nicht richtig anwenden könnt, solltet Ihr das kommunizieren. Wenn Ihr nicht alles wisst, gebt es zu und zeigt uns, dass wir hier gefragt sind! Sprecht mit uns darüber und greift entweder auf unsere Kompetenzen in diesen Bereichen zurück oder – organisiert Euch eine Fortbildung.

Geheimnis 3: Flexible Situationen erfordern flexible Positionen

Einen ähnlichen Einfluss auf die Wahrnehmung Eures Führungsverhaltens kann der Kontext nehmen, in dem der Mitarbeiter sich befindet. Wenn ich gerade gefördert werde, Verantwortung übernehmen möchte und auf der gleichen Wellenlänge mit meinem Chef bin, wird sein Stil mir sehr wahrscheinlich gefallen. Wenn ich allerdings unsicher bin und Scheu vor Verantwortung habe, wird der Stil mich nicht sofort überzeugen. Wenn ich seit Jahren dabei

bin und Erfahrungen mit dem Führungsstil habe, kann ich mit
»suboptimalen Verhaltensweisen« anders umgehen, als wenn ich
als Frischling dazustoße und noch keinen wahren Durchblick habe.
Wenn ich zudem keinen ehrlichen Dialog zu meinem Chef aufbauen kann, während er Feedback gibt, das ich nicht verstehe oder
verarbeiten kann, wird es schlechter laufen. Wenn ein Projekt mir
nicht zusagt, ein Mitarbeiter mich stresst oder ich bei einem Problem nicht vorankomme, wird all dies meine Sicht auf die Führung
beeinflussen. Behält die Führung aber den Überblick, wird sie all
das sehen und Brände löschen, bevor sie entstehen. Das heißt nicht,
dass sie bei der kleinsten schiefen Gemütslage Himmel und Hölle
in Bewegung setzen muss, damit es dem Betroffenen wieder besser
geht. Aber dass sie dies stets vor Augen hat. Sie kann nicht alles
beeinflussen – andere Erfahrungen, Stress im Privatleben oder
mangelnde Selbsterkenntnis liegen außerhalb ihres Einflusses.
Aber sie kann solche Gegebenheiten wahrnehmen, erkennen und
uns zur Seite stehen. Sie also teilweise abfedern.
Entscheidend ist für uns, dass die Führungskraft es überhaupt bemerkt und sich dann Mühe gibt, um Reibungsverluste zu minimieren. Der Neue, Vorsichtige wird mehr an die Hand genommen, der
Visionäre in größere Entscheidungsfindungen involviert, der Gestresste ein wenig entlastet, der Gelangweilte an zusätzliche Aufgaben herangeführt. Viele Unternehmer haben verstanden, dass sie
heute individuelle und flexible Herangehensweisen benötigen, um
Produkte marktkonform zu entwickeln, Projekte erfolgreich durchzuführen und Kunden schnell und effektiv zufriedenzustellen. Sind
die Kunden flexibel (und das sind sie!), müssen die Teams es auch
sein, sonst können sie nicht zeitnah auf die Wünsche reagieren.
Und Ihr müsst in jeder Situation flexibel genug sein, um auf die
jeweiligen Bedingungen, die Mitarbeiter und ihre Aufgaben eingehen zu können und individuell Strukturen zu schaffen, die ideal
sind.[24]
Bei Euren Mitarbeitern und Kollegen ist noch das subjektive Gefühl von Erfolg, Vorankommen, Wachsen und Arbeiten zu berück-

sichtigen: Die einen legen mehr Wert auf ein optimales Endergebnis, die anderen auf einen sicheren und geradlinigen Weg dorthin, die einen möchten zwischenzeitlich reflektieren, die anderen am Ende. Die einen stehen total unter Strom und sind schon lange dabei, andere neu und vorsichtig in allem, was sie anfassen. Kurz: Es sind ganz normale Menschen. Wir sind ganz normale Menschen.

Und wir brauchen Euch für eine elegante Gratwanderung, die sicherstellt, dass zumindest gute Kompromisse für jeden gefunden werden, dass Ihr für uns und zwischen uns vermittelt – und dass wir sehen, dass Ihr uns seht. Dass Ihr mitbekommt, wie es jedem in dem Projekt geht. Dass Ihr Euch Gedanken um Probleme macht. Dass Ihr lateral zur Seite steht, wenn Unterstützung oder verbesserte Bedingungen nötig sind.

Praktisch bedeutet das: Tut, was die Situation erfordert und das Team gerade braucht. Lasst die Erfahrenen walten, bringt sie mit den Jüngeren zusammen und führt diese intensiver an. Bringt die richtigen Leute so zusammen, dass die innovativen Aspekte sich frei entfalten können und die klassischeren Aufgaben schnell und professionell abgearbeitet werden. Das Ziel, das Projekt, jedes Projekt, soll erfolgreich durchgeführt werden und jeder Einzelne soll daran wachsen. Was auch immer dies im Einzelfall bedeuten mag, schafft die Voraussetzungen dafür. Das klingt nicht nur spannend, komplex und herausfordernd, das ist es auch. Wer noch immer meint, ihm würde dabei seine Chefposition und seine Macht entzogen, hat ein sehr merkwürdiges, beengtes und triviales Bild von Arbeit beziehungsweise vom Leben. Und wird eher über kurz als über lang aussortiert.

Geheimnis 4: Teams führen, ohne dass es auffällt

Ihr müsst Euch als Teil des Teams verstehen und aktiv einbringen. Denn genau dieses Teamgefühl ist uns ungemein wichtig. Wir orientieren uns an unseren Gemeinschaften, die in diversen Formen bestehen. Wir suchen und brauchen Gruppen, sind gewohnt, uns in sie mehr oder weniger schnell zu integrieren und sie genauso schnell auch wieder zu verlassen und zu wechseln.
Behaltet also den Teamspirit im Auge und stellt die Weichen, damit Teamwork in seiner besten Form möglich wird. Das gemeinsame Tun gehört für uns auf jeden Fall zu den entscheidenden Aspekten eines guten Arbeitsklimas, was zum Teil der neuen Arbeitswelt geschuldet ist: Wir müssen uns noch besser verzahnen, noch schneller agieren und reagieren. Die Tools sind darauf ausgerichtet – und das sind wir auch.
Dafür muss aber neben dem Know-how ebenso das Menschliche funktionieren, sonst werden wir an der Selbstorganisation der Teams scheitern. Das solltet Ihr dringend wissen, denn genau das ist für uns eine Rahmenbedingung, ohne die wir auf Dauer nicht leistungsstark bleiben. Natürlich müsst und sollt Ihr in fachlichen Entscheidungen mitmischen, wenn es nötig wird – das Ziel ist allerdings, uns so gut zu führen, dass das kaum nötig ist.
Klingt alles wunderbar, ich weiß. Doch da hört Eure Aufgabe nicht auf. Es wird Probleme geben, Differenzen, Streit, Unmut. Auch das ist Teil Eures Jobs. Wir können mit Problemen umgehen und unsere eigenen Lösungen finden (wobei Ihr Euch als Gesprächspartner anbieten solltet, wenn Ihr Dissonanzen erkennt). Bei Konflikten liegt der Fokus nicht darauf, diese präventiv zu vermeiden – nur durch Reibung entsteht Wärme, Ihr wisst schon. Ihr müsst auch nicht sofort einschreiten, aber die richtigen Skills für diese Situationen mitbringen – und diese mit uns teilen: Lasst uns von Eurer Lebenserfahrung und Eurer Methodenkompetenz profitieren. Versucht nicht, uns zu lenken. Versucht, mit uns zu erläutern, was wa-

rum in unserem Team gerade passiert und wie wir diese Gruppendynamiken bewusst wahrnehmen und steuern können. Und tut dies präventiv, nicht erst, wenn etwas überkocht. Es geht in erster Linie darum, uns zu helfen, es selbst zu lösen. Das macht uns stark – und es hilft beim nächsten Konfliktfall.

Geht doch etwas reichlich schief, solltet Ihr unsere Konfliktbeilegung moderieren. Wenn wir uns verrennen und gar nichts mehr geht, erwarten wir natürlich die Schlichtung, aber auch dann als Mediator, als Vermittler, nicht als Schiedsgericht, das weder Einsprüche noch Diskussionen oder Mitsprache duldet. Erst wenn Grenzen überschritten werden und Gesichtsverlust oder Gewalt droht, ist die übergeordnete Machtposition der Führungskraft gefragt. Das kann passieren – doch auch das könnt Ihr als engagierte und starke Persönlichkeiten in den Griff bekommen.

Geheimnis 5: Anerkennung. Auf unsere Art

Wir sind gut ausgebildet, wir sind leistungsbereit, wir können argumentieren. Und genau das möchten (und werden) wir nutzen. Wird uns das verwehrt oder erschwert, sinkt unsere Motivation. Fahrradfahren mit Stützrädern, wenn wir schon Cross-Country-Strecken hinter uns gebracht haben, macht keinen Spaß, fordert uns nicht heraus. Setzt Euch lieber mit uns aufs Tandem (oder fahrt nebenher) und zeigt uns neue Tricks auf noch anspruchsvollerem Gelände.

Lasst uns unsere Kompetenzen einsetzen und regelmäßig Herausforderungen annehmen. Dies kann in der Übertragung von weiterer Verantwortung geschehen: ein kniffliges Projekt, eine zusätzliche Aufgabe, ein neues Thema. Vielleicht auch mehr (Selbst-)Verantwortung, eventuell für ganze (Teil-)Projekte, Deadlines, Kundenzufriedenheit, Budgets. Da Ihr konstant an unserer Seite steht, wisst Ihr auch, was am sinnvollsten ist und am besten funktionieren wird. Solche Maßnahmen dienen der Anerkennung – die wir ebenso dringend brauchen wie alle anderen Generationen.

Ein Einbeziehen bei der Umsetzung neuer Ideen, der Auswahl neuer Mitarbeiter oder der Integration neuer Tools spiegelt großes Vertrauen – und zeugt von gelebter Anerkennung. Diese Schritte zur immateriellen Anerkennung, zur Wertschätzung und steten Förderung sind relativ klein – und die Wirkung ist doch so groß. Kommt aber nicht auf die Idee, einen Workshop anzubieten, um sofort Gegenleistungen wie Überstunden oder schnellere Ergebnisse zu verlangen. Das wirkt schizophren, ist aber meist nur ignorant. Karotten sind out, Zuckerbrot aber auch.

Geheimnis 6: Generation Selbstüberschätzung

Haben wir aber gerade erst das Fahrradfahren gelernt, erzählen wir dennoch, wie toll wir das schon können. Entscheidet Ihr ohne Absprache und weiteres Beobachten, dass die Stützräder (beide!) wegkommen, seid Ihr uns und wir uns selbst auf den Leim gegangen.
Bitte bewahrt uns vor Selbstüberschätzung, um uns vor uns selbst zu schützen. Das mit der Selbstüberschätzung passiert nämlich hier und da. Generation Teilnehmerurkunde, Ihr erinnert Euch (falls nicht, siehe Kapitel 2). Wir wurden schon immer für jede Teilnahme gelobt und bestätigen daher manchmal das Bild der überheblichen, narzisstischen, digitalen Egozentriker. Ihr habt deshalb angenommen, dass wir wohl ein wenig durchgeknallt sind. Sind einige von uns bestimmt auch. Aber keine Sorge, wie viel hat ein stromlinienförmiger Jasager denn schon bewegt? (Außer sich selbst in der Hierarchie nach oben.)
Ihr sollt also bitte darauf achten, dass wir das, was wir uns vornehmen, irgendwie auch hinbekommen. Lasst uns ruhig machen, redet uns nicht rein, nehmt uns die Aufgabe, das Projekt, die Idee nicht weg. Bloß nicht! Sondern steht als noch aufmerksamerer Gesprächspartner und Coach zur Verfügung. Weist uns auf die eventuell auftretenden Schwierigkeiten hin – und vermittelt uns dann an einen unternehmenseigenen Experten.

Wir verkennen manchmal das Potenzial von echten Erfahrungen. Wiki, Google und Bachelor-Abschluss in allen Ehren, aber manches Knie muss man sich selbst blutig geschlagen haben, viele, viele Male. Eine Führungskraft, die solche Aspekte im Hinterkopf behält und zu unterscheiden weiß, wann wir nur öffentlich agieren und wann wir uns verrennen, kann rechtzeitig korrigierend eingreifen. Und darauf achten, dass der (eventuelle) Schaden auf unsere eigenen Knie beschränkt bleibt. Ihr könnt auch als Leitplanke helfen, unser Selbstbild wieder in realistische Bahnen zu lenken.[25] Das erhöht unsere Kritikfähigkeit und führt uns zu Erfolgserlebnissen – weil wir ja nur besser werden können.

Habt Feingefühl und Weitblick – und agiert, wenn es passt, auch mit positivem Druck. Denn mit Druck haben wir viel weniger Probleme, als uns »Weicheiern« gerne unterstellt wird: Nur für 20 Prozent von uns gehört zum guten Führungsstil, dass kein Druck ausgeübt wird.[26] Wir wollen schließlich weiterkommen.

Geheimnis 7: Keine Scheu – Macht kommt von machen

Unsere Sinnsuche begleitet uns und Euch in allen Belangen. Wir sind extrem skeptisch, wenn wir blind folgen sollen – nehmen aber plausible und authentische und logische Beweggründe sehr gerne an. Nur müssen wir sie kennen! Und Ihr auch.

Wenn Ihr unsere Fragen nicht immer (sofort) beantworten könnt, sollte das offen kommuniziert – und die Antworten nachgeholt werden. Aber redet Euch nicht raus, das merken wir. Ladet uns lieber zu einer Diskussion ein, um die Antworten gemeinsam zu finden. Wir müssen (und können und wollen) nicht mehr blind darauf vertrauen, dass Ihr es schon richten werdet, weil wir es nicht verstehen – dafür sind wir zu gut ausgebildet.

Dabei solltet Ihr jedoch nicht eine absolute, unumstößliche Wahrheit suchen, von der Ihr uns überzeugen müsst. Die gibt es in unseren Augen gar nicht, wir kennen nur gute Argumente und darauf aufbauende Modelle. Das bedeutet für Euch: nicht an einer, Eurer Wahrheit festhalten, nicht missionieren, sondern Eure Perspektiven mit unseren abgleichen.

Dass wir keine Scheu haben, mit Euch oder den Geschäftsführern solche Themen – eigentlich alle Themen – auf Augenhöhe zu besprechen, rührt von unseren Erfahrungen mit Kommunikationsstrategien. Wir haben in der Schule (und auf YouTube) von klein auf gelernt, uns darzustellen, Inhalte zu präsentieren, frei vor Menschen zu sprechen, zu argumentieren und uns auszutauschen – selbst, wenn wir über ein Thema gar nicht viel wissen. Wenn wir Euch derart gegenübertreten, so ist das weder ein verbaler Gewaltakt noch Respektlosigkeit. Wir haben nur kaum Hemmungen, mit Macht umzugehen: Erstens wissen wir genau, worum es geht. Zweitens verstehen wir (fast) so viel wie Ihr – und wenn nicht, habt Ihr es schlecht erklärt – und können effektiv helfen. Drittens können wir viel besser sein, wenn wir alles gemeinsam angehen.

Ihr könnt unser Verhalten also vielmehr unter Interesse verbuchen, unter Engagement – und es auch so nutzen. Erschreckt nicht, sondern wertschätzt unser hart erarbeitetes Wissen (oder die Bereitschaft, es zu erlangen) und geht mit uns in den Dialog. Wir lassen uns ja auch nicht einschüchtern und haben meist genug Wissen, um mitzumischen (zumindest glauben wir das – und können es auch so rüberbringen).

Also etabliert Diskussionsrunden. Oder ladet die Geschäftsführung zu einem kleinen »Kreuzverhör« vor: Sie stellt sich unseren Fragen, lässt sich auf unsere Ideen ein, gestaltet mit allen die Vision. So schafft Ihr es, beide Seiten an diesen Umgang auf Augenhöhe zu gewöhnen. Klingt nach Sandwich-Job, ist es vielleicht auch, aber er ist unvermeidlich. Uns ist wichtig, dass Ihr unsere Meinung und unsere Argumente auch bei strategischen Veränderungen berücksichtigt, und nicht erst, wenn wir kündigen. Und auch nicht nur über anonyme Kummerkästen. Sondern live, gleichberechtigt, integrativ. Wir sind doch schließlich Mitunternehmer!

Geheimnis 8: Teil sein, teilhaben – vom Mitunternehmertum

Wir lassen uns nur ungern zu etwas zwingen, möchten selbst entscheiden und ausführen. Da wir dies in Bezug auf das Unternehmenswohl tun möchten, ist das grundsätzlich kein allzu großes Problem, lediglich die praktische Umsetzung macht uns zu schaffen. Ihr seid es gewohnt, dass Mitarbeiter sich und ihre Ziele unterordnen. Das passt uns nicht und kann zu Trotzreaktionen führen, wenn Ihr nicht flexibel genug seid, auf uns zuzugehen. Egal, um was es geht: Lasst locker und macht im Zweifel Pro-und-Kontra-Listen, die Euch helfen zu erkennen, wann Eure Vorgehensweisen wirklich sinnvoll und wann sie eher eingefahren sind. Erfragt unsere Argumente und versucht, diese anzunehmen – oft sind sie wirklich gut.

Was wir fordern? »Mitunternehmertum!«[27] Wenn wir verstehen, was unser Anteil am großen Ganzen ist, wenn wir unsere Verantwortung für die uns übertragene Aufgabe auch so wahrnehmen können – und diese dadurch zur Umsetzungs-Freiheit wird –, sind wir dabei. Alles natürlich sensibel und lateral von Euch gelenkt und begleitet mit einem offenen Ohr. Nicht abgeben und wegrennen, sondern das »Mit« in »Mitunternehmertum« großschreiben.

Partizipative Führung sei hier als Stichwort hinzugefügt, denn es beschreibt ziemlich exakt das, was gemeint ist: teilhaben, und zwar jeder. Eure Entscheidungen sind dann unsere Entscheidungen. Und diese tragen wir wesentlich aktiver und loyaler mit als aufgestülpte und oktroyierte, denn dann haben sie einen viel höheren Stellenwert. Wie viel Einfluss wir einbringen dürfen und können, müsst Ihr entscheiden. Als moderne, flexible Führungskraft könnt Ihr das geschickt lenken: Selbstüberschätzung im Keim ersticken, Verantwortungen so übergeben, dass wir zu Entscheidungen fähig und willig sind, Lücken schließen, die Chefetagen auf uns vorbereiten. Check.

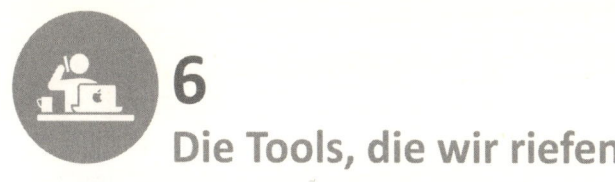

6
Die Tools, die wir riefen

Erinnert Ihr Euch noch an die Einwählgeräusche der alten Modems und das Warten, bis Euer Desktop-Computer sich ins WWW gewählt hat? Sanduhr, Sanduhr, Sanduhr. Niemand wird sich diese Zeiten zurückwünschen, nehme ich an, unsere digitalisierte Infrastruktur – unsere »Datenautobahn« – hat keine Gegner. Jetzt sind wir permanent online, und zwar nicht nur, um unsere E-Mails zu checken oder ein Katzenvideo zu schauen. Sondern auch, um viele Aspekte unseres Alltags zu erledigen, um einzukaufen, zu lernen, zu arbeiten.
Vor wenigen Jahren hätten wir hier eine ganz andere Diskussion geführt. Dieser Quatsch, den die jungen Leute da immer machen, dieses stumpfe Stieren auf das Smartphone, diese extrovertierte, aber inhaltsleere Zeitvergeudung auf diesen albernen Plattformen wie Facebook. »Ihr habt doch gar keine richtigen Freunde, kein richtiges Leben. Was ihr da macht, ist doch völlig sinnlos und hat nichts mit der Realität zu tun.« Bla, bla, bla. Es ist herrlich, dass wir uns das jetzt sparen können.
Facebook ist erwachsener geworden, die Menschen, die es benutzen, auch, weitere Kanäle sind hinzugekommen und diese Art der Kommunikation hat in unser aller Leben gefunden – auch in unser Arbeitsleben. Kunden- und Mitarbeiterbindung, Wettbewerb, Marketing. Und hier machen Digitalisierung und New Work noch lange nicht halt, denn es geht um viel mehr als um Kommunikation. Beinahe jeder Arbeitsschritt und -prozess kann digital optimiert, beschleunigt, effizienter gemacht werden. Die Zahl der Tools und Devices steigt, neue Methoden und Arbeitsweisen sprießen – und mit ihnen neue Herausforderungen, mit denen wir uns auseinandersetzen müssen.
Stichwort Selbstdisziplin. Und Stichwort Selbstorganisation. Kom-

munizieren können wir, Freunde haben wir auch noch und das wahre, »analoge« Leben schätzen wir ebenso wie die digitalen Strukturen in ihm. Arbeiten in Zeiten der Globalisierung, Vernetzung und Automatisierung ist schnell, effektiv, produktiv – oder kann es sein, denn wir sind es nicht immer. Aktuell agieren wir gern wie Kinder in der Süßwarenabteilung: zu viel Input, zu viel »Zucker«, zu viel Energie, die auch fehlgeleitet werden kann. Das droht alle neun Minuten.

»Wir haben doch Internet!« – Medienkompetenz und Kompetenzmedien

Achtundachtzigmal am Tag schauen wir auf unser Smartphone, dreiundfünfzigmal davon für mehr als nur für einen Blick. Wenn wir acht Stunden am Tag schlafen, sind wir also ungefähr alle achtzehn Minuten mit dem Smartphone beschäftigt. Das kann man erst mal sacken lassen. Alle achtzehn Minuten. All die, die vor uns Digital Natives geboren wurden und jetzt geschockt sind, dürfen die Luft nochmals anhalten: Diese Zahlen gelten für alle deutschen Bürger.[1] Wumms. Das hat gesessen, nehme ich an. Und ganz ehrlich? Vielen von uns ging es kaum anders, als wir diese Zahlen präsentiert bekamen – zumal sie bei uns sogar noch höher sind: Bei Siebzehn- bis Fünfundzwanzigjährigen wird durchschnittlich alle neun Minuten das Smartphone benutzt. Bei diesen Zahlen geht es aber übrigens nur darum, das Gerät aus seinem »Schlaf« zu holen und zu starten. Nicht eingerechnet sind die Sekunden oder Minuten, die wir mit dem Smartphone beschäftigt sind. Die Phasen ohne Gerät sind also noch kürzer. Das ist unfassbar. Oder sollte es zumindest sein. Fast alle sind furchtbar genervt, wenn ein Film im Fernsehen von Werbepausen unterbrochen wird, »Störungen«, die zirka alle zwanzig Minuten stattfinden, während wir passiv dasitzen und uns berieseln lassen. Auf der Arbeit (und im Privatleben) hingegen scheinen wir uns noch viel öfter unterbrechen zu lassen. Freiwillig. Von uns selbst. Von Freunden, von Kollegen, vom Chef.

Wir könnten vor gewaltigen Gefahren stehen. Denn auf dem Höhepunkt unserer Produktivität haben wir Handlungsweisen angenommen, die völlig kontraproduktiv sind. Wir sind auf dem besten Wege, diese Produktivität zu zerstören, zu zerstreuen, weil wir uns selbst zerstreuen. Uns so massiv ablenken, dass ADHS eine völlig neue Bedeutung bekommt. Mit uns meine ich wirklich uns alle: Alle sitzen hier im gleichen Boot, denn die Medien holen zurzeit jede Generation geschickt ab.

Suchtfaktor Smartphone

Das hat mit der »Aufmerksamkeitsökonomie« zu tun: Unsere Aufmerksamkeit ist aktuell eine so knappe wie heiß begehrte Ressource, um die sich geradezu gerissen wird. Klar, die sozialen Medien verdienen ihr Geld damit, sie können gar nicht anders, als mit allen erdenklichen Mitteln darum zu kämpfen. Gleichzeitig ist die Aufmerksamkeit anderer Menschen »die unwiderstehlichste aller Drogen«, wie der Softwareentwickler Georg Franck schon vor zwanzig Jahren sagte.[2] Ob Feedback, Facebook oder Familie: Wir möchten wahrgenommen werden, Reaktionen erhalten und daraus etwas machen. Was auch immer. Reichweite wird zu unserem neuen Reichtum. Das ist das Kalkül – und die andere Seite der »sozialen« Medien, gegen die wir in unserem Smartphone-Wahn angehen müssen. Sie werden uns kaum dabei helfen, für sie geht es um ihre Existenzberechtigung, zudem sind sie überzeugt, uns jede Menge zu liefern, damit wir dranbleiben: Wir schenken ihnen unsere Aufmerksamkeit und erhalten gleichzeitig Aufmerksamkeit von anderen. Wir haben gelernt zu selektieren, dies ist nun die nächste Stufe, die es zu erklimmen gilt: nicht selektieren, sondern auch einmal abschalten.

Hinzu kommt, dass unsere Konzentrationsspanne konstant sinkt, weil wir uns dieses Multi-Media-Tasking immer öfter und immer schneller zumuten, Twitter, Facebook & Co. ständig parallel nutzen. Das Gehirn hat sich schon seit jeher den Bedingungen angepasst, die es vorfindet, und dass wir im Multitasking – oder eher dem Zwischen-vielen-Aufgaben-Springen, wie es passenderweise heißen sollte – permanent besser werden, ist etwas ganz Natürliches. Die Frage ist allerdings, ob wir wirklich eine Konzentrationsspanne wollen, die kürzer als acht Sekunden dauert.[3] Hier scheint das Stichwort Neuland nicht nur auf Euch zu passen.

Aktualität, ja, Qualität, nein?

Weiterhin muss uns bewusst werden, welche Kanäle und Inhalte wofür dienen können. Kommunikation, wie sie erst durch die sozialen Medien möglich wurde, zu nutzen, sich offen und authentisch zu vernetzen und immer und überall alle Neuigkeiten zu erhalten, ist und bleibt ein wunderbares Gut. Meinungen mit Informationen gleichzusetzen, jeden beliebigen Smartphone-Besitzer als verlässliche Quelle zu betrachten und Gelaber als Fakten aufzufassen, bleibt hingegen gefährlich und schädlich, genauso wie das Springen durch Push-Meldungen. Ein Manager eines mittelgroßen Unternehmens erzählte mir vor einiger Zeit recht großspurig, wie fortschrittlich er doch sei: Er hatte sein Zeitungsabonnement gekündigt (»News von gestern brauche ich nicht«) und den Fernseher verbannt (»*Tagesschau* und Co. sind doch nicht mehr nötig«). Durch diese Aktionen fühlte er sich grandios up to date, schließlich, so sagte er, bekomme er alles Nötige direkt auf sein Smartphone geliefert. Richtig, da schaut man einmal – na ja, achtundachtzigmal – drauf, liest die Schlagzeilen, wischt sich mal durch die aktuellen News und fertig ist der informierte Bürger. Die AfD lässt grüßen.
Es war noch nie einfach, Zusammenhänge, Hintergründe und Details zu sammeln, zu ergründen und zu verstehen. Jetzt haben wir

zwar per Klick Zugang zum gesamten Wissen der Welt, aber ebenso zu Meinungen, Meinungsmachern, Lügnern und Dummschwätzern. Hier gilt es zu lernen, die Spreu vom Weizen zu trennen, also einen intensiveren Blick auf die Informationsflut zu werfen, zu spezifizieren, zu analysieren und zu selektieren. Oder man entscheidet sich wieder bewusst dafür, diese Aufgabe denjenigen zu überlassen, die dafür ausgebildet sind: Journalisten.

Kein Wunder, dass bei all den gehypten Eilmeldungen, halb richtigen Online-Artikeln und der unbegrenzten Informationsflut das Bedürfnis nach qualitativer Einordnung und Zusammenfassung zunimmt. Während die meisten Tageszeitungen und Zeitschriften täglich Leser und Abonnenten verlieren, legen einige Wochenzeitungen, insbesondere *Die Zeit,* in ihren Auflagen leicht, aber konstant zu.[4] Ich bin einer dieser Abonnenten. Eilmeldungen und Online-News: abgeschaltet.

Hexenjagd 2.0

Moment mal: nicht mehr konzentrationsfähig sein, nicht mehr wissen, welche Information es sich zu konsumieren lohnt – und dann doch lieber wieder eine Zeitung abonnieren? Klingt so die coole, moderne, schnelle Digital-Natives-Generation? Ist es das, was wir sind? Was wir fordern?

Ehrlich gesagt wissen wir alle es wohl (noch) nicht so ganz. Als Digital Natives sind wir durchaus sehr gern mittendrin in der digital-analogen Welt, nutzen die Devices, um eine Aufgabe als erledigt zu vermelden, mal eben eine Frage zu stellen, den Treffpunkt zu ändern, Bescheid zu geben, wenn wir uns verspäten. Denn dass wir in der realen Welt ebenso zu Hause sind wie in der digitalen – oder auch andersherum –, müssen wir hier nicht erörtern (wer sich das wünscht, dem sei die Lektüre meines ersten Buchs empfohlen). Wir nutzen eben alles, was praktisch, clever und sinnvoll ist. Ob wir das alles allerdings praktisch, clever und sinnvoll tun, ist eine andere Frage. Autos sind auch toll und nützlich, dennoch machen wir dafür einen Führerschein. Zugfahren macht ebenso Sinn, aber einen Zug führen kann nun mal nicht jeder (ein Ticket am Automaten kaufen auch nicht, aber das ist ein völlig anderes Problem). Wir sind Digital Natives, aber deshalb noch keine Digital Professionals.

Kurzum: Medienkompetenzen sind in mehrerlei Hinsicht dringend nötig. Und dabei geht es nicht unbedingt um die explizite Kanalwahl: Facebook oder Twitter? Eilmeldung oder Zeitung? E-Mail oder Telefon? Sondern vielmehr darum, ein Gespür für seine eigene Aufmerksamkeit zu entwickeln. Den »Kosten-Nutzen-Faktor« beim Lesen von Eilmeldungen oder der nächsten Mail im Blick zu behalten. Und ein Verständnis für die Verifizierung von Quellen und Daten zu bekommen. Auf Twitter sind verlässliche Informationsträger ebenso vernetzt wie Quacksalber und Möchtegern-Intellektuelle. Es wäre falsch, diesen Kanal zu boykottieren, doch alles blind zu schlucken leider auch. Sosehr wir sonst auf Selbstverantwortung pochen, wir brauchen hier Eure Unterstützung! Und Ihr wahrscheinlich unsere. Es ist an der Zeit für gemeinsam entwickelte, sinnvolle Kontrollmechanismen, die uns bremsen, falls wir in die Digi-Suchtfalle tappen oder uns auf die falschen Quellen einlassen. Aber nur weil diese Gefahr besteht, heißt es noch lange nicht, dass wir alle mit gezogener Handbremse fahren sollten.

Vorbilder: Wanted!

Denn wer jetzt auf die glorreiche Idee kommt, diesen Quatsch mit der Digitalisierung vielleicht doch aufgeben (oder verbieten) zu wollen, weil es so gefährlich ist, dem sei gesagt: Wir haben in diesem Fall keinen Entscheidungsspielraum mehr, wir sind längst mittendrin. Es geht allein darum: Wer ist bereit, schwimmen zu lernen, und wer wird untergehen?

Wir müssen uns eingestehen, dass wir in diesen Gefilden keine wirkliche Macht über unser Verhalten haben. Gewohnheiten können nicht nach Belieben einfach aufgegeben werden, denn wir sind eben nicht völlig unabhängig und frei in unseren Entscheidungen, auch wenn wir es lange geglaubt haben. Daran sollten wir uns erinnern, wenn wir anfangen uns zu fragen, warum wir schon wieder eine Nachricht lesen oder schreiben, anstatt endlich den Antrag abzuschließen, die Rechnung zu Ende zu tippen, den Tisch fertig zu schleifen.

Wir sind die Ersten in dieser Situation, Erfahrungswerte sind nicht vorhanden. Das ist kein Grund zur Panik, aber auch keiner, um nichts zu tun. Beides passiert leider viel zu häufig. Unsere Vorbilder – ja, wir haben Vorbilder, wir übernehmen nicht alles, lernen aus ihren Fehlern wie aus ihren Erfolgen und passen ihre Konzepte unseren Vorstellungen und Attitüden an – können wir bei dieser Sache nicht fragen. Für sie ist all das genauso neu. Ob Eltern, Lehrer, Führungskräfte, sie sind ähnlich überfordert.

Einsicht ist der erste Schritt: Wir haben das aber nicht mehr so richtig im Griff. Denn unser Körper schüttet Glückshormone aus, und zwar nicht erst, wenn wir tatsächlich etwas »Glückliches« erleben. Der erste kleine Kick kommt bereits mit dem Blick auf das Smartphone, unabhängig davon, ob wir eine Nachricht erhalten haben oder nicht, unabhängig, welcher Generation wir angehören. Die Verlockung ist riesig, sich ständig dem Hormon-Kick hinzugeben – insbesondere, wenn wir eigentlich konzentriert eine anspruchsvolle Aufgabe lösen sollten. Daran müssen wir arbeiten. Es ist eine Herausforderung, die es zu managen gilt.

Apropos managen: Um den Gefahren von Medien-Inkompetenz zu begegnen, werden häufig zwei Wege eingeschlagen, die beide zu extrem sind. Einerseits wird uns oft selbstbestimmtes Agieren erlaubt, weil Ihr es auch nicht besser wisst als wir. »Die Digital Natives kriegen das schon hin, die kennen es nicht anders, die sind das gewohnt.« Wenn wir dann also mit den digitalen Tools völlig allein gelassen werden, finden wir bestimmt einen Weg. Aber das muss noch lange kein guter, geschweige denn der richtige sein. So ein-

fach ist es leider nicht. Lasst uns also bitte nicht allein! Medienkompetenz erlangen wir weder über die Muttermilch noch durch unsere unreflektierte Mediennutzung. Andererseits versucht so manch überforderter Chef (oder auch Eltern oder Lehrer), dieser Gefahr des digitalen Burnouts mit dem totalen Verbot zu begegnen. Kein Internet, kein Smartphone, kein Facebook. Alle Türen schließen. Das ist nicht minder fatal, denn damit wird der Zugang zu den sinn- und wertvollen Aspekten dieser Tools und Kanäle ebenso versperrt. Und vor allem wird es nicht funktionieren: Wir tun es trotzdem. Dann eben heimlich. Bei ausgedehnten Toilettengängen, den Raucherpausen 2.0.
Selbstverantwortung ist also gefragt. Und in Anbetracht der Informationsflut und Medienvielfalt sollte man sich ernsthaft Gedanken über Schulungen in Produktivitäts- und Konzentrationstechniken machen. Wenn wir es nicht schaffen, das Smartphone für ein, zwei Stunden zur Seite zu legen, ist das nicht so abwegig, für niemanden von uns, ob native oder immigriert.
Der wichtigste Schritt, um Medienkompetenz zu verbreiten, ist: Lenkt Aufmerksamkeit darauf. Viel Aufmerksamkeit. Dann läuft es wieder auf ehrliche Kommunikation, gemeinsame Lösungserarbeitung und Trial and Error hinaus. Findet den gesunden Mittelweg, bevor es im Desaster endet. Genau dafür müssen wir ein Bewusstsein schaffen, wir alle gemeinsam. Verbote und absolute Freiheit sind nicht die geheiligten Mittel. Also noch mal: Tut Euch und uns den Gefallen, organisiert eine Schulung, bleibt im Dialog mit uns und lasst uns gemeinsam Nutzungsweisen und Guidelines erarbeiten.

Eine Armlänge Abstand ...

Ich selbst habe eigene kleine Techniken angewendet, um mich wieder von meinen Medien bedienen zu lassen und nicht umgekehrt. Mir war aufgefallen, dass ich bei komplexeren Aufgaben

jedes Mal, wenn ich hochkonzentriert in Gedanken sein und nach einer Lösung suchen sollte, mein Smartphone zur Hand nahm. Dort schien die Lösung ein wenig näher, schneller, einfacher zu sein.[5] Und dann: ein Blick und ein Emoji in die WhatsApp-Gruppe, ein Klick in die News. Oh, eine Mail, aha, noch eine, die muss ich aber kurz beantworten. Und das wahrscheinlich in dem beschriebenen Neun-Minuten-Rhythmus.
Muss ich etwas trivialere Aufgaben erledigen oder eher umsetzen als konzeptionieren, ist dieser Rhythmus schon höllisch. Möchte ich jedoch richtig tief in eine Sache einsteigen, muss ich lange Gedankenwege ebnen, dann werfen diese Pausen einen unter Umständen um Stunden zurück, falls man sich überhaupt bewegt hat. Interessanterweise fühlte ich mich nach solchen Tagen nicht minder gestresst oder erschöpft als nach wirklich produktiven. Ganz im Gegenteil: Ich war geschafft und außerdem furchtbar unzufrieden, denn der Output war praktisch nicht existent. Solche unproduktiven Tage hätte ich wesentlich entspannter verbringen können. Ich hätte in die Berge fahren, ein schönes Buch lesen, Energie tanken, den Kopf frei kriegen können. Stattdessen habe ich Energie verschwendet und dennoch nichts erreicht. Error.
Damit sich das nicht ständig wiederholte, habe ich mich für eine Abwandlung der sogenannten Pomodoro-Technik entschieden, eine Methode des Zeitmanagements, und fünfundvierzigminütige Arbeitseinheiten festgelegt. Das bedeutete auch: Aufgabe für diese Zeitspanne klar definieren, Küchenuhr stellen, Start und los. Keine Ablenkung, kein Toilettengang, kein Small Talk. Nichts. Damit nicht genug. Ich habe mich auch gezwungen, mein Smartphone wegzulegen, um gar nicht erst in Versuchung oder auf dumme Gedanken zu kommen. Übrigens ignoriere ich es auch in den kleinen Pausen: Wenn wir diese wieder am Schreibtisch hockend auf das wilde Klicken und Tippen verschwenden, anstatt etwas ganz anderes zu tun, sind es keine echten Pausen. Das Resultat hat in meinem Fall für sich gesprochen: konzentriertes Arbeiten, gute Ergebnisse, zufriedene Stimmung, entspannte Pausen. Vier Einheiten mit je

fünf- bis zehnminütiger Pause, danach eine längere Unterbrechung, eventuell auch im Internet. Während ich diese Zeilen schreibe, tickt die Küchenuhr und mein Smartphone liegt sicher deponiert im Raum nebenan, stumm gestellt – oder noch besser: im Flugmodus.

Zu Beginn wurde ich von den meisten Gleichaltrigen und Älteren belächelt. Mittlerweile haben viele von ihnen in meinem Umfeld diese oder eine ähnliche Technik für sich entdeckt, um endlich mal wieder etwas geschafft zu bekommen. Um zufrieden in den Feierabend zu gehen. Um produktiv zu sein, ohne sich zu verausgaben und sich durchgehend gestresst zu fühlen. Für mich war es eine Erfahrung, die ich weiter ausgebaut habe: Aktuell nehme ich auch im Urlaub mein Smartphone nicht mehr mit. Ich. Mit zweiundzwanzig Jahren. Als Vollblut-Digital-Native.

Okay, zugegeben: Für Notfälle, die Bergwacht, meine Eltern oder meine Freundin habe ich dann doch ein kleines, altes Handy dabei. Das Siemens M55 ist alles andere als smart und eignet sich nur zum Telefonieren. Mehr nicht. Feierabend. Und plötzlich ist der Urlaub schon ab dem ersten Tag erholsam (vom Phantomvibrieren abgesehen). Cut. Raus aus dem Alltag, nicht mehr erreichbar. Die überraschende Feststellung nach einer Woche offline: Nach anfänglichen Entzugserscheinungen fehlte mir – nichts. Ich fühlte mich weder gehandicapt noch gelangweilt oder abgeschnitten. Stattdessen fiel mir auf, wie viel Zeit und Aufmerksamkeit – das Gold unserer Zeit – man doch auf einmal hat. Die Aussicht vom Gipfel eine Stunde lang anstarren, anstatt schnell das Panoramafoto und Bergspitzen-Selfie zu machen. Die verschiedenen Blumen am Wegesrand wahrnehmen, den Freunden endlich wieder richtig zuhören oder hundert Seiten am Stück lesen. Schön. Oder: Pah, gruselig, klingt ja wie von einem Spießer? Nennt es, wie Ihr wollt, es geht hier wieder einmal um das Sowohl-als-auch, wir wollen offensichtlich beides.

Die Vorfreude, nach dieser Erfahrung zu Hause wieder ins Internet zu springen, hielt sich übrigens in Grenzen. Nachdem die 473 WhatsApp-Nachrichten, 318 Mails, 34 Facebook-Benachrichtigungen, 58 Snapchats, 14 Eilmeldungen und 17 verpassten Anrufe aus einer Woche offline gesichtet waren, folgte die nächste Überraschung: Ich hatte nichts, wirklich gar nichts Wichtiges verpasst, was nicht auch hätte warten können. Abschalten und nicht erreichbar sein ist wichtig und kann richtig Spaß machen, nicht nur im Urlaub. Es ist sogar notwendig, um im Arbeitsalltag überhaupt noch zu etwas zu kommen.

... für einen Schritt nach vorn

Guidelines und Hilfestellungen sind übrigens auch für den Umgang mit »klassischen« Medien und Kommunikationstools angesagt. Stellt Euch und Euren Mitarbeitern folgende Fragen und haltet die Antworten fest (kommuniziert sie, wenn notwendig, auch gern nach außen): Wie oft können, sollen und wollen wir während der Arbeitszeit in unsere E-Mails schauen? Wie ist unsere Arbeit strukturiert, wann bieten sich Kontaktzeiten an, wann nicht? Wie stur oder spontan wird das von wem entschieden? Können nach der Rückkehr aus dem Urlaub alle Mails ungelesen gelöscht werden? Wie ticken unsere Kunden? Wie lange können sie auf eine Antwort warten? In welcher Form sollte diese kommen?
Die interne Kommunikation darf hier ebenso wenig vernachlässigt werden: Wie viel Zeit dürfen wir uns lassen, um uns beim Chef zurückzumelden? Und er bei uns? Welche Themen regeln wir grundsätzlich per Mail, welche immer telefonisch, welche über andere digitale Kanäle? Trotz unserer Liebe zu elektronischer Kommunikation und digitaler Abstimmung bleibt der Gang zum nächsten Büro, braucht die direkte Kommunikation nicht komplett eingestellt zu werden. In einigen Situationen funktioniert sie durchaus gut und ist enorm wichtig, in anderen Fällen wäre eine E-Mail das bessere Medium. Und ja, auch Euer geliebtes Telefon ist für uns weiterhin ein wichtiges Medium, keine Frage. Vor allem, wenn es schnell gehen muss.[6]

In den Augen der meisten Digital Natives darf das alles individuell und projektspezifisch variieren. Besonders wenn die Kommunikation im Unternehmen und im Team funktioniert, sehen wir es eher als Feinschliff an, die jeweils passenden Kanäle und Zeiten auszuwählen. Dass unser Chef regelmäßig mit uns reden will, ist uns wesentlich wichtiger.

Und wir brauchen neben den Guidelines für die Mediennutzung noch viel weitreichendere Hilfsangebote: Vorschläge, wie wir in Hinblick auf eine veränderte Medien-, Geschwindigkeits- und Aufgabenlage unseren gesamten Arbeitstag strukturieren. Bei aller Flexibilisierung benötigen wir, wenn es ans Eingemachte geht, doch wieder einen Rahmen, den wir uns – wir uns gemeinsam, wohlgemerkt, nicht Ihr uns ohne Dialog – setzen können.

Wie wäre es mit einer leichten Abwandlung der Pomodoro-Technik? Zum Beispiel: fünfundvierzig Minuten konzentriert arbeiten, fünf bis zehn Minuten Mails, Nachrichten und Verpasstes (auch aus den Produktivitätstools, die im nächsten Kapitel Thema sind) lesen, das Dringlichste beantworten und alles, was länger dauert, auf das Tagesende verschieben. Dann fünf bis zehn Minuten Pause – und von vorn. Zum Tagesbeginn und Tagesende gibt es dann je nach Bedarf noch eine halbe bis ganze Pomodoro-Runde zum Abarbeiten der angefallenen E-Mails und »Daily Business«-Aufgaben. Und schon könnte sich der Arbeitstag entsprechend darstellen. Nicht: Wie viele Stunden bin ich herumgesessen? Sondern: Wie viele Pomodori habe ich heute geschafft? Welche haben wann und mit welchen Aufgaben besonders gut geklappt, welche nicht? Die erste Einheit nach dem Mittagessen verläuft oft schleppend – was kann ich da optimieren?

Und noch etwas: Natürlich werden in vielen Berufen Smartphones benötigt – aber kommt bloß nicht auf die Idee, dass wir dafür unser privates Gerät verwenden sollen. Ja, das kann auf den ersten Blick absurd erscheinen, diese Forderung von einem Digital Native zu hören. Von Fragen des Datenschutzes aber ganz abgesehen, ermöglichen uns nur separate Arbeitshandys, zwischen privat und beruflich zu trennen. Wenn wir auf unsere Smartphones schauen, finden wir oft genug zu jeder Tages- und Nachtzeit berufliche Nachrichten. Also: Arbeit erledigt, Büro verlassen, Firmenhandy ausschalten. Je nach Arbeit, Aufgabe und Verantwortung lässt es sich nicht immer vermeiden, am Abend oder am Wochenende erreichbar zu sein – wir sind ja schließlich fast wie eine Familie. Mag sein, dass Arbeitgeber zunächst einen Vorteil darin sehen, ihre Leute permanent online zu haben – oder aber die Notwendigkeit der Erreichbarkeit relativ leichtfertig ausgesprochen wird. Doch auf Dauer wird es beiden Seiten schaden, wenn dies ständig passiert: Die Mitarbeiter werden rascher ausgebrannt und unzufrieden sein – weil wir alle immer unproduktiver werden, wenn wir die Möglichkeiten der Digitalisierung falsch nutzen. Mit getrennten Smartphones können alle die Überschreitung der Grenzen zumindest eher wahrnehmen – und verhindern.

Wichtig ist, dass niemand im Bereich der Mediennutzung auf gut Glück agiert und andere agieren lässt. Wir brauchen bewusst geplante Strategien und professionelle Unterstützung, um diese Gratwanderung hinzubekommen. Also los! Medienkompetenz schaffen, Aufmerksamkeit bündeln, Guidelines basteln! Oder frei nach Peter Lustig: einfach mal »abschalten«.

Digital erwachsen werden – und so arbeiten

Ab- und einschalten können wir mittlerweile ziemlich viele Tools, Services und Devices. In fünf oder zehn Jahren werden wir sehen, was wir daraus gemacht haben – und ob sich unser Achtzehn-Minuten-Problem ent- oder verschärft hat. Doch bis dahin gibt es keinen Grund zum Stillsitzen. Jetzt geht es erst richtig los, denn für jedes Unternehmen sind unzählige Tools, Apps und Softwares entstanden, die für uns schon zur Grundlage für erfolgreiche, digitale Zusammenarbeit geworden sind: Mit ausgeklügelten Projektmanagementsystemen können Mitarbeiter und Teams ihren Platz haben, ihre Projekte und deren Verläufe festhalten, Probleme und Lösungen dokumentieren, die To-dos verwalten (und sie bei Bedarf gegenseitig hin und her schieben). Dank Wikis sind wir rasch informiert, fühlen uns mehr up to date, mehr als Teil eines großen Ganzen. Unabhängig davon, wo wir uns befinden. Projektmanagement, Kommunikation, Archivierung, Informationsfluss und vieles mehr, was heutzutage essenziell für Erfolg ist, könnt Ihr digitalisiert verbessern.

Aber wie sollte es anders sein: Ihr motzt rum, weil wir dummes Spielzeug auf der Arbeit möchten, wir motzen rum, weil es in vielen Unternehmen nahezu mittelalterlich zugeht, wenn man sich manche Strukturen, Mittel und Abläufe anschaut. Wir aber wollen kein Spielzeug, sondern Eure digitale Reife steigern, Schnittstellen zwischen Mensch und Technik schaffen und zwischen Mitarbeitern optimieren. Moderne, digitale und effiziente Arbeitsmittel sind ebenso Grundvoraussetzungen, damit wir bei Euch richtig durchstarten, selbstständig und vernetzt arbeiten und letztlich produktiv und mit Leidenschaft vorankommen können. Und nein, ich meine weder Rollcontainer, Hängeregister und Pinnwände noch Excel-Tabellen oder CC-Mails.

Digitale Gewohnheiten

Wir holen uns jede Info innerhalb weniger Mausklicks im Netz, lassen uns von Facebook an die Geburtstage unserer Freunde erinnern, halten unsere Einkaufslisten auf den Smartphones aller Mitbewohner synchron, vergleichen uns bei virtuellen Wettbewerben in unseren Fitness-Apps (um nur einen winzigen Ausschnitt unserer digitalen Selbstverständlichkeiten aufzuzählen). Und jetzt sollen wir plötzlich auf Taschenkalender, Leitz-Ordner und Projektfortschritts-und-Aufgabenverteilungsmeetings umsteigen – wobei Letzteres meist ein Euphemismus ist und viel zu gut klingt für das, was da wirklich passiert. Stundenlang. Ohne irgendetwas zu erreichen. Das sollen wir mitmachen, obwohl wir gewohnt sind, all das automatisch und automatisch synchron auf allen Devices aller Beteiligten ohne Kommunikationsaufwand und ohne Zeitverzögerung immer und überall zur Verfügung zu haben? Nein, nicht mit uns! Da lernen wir schneller drei neue Fremdsprachen (fließend), bevor Ihr Eure veralteten Arbeitsweisen in unsere Köpfe bekommt. Das scheint Euch nicht groß zu stören: Wenn es um eine enge Vernetzung zwischen IT und anderen Abteilungen geht, sind mit sage und schreibe 33 Prozent die Finanzdienstleister ganz vorn, das produzierende Gewerbe ist mit gerade mal 19 Prozent abgeschlagen.[7] Was ist denn da los? Habt Ihr Euch teure, maßgeschneiderte Maschinen angeschafft und denkt deshalb, so schnell kann Euch keiner an den Karren fahren? Na ja, ist ja auch gar nicht nötig, das macht Ihr doch selbst. Bei der internen Kommunikation sind branchenunabhängig nur 17 Prozent mit digitalen Tools unterwegs, beim Handel sind es 31 Prozent, beim Anlagen- und Maschinenbau drei Prozent. Herrlich. Vor allem herrlich bedenklich, wenn hier auch Maschinenbauer gemeint sind, die am Schreibtisch sitzen und entwickeln und nicht in der Werkstatt stehen. So viel zur digitalen Transformation und Industrie 4.0 im Mittelstand. Traurig, aber wahr.

Uns wird es ganz sicher nicht einleuchten, warum wir noch immer mit völlig veralteten Werkzeugen arbeiten sollen, wenn es doch anders geht. Unsere Motivation und Produktivität werden sinken, solange Ihr keine plausible Erklärung dafür vorlegen könnt – und die gibt es kaum, denn die neuen Tools sind im wahrsten Sinn des Wortes für die Arbeit geschaffen. Slack, HipChat, SID, Yammer, Trello und viele weitere sind nicht nur richtig praktisch, sie machen uns, richtig angewendet, auch produktiver. Das motiviert uns, so werden wir immer effizienter und Ihr auch. 2014 haben sogar einige Unternehmen das Kommunikationstool Slack als »Mitarbeiterbonus« in ihren Stellenanzeigen platziert.[8]

Es lohnt sich für Euch, Arbeitsprozesse zu überdenken, Gewohnheiten abzulegen (ja, es ist schmerzhaft, aber Ihr könnt es schaffen), Neues zu erlernen. Auch wenn die ersten Zahlen von mehr als 1600 Slack-Anwendern über Produktivitätssteigerungen vom Anbieter selbst kommen, sind sie ein gutes Indiz: Im Schnitt soll die Produktivität bei Einsatz der Software um 32 Prozent gestiegen sein, es gibt 48 Prozent weniger E-Mail-Aufkommen und 25 Prozent weniger Meetings. Auf der Soft-Skills-Seite werden die Erwartungen ebenso erfüllt: 80 Prozent der Nutzer sehen die Transparenz im Team erhöht, fast genauso viele finden, dass sich die Kultur durch Slack generell verbessert hat.[9] Die Macher von Slack hatten sich von Beginn an auf die Fahnen geschrieben, mit ihrem Dienst die E-Mails im Unternehmen ersetzen zu wollen. So weit muss es nicht kommen, doch wenn man den Zahlen aus 2014 glaubt, wurden schon damals 124 Milliarden geschäftliche E-Mails verschickt.[10] Weltweit, zugegeben – aber dafür jeden Tag. Und es kommt noch besser: Nur 14 Prozent dieser Mails wurden für wirklich notwendig erachtet. Hm, vielleicht könnte man doch versuchen, diese 14 Prozent herauszufischen und den Rest endlich und endgültig zu verbannen?

Welche Branchen, Unternehmen und Organisationen in welchen Formen und Größen auch immer hier schneller zu Hause sind – alle brauchen auch diese Form der digitalen Reife. Niemand kann behaupten, dass das produzierende Gewerbe Projektmanagement, Kommunikation, Archivierung und Informationsfluss nicht nötig hat. Und wieso sollte die Übergabe auf Krankenstationen nicht digital gesichert werden, der Fortschritt des Innenanstrichs im Hochhaus, die Stadtprojekte? Ja, aber? Nein. Gönnt Euch diese Werkzeuge – Ihr fahrt ja auch mit dem Fahrstuhl, schreit nicht mehr quer über den Innenhof, wenn Ihr einen Kollegen braucht, oder macht kein Feuer für einen Tee. Also: los!

»Let's get IT started in here«

Sagt bitte nicht, dass Ihr das mit den digitalen Tools schon probiert habt, doch ohne Erfolg. Dass das Intranet bei vielen seit einer kleinen Ewigkeit brachliegt, hat allein etwas mit seiner Umsetzung zu tun. Mit unübersichtlichen Ordnerstrukturen, unauffindbaren oder redundanten Informationen und jeder Menge Müll, den niemand mehr braucht. Während die Chefetage die wirklich wichtigen Dinge ausgedruckt in Ordnern verstauben lässt. Ein Albtraum für jegliche Effizienz, der noch dazu überhaupt nicht mehr sein muss. Es gibt mittlerweile zahlreiche Programme, die als Komplettlösung so ziemlich alle Funktionen beinhalten, die man sich vorstellen kann. Gleichzeitig lassen sich diese Funktionen jedoch auch einzeln mit unterschiedlichen Tools, die sich auf einen Arbeitsbereich fokussieren, abdecken. Aber Ihr müsst dazu einsehen, dass Markt und Arbeitswelt zu volatil geworden sind, um mit Hängeregistern, Briefen und internen Postwegen herumzutrödeln.
Im Folgenden gebe ich einen kurzen Überblick über die verschiedenen Arten von digitalen Tools, die die Zusammenarbeit erleichtern. Vom internen Social Network über Blogs, Informationsmanagement- und Wiki-Systeme steigern wir uns zur komplett digitalen Projekt-Kunden-Aufgaben-Verwaltung bis hin zum KVP 2.0.

Interne Social Media – damit es intern bleibt

Ja, Ihr seid eine Community, Ihr seid sozial, Ihr seid viele. Vielleicht zu viele, um mit allen in Kontakt zu bleiben und sich zu finden, wenn man sich braucht – dann ist weder das Telefon noch ein Adressbuch die ideale Lösung. Im Privatleben haben wir für diesen Anwendungszweck Facebook und WhatsApp – und genau dieselbe Art zu kommunizieren brauchen wir auch im Unternehmen! Wenn ich für mein Projekt einen Experten aus einem anderen Bereich brauche, kann ich nicht die gesamte Abteilung durchtelefonieren und jeden

fragen. Bei fünfzig, hundert oder fünfhundert Mitarbeitern ist das Selbstmord; doch eigentlich ist die Zahl nicht allein entscheidend. Es geht hier darum, effizient an alle Kollegen zu kommen, um selbst weitermachen zu können. Wie eben bei Facebook, LinkedIn oder Xing. Nur das Ganze eben unternehmensintern.
Organisiert man den Betriebs- oder Teamausflug und will wissen, wer alles daran teilnimmt, startet man kurz eine Umfrage. Höre ich gerade einen spannenden Vortrag auf einer Konferenz, poste ich das in die Gruppe meines Teams. Und steht gerade der Eismann vor den Werkstoren – informiere ich die große, unternehmensweite Gruppe. Schnell, einfach, ohne Umwege. Sucht man einen Spezialisten für etwas, schaut man in die Plattformen rein und kontaktiert die entsprechende Person. Parallel kann man derartige Plattformen als News Stream nutzen oder in kleineren Teams, um Fortschritte zu melden oder Probleme zu verkünden, die dann vielleicht jemand umgehend lösen kann.
Ich würde Euch dringend raten, solch ein Tool zu etablieren. Ihr habt nämlich schon jetzt keine Wahl mehr, denn mit hoher Wahrscheinlichkeit haben Eure Leute längst eine WhatsApp- oder Facebook-Gruppe erstellt, in der sie sich austauschen. Das könnt Ihr aber nicht ernsthaft wollen. Denn so geistern sensible Daten ohne Schutz und ohne Feedback von Euch herum. Tut Euch also den Gefallen, hier professionell und vorausschauend zu handeln. Slack ist so etwas wie WhatsApp, nur eben unternehmensintern und auf Wunsch mit automatisch eingestellten Gruppen für jede Abteilung. Socialcast und Yammer – Letzteres gehört jetzt zur Microsoft-Familie und ist sogar in Office 365 integriert – sind mit Facebook vergleichbar, nur eben für Unternehmen. Für Unternehmen wie beispielsweise Siemens, 3M oder Philips. Dort sind diese Dienste bereits im praktischen Einsatz.

Das Feuilleton fürs Unternehmen

Neben dem Selfie während der Geschäftsreise oder der Eismann-Ankündigung im Enterprise Social Network liegen in Unternehmen noch weitere Wissensformen vor, die auf internen News-Seiten oder Blog-Plattformen gut aufgehoben sind. Diese Informationen sind nicht unmittelbar arbeitsrelevant, gehören aber zu einer gesunden Kultur und Kommunikation dazu: Der Chef möchte der gesamten Belegschaft seine letzten Entscheidungen erläutern, Azubis stellen sich und ihre aktuellen Projekte vor, ein Mitarbeiter des Monats wird zu für ihn spannenden (Arbeits-)Themen interviewt. Wenn Ihr wollt, könnte dieser Teil einer unternehmensinternen Zeitung gleichkommen, die den Fokus auf die Mitarbeiter und ihr tägliches Schaffen in Eurem Unternehmen legt. Kein Muss, aber ein gern gesehenes Kann.

Hier geht es um den soften Austausch softer Themen. Diese unterliegen auch nicht unbedingt einer Verschwiegenheitsklausel. Es ist zwar ein geschlossenes Tool, dennoch so leger gehandhabt, dass der ein oder andere Screenshot auch auf Facebook landet. Liebe Chefs: Bleibt gelassen, intern ist schnell mal extern, verwechselt dies nicht mit den wirklich wichtigen, arbeitsrelevanten und prekären Informationen, die Ihr unter keinen Umständen außerhalb Eurer Mauern sehen wollt, und gewöhnt Euch an Eure Medienpräsenz. Wenn Ihr eine Ansprache zu einem unangenehmen Thema haltet und dort platziert, ist es gewiss nicht der cleverste Zug, das öffentlich zu posten. Aber so ist das nun mal, Leaks gibt es fast überall – bei diesen Blogs sind sie aber nicht allzu gefährlich.

Suchmaschine und Enzyklopädie in einem – Euer eigenes Wikipedia

Wer heute nicht begriffen hat, dass Informations- und Wissensmanagement eine der elementaren Herausforderungen unseres heutigen Wirtschaftens sind, verbringt wahrscheinlich viel mehr Zeit mit dem Suchen von Informationen als dem Nutzen dieser. Wissen ist ein Kapital, das kaum aufzuwiegen ist. Produzieren kann man überall, in Indien so gut wie in Rumänien oder sonst wo (und dort eher billiger). Doch das Unternehmenswissen, das in Deutschland schlummert, ist grandios und sollte entsprechend behandelt werden. Was aber nicht bedeutet, dass Ihr es so gut verstecken sollt, dass selbst Ihr es nicht bei Bedarf findet. Wo sind all die Informationen, wenn man sie braucht? Wieso muss jeder neue Mitarbeiter bei null anfangen und für jeden Schritt zig Kollegen von ihren Aufgaben abhalten, weil er sonst anders nicht arbeiten kann? Und was ist zu tun, wenn niemand bestimmte Informationen hat – außer jener Kollege, der gerade gegangen ist? Die Kosten sind immens, der Ärger ist groß und Einsicht nötig: Informationsmanagement ist Erfolgsmanagement.

Mit Wikis und Wiki-ähnlichen Lösungen sind viele bereits ein ganzes Stück weiter, denn so müssen formelle und informelle Informationen, Daten sowie Know-how nicht ständig mühsam zusammengeklaubt werden. Stichwort Nr. 1: Wissen ist nur Macht, wenn es geteilt wird, wenn jeder Mitarbeiter die für ihn relevanten Informationen schnell finden kann. Nur so kann er Wissen vermehren. Stichwort Nr. 2: Es muss eine Dokumentation Eures Wissens stattfinden, und zwar digital. Das ist keine Last und muss auch genauso in der Unternehmenskultur verankert sein, denn es ist eine Chance für Eure Teams. Bringt einen neuen mit einem alten Mitarbeiter zusammen, um Arbeitsschritte und Standardprozesse kennenzulernen – und sie direkt ins Wiki zu übertragen. Der Ältere wird sich freuen, seine Erfahrungen weitergeben zu können und nicht allein an diesem Programm sitzen zu müssen, der Jüngere wird sich wohlfühlen, weil er Wikis kennt – wir lieben Wikipedia – und effizient lernen kann. Die Chefs sollten dies fördern und auf diese Weise die Zukunftssicherung ihres Wissens und ihrer Mitarbeiter vornehmen.

Stichwort Nr. 3: Intuitive Handhabung. Eure Wissensmanagementtools müssen ständig verwendet werden, um Informationen einzuspeisen und abzurufen. Das geht auch ohne aufwendige Schulung, ohne dabei viel Zeit investieren zu müssen. Die Vorbilder Google und Wikipedia machen es vor: ein großes Feld für die Sucheingabe, schnelle Ergebnisse, klare Listungen. Bei der Themenwahl sollten grundsätzlich keine Grenzen bestehen: Der Caterer und sämtliche Planungsschritte vom Weihnachtsfest können hier genauso zu finden sein wie die kleinste Schraube für eine Turbine inklusive ihrer Eigenschaften, ihrer Herstellung, Lieferanten, Preise, Verwendungen oder was auch immer zu dieser Schraube bekannt ist. Verlinkungen zu verwandten Themen sind selbstverständlich.

Informationsflut, Informationsklau, Unternehmensgeheimnisse und Ähnliches verleiten einige von Euch, sich nicht auf die digitale Sammlung einzulassen – was totaler Quatsch ist. Informationsklau gibt es schon verdammt lange; die digitalen Strukturen können das nicht komplett aufhalten, sie sind aber sicher nicht daran schuld. Zu den hier vorgestellten Lösungen bieten sich individuell formbare Policies an, die es erlauben, Zugänge zu und Bearbeitungen von Bereichen für bestimmte Leute, Gruppen und Accounts zu beschränken oder zu sperren. Im schlimmsten Fall lässt sich auch die Menge der Suchanfragen pro Mitarbeiter begrenzen, damit Wissen nicht mal eben in Terabytes kopiert und an Wettbewerber weitergegeben werden kann. Auch sollten wir alle Elon Musk und Tesla nicht vergessen: Bei dem Fahrzeughersteller hat man sämtliche Patente offengelegt, da ihm der Wettbewerb ein wenig zu langweilig schien. Geheimnisse? Wissensklau? Tja, offensichtlich hat Tesla das Problem nicht (mehr) – den Erfolg allerdings schon.

Dienstanweisung 2.0

Gerade News wie neue Sicherheitsvorschriften oder Ähnliches können in entsprechenden Informations- oder Qualitätsmanagementsystemen effizient (und rechtssicher) verbreitet werden. Denn derart wichtige und obligatorische Informationen müssen innerhalb kürzester Zeit von allen wahrgenommen, verstanden und umgesetzt werden.

Es müssen gar nicht so pompöse Beispiele wie Tesla sein. Als Best Practice kann das Bayerische Rote Kreuz (BRK) dienen. Es hat für alle Mitarbeiter – mehr als 16 000 haupt- und 130 000 ehrenamtliche[11] – verpflichtend ein Online-Qualitätsmanagement-Portal eingerichtet. Jeder wird hier mit seinen Verpflichtungen erfasst (zum Beispiel Geräte-Einweisungen, regelmäßige Führerscheinkontrollen, Gesundheitsuntersuchungen, Fortbildungen etc.), während parallel Informationen verbreitet und gesammelt werden. Unterschieden wird zwischen nicht bestätigungspflichtigen Inhalten, die auf die Plattform hochgeladen, gespeichert und bei Bedarf gefunden werden können (Formulare, Bedienungsanleitungen, Verfahrensbeschreibungen u. a.), und bestätigungspflichtigen Informationen, beispielsweise neue Vorschriften, Dienstanweisungen oder geschäftsbezogene Neuerungen. Ich muss also bestätigen, dass ich diese Infos tatsächlich erhalten und gelesen habe. Manche Tools bieten sogar die Möglichkeit, Mitarbeiter solange zu »blockieren«, bis sie auf dem aktuellsten Stand sind. Ja, wie clever ist das denn? Das System stellt sicher, dass alle fit sind, alles wissen und nichts verpassen.

Dies gilt beim BRK aber nicht nur für langfristig relevante Informationen: Aktuelle Straßensperren bekommen die Rettungswagenfahrer ebenso mitgeteilt wie Fortbildungstermine und neue Richtlinien oder Definitionen. Zudem können die Daten föderal organisiert werden, sodass spezielle Informationen immer auch sofort allen Mitgliedern eines ganzen Landesverbands, Bezirksverbands, Kreisverbands zugänglich sind – oder eben nur einzelnen

Abteilungen oder Ortsgruppen.[12] Lexikon, Nachweisheft und schwarzes Brett in einem – nur irgendwie viel besser.

Klare Strukturen, weniger Gerede: Business-Tools

Und nun, nach all den Helferlein für das Drumherum unserer Arbeit, kommen die Werkzeuge zum Organisieren der Arbeit selbst. Social-Business-Plattformen und Enterprise-Kollaborationslösungen dürften mittlerweile ganz oben auf der To-do-Liste stehen – wenn sie nicht schon längst angeschafft wurden. Bis zu 25 Prozent Produktivitätssteigerung prognostizierte Unternehmensberater McKinsey bereits 2014.[13] Wir sagen: Go! Sie sind eine Kombination aus Intranet, Projekt-, Kollaborations- und Messaging-Tools und aufgrund ihrer Anlehnung an bekannte Kanäle intuitiv bedienbar.
Bei diesen umfassenden Lösungen können Gruppen je nach Funktion und Themen gebildet werden, um all die Informationen zu teilen, die für genau diese Leute relevant sind. Ist jemand fälschlicherweise in solch einer Gruppe, kann er sich selbst wieder herausnehmen und sich auf seine Bereiche konzentrieren. Das tut er mit einem Klick und nicht bei jeder Nachricht aufs Neue. Zudem muss er dies nicht erst dem Absender mitteilen, damit der ihn nicht mehr sinnlos mit Kopien zumüllt – so viel zu CC-Mails. Kommt jemand in bestehende Gruppen hinzu – prima, er kann sofort auf sämtliche Dateien und Kommunikationsverläufe zugreifen. Die jeweils beteiligten Personen können parallel an Dokumenten arbeiten, Verläufe und Arbeitsstände einsehen, direkte Anmerkungen machen, völlig unabhängig davon, wo sie sich gerade befinden. Dank VPN-Zugängen (Virtual Private Network) können sämtliche PCs auf die Firmennetzwerke zugreifen. Homeoffice oder Arbeit von Mallorca aus stellen keine Probleme dar – zumindest keine technischen (dazu mehr in Kapitel 7).
Alle, die involviert sind, haben Zugang und Rechte, alle anderen nicht. Das Team hingegen kann gemeinsame Aufgaben und Fort-

schritte sehen, kann sich – ohne zig Mails zu schreiben und auf Antworten zu warten – Aufgaben und Zwischenstände zuschieben, Deadlines hinzufügen, weiterarbeiten. Außerdem muss niemand mehr persönlich motzen, denn das ist Aufgabe des Systems: Mit blinkenden Symbolen, roten Fähnchen oder Push-Nachrichten wird es diese nervigen Jobs übernehmen. Wunderbar. Und was Euch daran gefallen dürfte: Was wir hier betreiben (wollen), ist Bürokratie par excellence. Digital – völlig unaufwendig, eine echte Arbeitserleichterung zur Effizienzsteigerung, einfach sehr hilfreich. Wenn das Max Weber noch so hätte erleben dürfen ... Daten festhalten und weitergeben macht nun mal Sinn. Allerdings sollte es nicht zum Stillstand kommen, weil jemand alles noch einmal kontrollieren möchte oder schlicht nicht ins System schaut. Dieses wird aber solche unnötigen Schritte und Verzögerungen identifizieren und anprangern. ASAP (as soon as possible) sagt das System, und das sagen wir auch.

Sämtliche Aspekte der Zusammenarbeit sind digital erfassbar, etwa einzelne Arbeitsschritte von Team A, sodass Team B genau weiß, wann es mit seinen starten kann. Dokumentationen können mit wenigen Klicks während der Arbeit vollzogen werden anstelle langwieriger schriftlicher Zusammenfassungen nach Feierabend. Automatisierte Bestellungen sind an den Einkauf möglich, Freigabe-Aufforderungen an die Chefs oder Terminanfragen an den Vertrieb: Redundante Mailings, umständliche Wege, wochenlanges Warten auf die Hauspost und langwierige Rekonstruktionen fallen somit weg. Und zwar in jedem Arbeitsbereich, ob Projektmanagement, Aufgabenverwaltung, Content Management, Redaktionspläne, Dokumentenverwaltung, Filesharing, Marketing oder Mindmapping. Virtuelle Meetings ohne Reisekosten und -zeiten, papierlose Büros – kein Problem, da die Unterlagen digital und transparent im System vorliegen. Ach so, und falls sonst noch etwas in Eurem Unternehmen nervt, weil es unwirtschaftlich läuft – zum Beispiel Dienst- und Einsatzpläne oder Abrechnungen –, die Tools können hierbei ebenso helfen. Viele sogar vollautomatisch.

Es gibt mittlerweile diverse Anbieter und Tools: SharePoint, Confluence, Asana, Bitrix24, Podio und einige mehr.[14] Schaut sie Euch an – oder findet andere, die Euren Bedürfnissen entsprechen.

Die Zeitfresser vernichten

Macht man sich klar, dass die digitalen Helfer entwickelt worden sind, um Probleme nicht umzulagern, sondern zu eliminieren, kann man die Programme zur Projektsteuerung noch mehr genießen. Jeder sollte durch sie wissen, was er zu tun hat – und gut arbeiten können. Natürlich gibt es auch spezielle Tools, die auf OKR und Holocracy ausgelegt sind – und diese Strukturen transparent abbilden und unterstützen. Gibt es Fragen – natürlich gibt es immer welche –, werden die Antworten in den Kommunikations- und Wissensmanagementtools, die mit dem Projekttool verbunden sind, gefunden. Bei Bedarf wird auch telefoniert. Jeder dieser Schritte wird im Tool dokumentiert, sodass alles an einem Ort liegt. So umgesetzt zeigt das Programm alles, was wichtig ist: Welche Aufgabe ist erledigt, welche steht noch an, wer arbeitet gerade woran und wird wann fertig, welche Probleme müssen noch gelöst werden, wer könnte das am besten erledigen, wer hat Kapazitäten. Jeden Morgen fällt der erste Blick in dieses Tool: Wo stehen wir, wo stehe ich, wie geht es weiter. Klingt nach Idealfall, ja, aber nicht nach Utopia. So kann es funktionieren, wenn alle im Boot sind, Projekte intelligent angelegt werden und die intuitiv bedienbaren Tools mit allen anderen verbunden sind. So macht uns Arbeit Spaß, so drehen wir richtig auf.

KVP – aber im digitalen Liquid-Democracy-Stil

Wer diese digitalen Vorteile für seine Mitarbeiter und seine Unternehmenskultur noch weiterdenken möchte, kann Plattformen implementieren, die dem Prinzip der Liquid Democracy folgen: Vollkommen basisdemokratisch können hier alle Vorschläge und Ideen zu bestimmten Themen machen, diese diskutieren und über sie abstimmen (über demokratische Unternehmen sprachen wir bereits in Kapitel 4). Was seinerzeit bei der Piratenpartei funktionierte (selbst wenn es sie nicht vor dem Untergang retten konnte), ist auch in Unternehmen anzuwenden, um eine intensivere Teilhabe aller am Entwicklungsprozess zu ermöglichen. KVP (kontinuierlicher Verbesserungsprozess) für Fortgeschrittene, wenn man so will, denn nun steht kein Briefkasten mehr in der Kantine, in den man anonym Verbesserungsvorschläge werfen kann, die dann langwierig durch den Betriebsrat gehen, ewig bei der Chefsekretärin liegen und vielleicht irgendwann in Angriff genommen werden, wenn die Chefetage dazu gekommen ist, sich damit auseinanderzusetzen. Stattdessen nimmt das digitale Tool den Vorschlag auf, leitet ihn an alle Mitarbeiter weiter, dokumentiert die Diskussion und setzt eine Deadline für die Abstimmung. Was das Programm Euch allerdings nicht abnehmen kann, ist die Umsetzung klarer Ergebnisse. Diese muss zeitnah erfolgen, mit allem anderen boykottiert Ihr die Grundidee: Der Belegschaft eine Stimme zu geben, die dann kein Gewicht hat, wirkt fast demotivierender, als von Beginn an keine Stimme zu haben.

Bei den Themen, über die abgestimmt wird, muss es nicht nur um strategische Grundkonzepte oder Neuausrichtungen gehen. Keine Sorge. Die Kompetenzen und Gestaltungswünsche der Mitarbeiter liegen viel häufiger bei operativen, organisatorischen und kommunikativen Aspekten – sie wissen meist sehr gut, was fehlt, falsch läuft oder wie etwas optimiert werden kann. Ein paar Beispiele gefällig? Bitte schön: Soll das Unternehmen Fahrräder anschaffen, um Mittagessen zu holen, zum Partnerunternehmen nebenan zu radeln oder einfach den Kopf freizubekommen? Brauchen wir mehr Laptops, neue Programme für die Zusammenarbeit, Duschen, alternative Pausenzeiten? Ihr merkt, diese Themen sind weder unternehmensgefährdend noch sinnlos, können aber das Gesamtklima erheblich verbessern – und zwar in doppelter Hinsicht: Die Mitarbeiter können ihre Ideen produktiv einbringen und Ihr diese als Arbeitsoptimierungen umsetzen, wenn sie denn als solche mehrheitlich angenommen wurden. Wie gesagt, das Ganze muss institutionalisiert und so konzipiert sein, dass die Umsetzungen auch stattfinden. Möglich ist hier so einiges, wenn die passenden Fundamente stehen und Demokratie nicht nur ein Fremdwort ist.

Investitionen? Ja, sie lohnen sich!

Was noch? Richtig, die Finanzen. Unter Umständen müsst Ihr für Eure Reife noch eine Kraft einstellen und Geld in die Hand nehmen. Alles andere wäre nichts weiter als der Traum von einer eierlegenden Wollmilchsau. Investieren müsst Ihr in jedem Fall, doch das ist prinzipiell etwas Gutes, denn Ihr erhaltet dafür viel: eine bessere Organisation, mehr Effizienz, zufriedene Mitarbeiter, glückliche Kunden, Überlebensfähigkeit und Ersparnisse an anderer Stelle. Hört sich doch gut an, oder?
Wenn Ihr Eure Sorgen, Eure Engstirnigkeit oder was auch immer Euch gebremst hat, abgelegt habt, kann es endlich an die Umsetzung gehen. Macht es nur durchdacht und möglichst bottom-up. Hierbei gilt die Devise: Wenn Du wenig Zeit hast, nimm Dir zu Beginn viel davon.
Schritt 1: Jedes Unternehmen, jeder Chef und jedes Team sollten länger darüber nachdenken, wofür sie welche Tools nutzen möchten, denn hier lauern auch Gefahren: Bei falscher Anwendung und mangelnder Disziplin kann viel Zeit verloren gehen. Paradoxerweise demonstriert dies das Info-Video von Slack, es wirkt geradezu verstörend: Ein Kollege fragt den anderen, wann ein Meeting startet. Dieser sucht kurz in Slack, findet die Datei und gibt daraufhin eine Antwort. Na ja, wirklich effizient wäre gewesen, wenn der Fragende selbst nachschaut, damit der Kollege nicht seine Arbeit unterbrechen muss. Bei den vielen Vorteilen des Tools kann man

wohl eher der Marketingabteilung von Slack ein kritisches Feedback zu dem Filmchen senden, als das Tool zu verteufeln. Für jedes Team ist entscheidend, sich zum einen mit den eigenen Aufgaben, Workflows und Zeitfressern auseinanderzusetzen, zum anderen mit den digitalen Lösungen für selbige.

Schritt 2: Habt Ihr Euch entschieden und gemeinsam mit Euren Teams die nötigen Tools identifiziert, die Ihr benötigt, müssen bei der Implementierung alle entsprechend ihren Fähigkeiten mitgenommen werden. Dazu ist es womöglich notwendig, eine kleine Taskforce für den Start zusammenzustellen. Dass die Führungskräfte dabeibleiben, den »Projektleiter« lateral unterstützen und engagiert mitmachen, ist keine Frage, sondern Grundvoraussetzung für das Gelingen. Ebenso eine bestehende Unternehmenskultur, die solche Ideen überhaupt erst ermöglicht. Fangt mit so etwas nicht an, um ein Profil zu entwickeln. Daraus kann ein wildes Chaos werden, das niemandem gefällt.

Wenn nur vereinzelte Mitarbeiter die digitalen Tools anwenden, sorgt das nur für Verwirrung. Am besten: Es folgt das gesamte Unternehmen. Hier ist ein sensibler Umgang gefragt. Wer möchte das federführend vorantreiben? Wer unterstützt? Wer erstellt wann und wie einen Fahrplan, um Sinn, Funktion, Nutzen und Nutzung sicherzustellen? Wer kümmert sich um Begeisterung, Schulung und Coaching der Digital Immigrants? Stellt jedem Immigrant doch einen Native als Digital Coach zur Verfügung.

Einführungsprozesse clever und effizient gestalten

Wenn Ihr Euch aber doch noch wehrt, alles umzustellen, nun gut, jedem das Seine. Wenn nur eine Abteilung mit neuen Tools umgehen muss und möchte – warum dann nicht so starten? Ein Team arbeitet und kommuniziert konsequent digital, das andere nicht. Das eine dokumentiert alles in der Cloud, das nächste in haptischen Ordnern. Eurer Organisation und Eurem Wissensmanagement wird das vielleicht nicht allzu sehr helfen, effizient geht anders, aber bevor es nur die ausgedruckten Zettel gibt und jede Menge digitalaffiner Mitarbeiter jeden Alters, die frustriert am Drucker stehen, könnte es einen Versuch wert sein.

Und Ihr werdet sehen: Sobald das erste Team das Pilotprojekt konsequent anwendet, werden alle anderen auch neugierig werden und mitmachen wollen. Besser als die Praktiken des Flurfunks ist das allemal, bei dem es sich um ein wahres Lottospiel handelt: Hier kommen die Informationen nur mit Glück bei denjenigen an, die sie brauchen.

Begreift: Wenn es Sinn macht, gebt uns genau die Tools und Arbeitsmittel, die Rechner und Smartphones, die Software und die Zugänge, die wir brauchen. Wir benötigen sie nicht für irgendetwas, sondern zur besseren Arbeit bei Euch! Mit einer Wirkung, die über kurz oder lang weitere mitziehen wird.

Vielleicht können wir auch beim Einführungsprozess helfen? Wobei, ganz ehrlich: Komplett selbst programmierte Tools sind eher exotische Ausnahmen, auf die Ihr eher nicht setzen solltet. Den meisten Unternehmen ist sogar anzuraten, von Lösungen Marke Eigenbau Abstand nehmen, da sie funktionstüchtige Tools mit hoher Sicherheit und Funktionalität benötigen. Nicht vorenthalten möchte ich jedoch eines der interessanten Beispiele, bei denen ein eigenes »Make« gelungen ist. Der US-amerikanische Konzern Best Buy, ein Elektrohändler, der ohnehin als recht fortschrittlich gilt, was Digitalisierung angeht, ließ ein Team aus jungen, technikbegeisterten Mitarbeitern ein Intranet bauen, anstatt es extern einzukaufen und den Leuten vor die Nase zu setzen. Die Kosten waren wesentlich geringer und die Mitarbeiter motiviert und freudig bei der Sache.[15] Solche Projekte machen Spaß und Sinn und schaffen Bindung. Viele von uns sind für so etwas zu haben – doch die gesamte Umsetzung ist nicht trivial. Das Alltagsgeschäft muss dennoch funktionieren, unsere Freizeit geben wir so schnell selbst für solche Aktionen nicht auf.

Ihr solltet Euch also nicht blind auf das native Wissen der Generation Y verlassen, wenn es darum geht, diese Tools einzuführen und effizient zu nutzen. Nur weil wir damit aufgewachsen sind, heißt es nicht, dass wir alle die Technik beherrschen. Nur weil einige von uns es verdammt gut tun, heißt es noch lange nicht, dass alle es können. Und nur weil viele von uns wissen, wofür Slack und Trello geeignet sind, heißt das nicht, dass wir die Feinheiten kennen und sie verständlich erklären können. Das ist zwar durchaus möglich und viele von uns sind sicher interessiert daran, entsprechende Aufgaben zu übernehmen oder die Feinheiten zu erlernen, doch oft geht ein solches Projekt aus anderen Gründen nach hinten los, etwa wenn die Kommunikation nicht klappt und alle nur noch frustriert sind. Und spart Euch Schuldzuweisungen à la »Ihr wolltet doch Verantwortung, selbstständiges Arbeiten und coole Aufgaben – wieso funktioniert das nicht?«. Das hatten wir schon. Wer so denkt, hat nicht verstanden, dass der talentierteste Fußballspieler einen Coach, mehrere Trainer und viele gute Kollegen braucht, die sich als Team verstehen.

Hinzu kommt, dass nicht alle Jobs für ein derartiges Vorgehen gleichermaßen prädestiniert sind. Von Krankenpflegern, Maschinenbauern, Soziologen oder Malern zu erwarten, dass sie nebenbei doch bitte noch eine App, ein Intranet oder ein anderes effektives digitales Tool komplett selbst programmieren – oder zumindest bei der Implementierung eines eingekauften Systems die Funktionen planen –, sollte in den meisten Fällen nicht selbstverständlich sein. Dennoch solltet Ihr versuchen, sie mit in das Tool-Boot zu holen. Uns außen vor zu lassen, unsere Potenziale nicht zu nutzen und uns erst gar nicht zu fragen, welche Funktionen wir dringend brauchen, kann an unseren Bedürfnissen ebenso vorbeigehen. Wird alles nur von oben angeordnet, fahrt Ihr nämlich bereits gegen die Wand. Wenn Ihr als Führungskraft aber tatsächlich dafür sorgen wollt, dass diese Systeme eine Arbeitserleichterung sind, werden wir nur gemeinsam einen Weg finden.

Von wegen no risk, no fun – Cybersecurity

Noch eine Sache, die sicher so manchem unter den Nägeln brennt: Sicherheit. 2016 hat das Lukaskrankenhaus in Neuss auf die harte Tour lernen müssen, dass die Digitalisierung auch ihre Tücken hat.[16] Digitalisiert und papierlos galt dieses Krankenhaus als Vorreiter und Vorbild – doch leider nicht bei der Sicherheit. Ein Cyberangriff mit dem Versuch einer Erpressung legte das gesamte Unternehmen lahm, nichts ging mehr, ob Datenzugriff, Labornutzung oder Medikamentenbestellung. Erst nach knapp zwei Wochen war das Schlimmste überstanden und der Normalbetrieb wieder möglich, die Kosten dieser Katastrophe lagen im siebenstelligen Bereich. Patienten waren zu keinem Zeitpunkt in Lebensgefahr, doch der Schock saß tief – und trotz sofortiger Aufrüstung werden noch Jahre vergehen, bis die Klinik auf dem neuesten Stand der Cybersecurity ist.
Beeindruckend an diesem Fall ist neben dem gelungenen Krisenmanagement die Aussage des Managements, dass die Digitalisierung weder rückgängig zu machen ist noch die Vorteile zu schmälern sind. Jetzt sei entscheidend, auf allen digitalen Ebenen vorbildhaft zu sein und voran- und nicht zurückzugehen. Dies gilt für alle: Wenn Ihr nicht verrückt seid, investiert in Eure Sicherheit. Und zwar einen Teil des Geldes, das Ihr durch die Digitalisierung Eures Unternehmens zusätzlich eingenommen bzw. gespart habt. Tut Ihr dies nicht, kann sich das rächen und Euch vernichten. Klingt unheimlich? Ist es ja auch, aber für brennbare Chemikalien, Gold und Patente habt Ihr auch clevere und teure Schutz- und Sicherheitsmaßnahmen eingekauft. Wenn Ihr plötzlich all Eure Zugänge, Kontakte und Daten verliert, geht nichts mehr, es ist wie ein Großbrand.
Die gute Nachricht: Ihr könnt Euch schützen. Die Palette an Sicherheitsmaßnahmen ist groß und kann auf diversen Ebenen – Backups, Firewalls, Segmentierung der Systeme und vieles mehr – ansetzen, sodass die Schäden zumindest minimiert werden können

und der Zustand vor der Bedrohung innerhalb kurzer Zeit abrufbar ist. Nur muss man sich darum kümmern. Frühzeitig, intensiv und professionell. Hier ist es mit einer Freeware sicher nicht getan.

In meinen Augen ist Sicherheit eine der wichtigsten Aufgaben bei der digitalen Transformation. Und sie ist lösbar. Also löst sie. Und werdet damit zum Vorreiter, denn noch immer sind viele in diesen Dingen absolute Analphabeten, merken meist gar nicht, dass sie Malware mit sich herumschleppen. Backups? Ach wo, das passt schon. Scheinbar müssen wir hier so einiges leidvoll lernen, denn die meisten beginnen auch im privaten Bereich sich erst mit Datensicherheit auseinanderzusetzen, nachdem sie einmal alles verloren haben. Ihr seid doch sonst so vorsichtig – macht es gleich richtig.

7
Von Stechuhren, Großräumen und Gehaltserhöhungen

Flexibles, ortsunabhängiges Arbeiten ist längst Realität: Zum Skype-Termin sind alle online und zwei Stunden ganz bei der Sache. Jeder hat seinen Teil vorbereitet, bringt sich bei den Kollegen mit Ideen ein und sendet wenige Stunden später die ersten Überarbeitungen. Die Antwort des Chefs: »Danke, und einen schönen Urlaub noch!« Wie bitte? Richtig, der Kollege hat vom Strand aus geskypt. Zwei weitere Kolleginnen auch. Dabei wollte man die Teilnahme am nächsten Meeting absagen, weil man doch den Urlaub geplant hatte. Na ja, dann nimmt man den Laptop doch mit, das eine Meeting, was soll's.

Und da wundert sich noch einer über explodierende Burnout-Zahlen? So geht es nicht. Vergesst am besten einfach sofort wieder alles, wie Ihr Euch das mit Eurer Telearbeit und Vertrauensarbeitszeit so schön ausgemalt habt. Denn so überblendet die Arbeit das Privatleben vollständig. Außerdem erhöht diese ewige Erreichbarkeit den Druck auf alle, die vielleicht wirklich so ganz ohne Job Urlaub machen möchten. Oder auch auf jene, die einfach Feierabend haben wollen, die an Wochenenden kein einziges Mal ans Telefon gehen, selbst wenn sie zu Hause sind und auf der Couch liegen – und das Arbeitsprojekt dennoch lieben. Deshalb passiert immer öfter Folgendes: Wir sitzen in den eigenen vier Wänden permanent mit dem Laptop auf den Knien da und fühlen uns unzufrieden, ausgelaugt – und vor allem nie fertig. Man könnte ja immer noch etwas machen, man hat ja alles zur Hand. Na gut, die eine Mail noch, die eine Statistik, die eine Rechnung. Oh, ein Anruf: »Ja, klar, das kann ich dir vorbereiten, kein Ding, ich sitze ohnehin gerade an dem Thema.« Kein Ding, ja – bis wir ohne

Freunde und Motivation dastehen und uns im Arbeits-Lebens-Wirrwarr verlieren.

Ist das also diese Work-Life-Balance, von der immer geredet wird? Wobei ... für viele Unternehmen ist ja selbst Work-Life-Balance noch ein Fremdwort. Also fangen wir ganz von vorn an.

In welchen Zeiten leben wir eigentlich?

Bäcker stehen früh auf, Produktionslinien warten nicht und Patienten müssen rund um die Uhr betreut werden. Aber warum Baustellen ab sieben besetzt sind und einen Höllenlärm machen, kann niemand so recht erklären – es war schon immer so. Dann muss man sich aber nicht wundern, wenn wir diese und andere angeblich unveränderbare Zeiten hinterfragen. Ob wir uns auf Eure Reaktion freuen sollen, bleibt noch offen – um Veränderungen kommen wir aber nicht herum, denn zu verbessern gibt es genug.

Wir lassen uns dieses Hinterfragen auch auf der Arbeit nicht nehmen und Ihr solltet es eher nutzen als unterdrücken, erst recht, wenn es um unflexible Regelungen in Euren Unternehmen geht, deren Ursachen oder Vorteile niemand mehr konstruieren kann. Es gibt erste agile Unternehmen, die von festen Arbeits- oder Urlaubszeiten einfach nichts mehr hören wollen, die nur auf Produktivität, Kultur und Loyalität schauen und ihre Leute einfach machen lassen. Mit Erfolg. Unglaublich? Unmöglich?

Nur die Ergebnisse zählen?

Ein Beispiel: Das Mitarbeiterführungsmodell ROWE, »Results-Only Work Environment« (etwa: »Arbeitsumfeld, in dem nur Ergebnisse zählen«), hat nicht nur in den USA Unternehmen (Best Buy seit weit über zehn Jahren!) überzeugend optimiert und die Produktivität um bis zu 30 Prozent gesteigert, sondern auch in

Deutschland.[1] Es sind zwar eher große Namen wie IBM, SAP oder Microsoft (und auch dort nur bestimmte Abteilungen), die in diesem Zusammenhang auftauchen. Das heißt aber noch lange nicht, dass nur diese das Modell umsetzen können. Allerdings stellen in Deutschland beziehungsweise Europa Arbeitsschutzgesetze nicht zu unterschätzende (aber überwindbare) Hürden dar.

Bei ROWE geht es darum: keine Kontrollen zu Anwesenheit und Arbeitszeiten, nur der Blick auf die Ergebnisse. Für die Führung bedeutet das, strategisch enorm gut arbeiten, klare Ziele stecken und diese entsprechend kommunizieren. Die Teams müssen sich parallel Zwischenziele stecken, die machbar und produktiv sind: Wann wird welches Projekt abgeschlossen, welche Zahlen sind erreicht, welche Maßnahmen vollzogen? Solange das alles funktioniert, sind Stechuhren irrelevant.

Das Vorgehen war gewöhnungsbedürftig, für die Mitarbeiter wegen ihrer neu gewonnenen Verantwortung, für die Manager wegen eines gefühlten Kontrollverlusts. Dennoch: Bis zu 41 Prozent Produktivitätssteigerung bei Best Buy spricht für sich. Die Mitarbeiterfluktuation fiel dank ROWE um 90 Prozent,[2] die Kosten von über 100 000 Dollar pro wechselndem Mitarbeiter (bei einem 50 000-Dollar-Jahreseinkommen) konnten enorm reduziert, die Kultur und die Stimmung in den Teams hingegen enorm verbessert und die Vereinbarkeit von Beruf und Familie gesteigert werden. Trotz all der Verbesserungen und Produktivitätssteigerungen hat Best Buy das Modell wieder auf Eis gelegt. Entschieden hat das CEO Hubert Joly, weil das Unternehmen plötzlich (aus anderen Gründen) in einer wirtschaftlichen Krise steckte. Er sagte auch, dass es nötig sei, sich entbehrlich zu fühlen, und läutete damit wieder eine Zeit des Drucks und Stresses ein.[3] Schade, nicht viel verstanden, keinen Mut gezeigt, nicht weitergedacht.

Sicher gibt es bei ROWE auch problematische Aspekte: Die Kommunikation kann destabilisiert werden, wenn es keine festen gemeinsamen Arbeitszeiten und -orte gibt, einige Mitarbeiter kommen mit solch einer Selbstverantwortung nicht zurecht und fühlen sich unwohl, andere arbeiten deshalb noch mehr, nehmen weniger Urlaub, als ihnen zusteht, und sprechen sich mit Kollegen nachteilig ab. Na gut, es gibt auch diejenigen, die sich unethisch verhalten, weniger arbeiten und Grabenkämpfe anzetteln.

Falls gerade jemand von Euch die Beckerfaust macht und denkt, wusste ich doch, dass das nicht funktionieren kann: Vergesst es, diese Leute hattet Ihr ohnehin schon im Haus und perfekte Lösungen gibt es nicht. Trial and Error bedeutet nun mal auch, dass man Fehler machen kann und machen muss, um besser zu werden. Außerdem bleibt es dabei: Aktuell laufen eher traditionelle Unternehmen mit starren Strukturen Gefahr, unterzugehen.[4] Seid also nicht gehässig und versucht stattdessen lieber etwas Neues. Zum Beispiel etwas, das es erfolgreich schafft, Arbeit und Privatleben in Einklang zu bringen. Denn obwohl ROWE mit der Idee der Work-Life-Balance sehr gut vereinbar ist, haben wir die richtige Balance noch nicht gefunden – und sie deshalb fast wieder verworfen.

Die größte Lüge der modernen Arbeitswelt: Work-Life-Was?

Die Idee der Work-Life-Balance war nur der Anfang, die digitalen Generationen sind schon weiter – hier allen voran die Generation Z. Zu Beginn ging es bei diesem Konzept darum, nicht als gefühllose Maschine in ein Werk zu gehen, dort acht Stunden wie selbige zu funktionieren – und erst wieder zu Hause zum Menschen mit Wünschen und Bedürfnissen zu werden. Unser Engagement, unser Know-how, unsere Arbeitskraft brauchen eine gewisse Umgebung, eine Kultur, ein Team, eben den Arbeitsplatz als zweites Zuhause. Damit einhergehend förderten die Digitalisierung und unsere Vorstellung von Arbeit als Leben die ersten Überlappungen: im Dienst kurz etwas auf Facebook posten, private Mails lesen, schnell die WhatsApp-Gruppe zum Feierabendbier einladen. Dafür machte es uns nicht so viel aus, im privaten Bereich Arbeits-Mails zu beantworten, samstags dienstlich zu telefonieren und generell Überstunden zu machen, wenn gerade ein spannendes Projekt in der finalen Phase stand. So sollte das Ganze laufen. Das ist erst wenige Jahre her.

Die Generation Y war damit zunächst glücklich, ist sogar noch weitergegangen und warf schließlich die Idee des Work-Life-Blendings in den Topf: Die Balance zwischen Job und Freizeit sollte nicht mehr nur gehalten, beide sollten vereint werden – schließlich ist Arbeit Leben, Kollegen sind Freunde und unser Unternehmen ist im Idealfall unser zweites Zuhause. Fließende Übergänge, freie Zeiteinteilung, Homeoffice und das Fitnessstudio im Büro. Klingt hip, und das ist es auch. Eigentlich. Denn viele Arbeitgeber und -nehmer haben sich hier in einer Spirale wiedergefunden, die in die falsche Richtung ging.

Stichwort Flexibilität: Anstatt flexibel das Arbeitspensum zu erledigen, wenn es am besten passt, übernahmen Mitarbeiter immer mehr Aufgaben, saßen abends noch am Schreibtisch, weil das Projekt so spannend war und man mittags eine halbe Stunde länger in der Sonne saß. Samstags wurde noch stundenlang etwas vorbereitet, weil man am Montagmorgen zum Arzt musste. Schrieb man die Stunden auf, wurden aus vierzig schnell sechzig – und die Energie schmolz dahin. 2014 hatten bereits 22 Prozent der Befragten etwa einmal monatlich an Wochenenden oder Feiertagen gearbeitet, 20 Prozent jedes Wochenende, 50 Prozent telefonierten und schrieben E-Mails in der Freizeit.[5]

In den meisten Fällen wurden die Überstunden freiwillig ausgeführt. Weil der Job Freude machte, weil man sich schlecht fühlte, wenn die anderen länger im Büro geblieben waren als man selbst, weil man weiterkommen wollte. Es ist durchaus richtig, dass wir Arbeit als elementaren Bestandteil unseres Lebens erachten und vor allem als einen, den wir mögen, den wir nicht leidend irgendwie hinter uns bringen möchten. Dennoch wurde diese Einstellung von vielen Arbeitgebern falsch verstanden und falsch genutzt: Der Arbeitsinhalt ist der Lebensinhalt? Prima, da man vierundzwanzig

Stunden am Tag lebt, kann man auch vierundzwanzig Stunden am Tag arbeiten, ist doch dasselbe. Nein, ist es nicht. Trial and Error. Was Ihr uns als Work-Life-Blending verkauft, ist doch eine der größten Lügen der modernen Arbeitswelt. Wir haben uns blenden lassen und nun gemerkt, dass es bei vielen von uns letztlich nicht so funktioniert hat wie geplant.

Diktierte Flexibilität

Nun wollen wir uns von »Eurem« Work-Life-Blending nicht mehr blenden lassen – ja, Euer Blending, denn es hat sehr viel damit zu tun, wie Ihr dieses Prinzip weitergedacht habt. Die Unternehmen waren stark daran beteiligt und meinten, wenn die Leute doch so gerne arbeiten, bitte schön. Mit Argumenten rund um Loyalität, Zusammenhalt und Vertrauen – die durchaus ehrlich gemeint sein konnten – wurden uns Eure Konzepte, also Work-Life-Blending und Work-Life-Balance, »angeboten«. Hinzu kam, dass sich eine gewisse Flexibilität einschlich, die allerdings von den Arbeitgebern diktiert wurde, nicht von uns -nehmern: Wenn mal weniger zu tun ist, klar, raus mit Euch, ab ins Café, dort dürft Ihr ganz entspannt arbeiten. Wenn aber das Arbeitspensum steigt, müssen alle verstärkt mit anpacken und Überstunden schieben. Findet den Fehler. Wir sind hier gar nicht flexibel, während das Unternehmen fein abgesichert ist. Wenn wir in stressigen Zeit keinen Anspruch mehr auf Freizeit haben, verlieren wir. Denn dass wir bei weniger Stress vom Café aus arbeiten dürfen, bedeutet, wir sitzen woanders – arbeiten aber dennoch.
Wenn Chefs sagen, es ist ihnen egal, wo und wann ihre Leute arbeiten, solange alles erledigt ist und die Zahlen stimmen, klingt das in vielen Fällen leider nur beim ersten Hinhören perfekt.[6] Beim zweiten ist uns aufgefallen, dass wir daraus nicht das Beste machen. Das Beste wäre vierzig Stunden arbeiten, egal wo, wann und wie, und alles erledigen.

Konsequenzen ziehen – und Grenzen

Wir haben unsere Vorgänger beobachtet, aus ihren Erfahrungen gelernt. Sie haben uns sozusagen den Weg geebnet mit diesen großen Forderungen nach Balance oder Blending, die sie und Euch dann völlig überfordert haben. Und mit denen sie sich haben für dumm verkaufen lassen. Wir – insbesondere die Generation Z – werden dem Ganzen einen Riegel vorschieben, völlig zu Recht. Unsere Strategie kann als Work-Life-Separation bezeichnet werden: Wenn es uns allen – Arbeitnehmern und Arbeitgebern – an Disziplin mangelt, beide Seiten zu vermengen, ohne dass eine verloren geht, dann muss es eben doch die strikte Trennung sein: Arbeit von acht bis sechzehn Uhr, mit Desktop-PC und Firmenhandy im Büro, danach ab nach Hause und Feierabend, laut Arbeitszeitgesetz elf Stunden Ruhezeit.[7] Nicht die kleinste Aufgabe oder Notiz mitgenommen, es wird wirklich abgeschaltet, um am nächsten Tag wieder voll konzentriert an die Arbeit zu gehen.
Nein, so unrealistisch wird es nicht ablaufen. Wir wehren uns außerdem dagegen, dass erstens sich wieder mal jeder in der Generation gleich verhalten muss und Ihr solche Modelle nicht individuell mit uns ausmachen könnt. Und zweitens, dass wir unsere Balance in die von Euch vorgegebenen Zeitfenster pressen sollen, wenn beispielsweise Unternehmensserver ab achtzehn Uhr heruntergefahren werden und man nicht mehr an seine Daten kommt.[8]
Es gibt genügend Aufgaben, bei denen es nicht möglich ist, alles stehen und fallen zu lassen. Aber es gibt auch eine Menge, bei denen es geht. In Relation zu anderen Lebensinhalten kann vieles warten, ist vieles nicht so weltbewegend, wie mancher einen glauben machen möchte. Klar, es kann Engpässe geben, Hochzeiten, bei denen zusätzliche Energien benötigt werden. Doch hier müsst Ihr lernen, dass die Digitalisierung alles schneller und zugänglicher macht – auch die Planung. Es kann und muss heutzutage nicht mehr sein, dass Ihr uns erst zwei Stunden vor Feierabend mitteilt, dass am selben Tag Überstunden anstehen, und zwar mehrere. Big

Data, Dokumentation & Co. machen es in nicht wenigen Fällen möglich, Tage, Wochen und Monate vorher abzusehen, wann es eng wird. Über die schlauen Tools zum Projektmanagement habe ich bereits gesprochen, durch sie wird erkennbar, wann was passieren wird – und man kann rechtzeitig handeln, vorbereiten und planen.[9] In Kombination mit flexiblen Arbeitszeitmodellen wird gutes Arbeiten für beide Seiten möglich.

Arbeitszeitmodelle und warum wir welche mögen

Sehen wir uns einmal an, welche Modelle es gibt – und welche uns besonders zusagen. Die Mehrzahl davon ist Euch sicher bekannt – wir hoffen es jedenfalls. Weniger vertraut sind einigen von Euch hingegen unsere Vorlieben, deshalb macht es durchaus Sinn, ein paar Kommentare zu den Konzepten zum Besten zugeben.

Vertrauensarbeitszeit (versus Stechuhr)

Das Wort ist klingt nett – und dahinter steckt ein bereits recht weit verbreiteter Standard sowie die mittlerweile bekannte Krux von Selbstorganisation und -disziplin. Niemand schreibt Stunden (in manchen Unternehmen nicht einmal die Urlaubstage) auf; es wird darauf vertraut, dass die Arbeit erledigt wird. Keine Kernzeiten (wie bei der Gleitzeit), manchmal auch keine Ortsvorgaben. Wie viel wir in welchem Umfang arbeiten, steht auf einem anderen Blatt – beziehungsweise eben nirgends. Und so verheddern wir uns schon mal, weil uns doch so vertraut wird, in Überstundenbergen – die dann doch gar keine sind, weil nicht aufgeschrieben. Zudem werden die frühen Vögel oft dumm angeschaut, wenn sie um fünfzehn Uhr gehen möchten. Ebenso wie die fleißigen Bienchen, die massig Überstunden gemacht haben und diese abfeiern wollen, aber dank des großen Vertrauens nichts nachweisen können. Oder solche, die schon in der Bahn, bei der Fahrt ins Büro, Aufgaben erledigen, aber dennoch acht Stunden bleiben sollen. »Ach, ihr könnt kommen und gehen, wann ihr wollt, aber Meeting A ist um neun, Meeting B um achtzehn Uhr – und der Chef braucht vor morgen früh dringend noch die Unterlagen.«

Gut, nicht nur Selbstdisziplin ist nötig, auch gut koordinierte Absprachen mit den Kollegen sind hierbei Voraussetzung, sonst geht das vertrauensvolle Arbeiten gar nicht. Ist Kontrolle dann vielleicht doch besser? Wer hätte gedacht, dass Digital Natives so etwas sagen würden? Wir sagen es, weil wir gerne arbeiten und uns nicht immer im Griff haben. Grundsätzlich gefällt uns das Modell aber durchaus, besonders mit Familie, vielen Hobbys oder in Führungspositionen: Und unsere Leistungsbereitschaft bleibt hoch. Ein Unternehmen mit dieser Offenheit boykottieren wir nicht, dennoch sollten beide Seiten die Probleme ansprechen und sich regelmäßig absprechen, um zu erkennen, wann Vertrauen herrscht und wann reiner Leistungsdruck.[10]

Ebenso problematisch ist bei flexiblen Strukturen, dass so mancher sich verausgabt. Hier muss die Führung mit Feedback und in engem Kontakt mit den Mitarbeitern einschreiten. Vielleicht sollten es auch die Kollegen tun, wenn es nachteilige Tendenzen gibt. Nein, beruhigt Euch, das ist nicht schrecklich und anstrengend, es ist spannend und mutig. Damit ein solches Modell funktioniert und wir nicht alle zu ausgebrannten Smombies werden, braucht es eine echte, tiefe Verankerung von Vertrauen in der Unternehmenskultur. Und starkes Selbstbewusstsein sowie eine hohe Selbstverantwortung jedes einzelnen Mitarbeiters. Es braucht Achtsamkeit für sich selbst und für die Kollegen. Zudem sind Projektziele unbedingt zeitlich abzustecken, um stressige Phasen absehbar zu begrenzen und Luft für den Ausgleich zu schaffen. Ob Balance oder Blending: Wir müssen unsere Selbstachtung wahren und uns zu Pausen ohne Job, zu echter Erholung und Ablenkung zwingen.[11] Die eigene Erholung im Auge zu behalten, sich nicht zu überarbeiten und genügend Unterbrechungen zu machen, ist für jeden Einzelnen dringend notwendig – und damit umzugehen, müssen wir alle lernen.

Da liebäugeln wir wieder mit der altbekannten Stechuhr, wenn auch digital: Digitale Logins und Apps, die minutengenau festhalten, wie lange wir an was arbeiten, ersparen uns das Rechnen – und das schlechte Gefühl, vielleicht doch zu wenig zu arbeiten oder Überstunden abzufeiern. Beispielsweise die App »Timing« (für Mac-User) oder »ManicTime« (für Windows) zeigen minutengenau an, wie viel Zeit man mit welchem Dokument, auf welchen Webseiten und mit welchen Mails verbracht hat.[12] Ah, da kommt der Aufschrei der Datenschützer. Ganz ruhig, all das soll natürlich niemand anders als ich selbst sehen. Und die App hilft enorm, um die eigene Arbeit und Produktivität besser einschätzen zu können. Die Tools helfen uns, einen Überblick zu behalten.

Was früher beim Arbeitnehmer verpönt war, wird heute interessanterweise vom Arbeitgeber gar nicht so gern gesehen, denn reine Anwesenheit bedeutet noch lange nicht Produktivität. Doch auch hier lassen wir mit uns reden – und vergesst nicht, dass Ihr ein neues Menschenbild habt: Ihr geht nicht mehr grundsätzlich davon aus, dass Eure Leute gar nicht arbeiten wollen und die halbe Zeit auf Facebook herumdaddeln. Das tun sie nämlich nicht, das können sie während ihres Feierabends machen – wenn sie denn auch einen haben.

Lebenswertkonto

Auf den ersten Blick mögen Arbeitszeitkonten veraltet wirken und starr klingen, vielleicht kam auch deshalb der Begriff »Wertguthaben« hinzu. Diese Lebensarbeitszeitkonten treffen recht präzise unser Sicherheitsdenken sowie unseren Wunsch nach Wachstum und Entfaltung. Alle Arbeitsstunden werden hierbei addiert und sämtliche Überstunden in einem dokumentierten Zeitmanagementsystem gesammelt. Für eine Auszeit, ein Sabbatical, eine Kinderpause, das Studium, das Start-up oder das ehrenamtliche Projekt. Je länger das Konto besteht, desto größer die Flexibilität – und die Bindung.

Bei der aktuellen Fluktuation bleibt eine Grundspannung: Wann lässt sich so etwas tatsächlich noch realisieren? Und ab wann können wir wirklich damit planen? Wenn wir »on board« sind? Nach einem Jahr, nach zwei Jahren? Die Unternehmen können sich freuen, wird die Personalplanung doch so vereinfacht und längerfristig möglich. Sie können ihre Personalauslastung dem Markt anpassen, bleiben im Wettbewerb und sichern sich fließende Übergänge bei Rentnern. Manche Unternehmen bezuschussen die Guthaben sogar, um den Anreiz zu steigern. Ähnlich wie die Altersvorsorge kann ein Wertguthaben zum neuen Arbeitgeber mitgenommen – wenn dieser ein ähnliches Modell verfolgt –, in die Rentenversicherung eingezahlt oder direkt ausgezahlt werden.[13]

Apropos Rente: Bei uns äußert sich hier wieder unser ganz eigenes Sicherheitsdenken: Ein abstraktes Hinarbeiten auf ein ungewisses Ziel ist nicht immer unsere Methode des Glücks. Im Hier und Jetzt leben hingegen schon eher. Ob das Lebensarbeitszeitkonto nun für eine Weltreise zwischen zwei Angestelltenverhältnissen, für die Anzahlung eines Familienhauses oder das Studium der Meeresbiologie genutzt wird, ist dabei unwichtig. Diese Konten haben mehr als Hand und Fuß und bringen für beide Seiten Vorteile, dennoch sind sie nicht gang und gäbe – warum eigentlich nicht?

Mehr Zeit

Eines der ältesten und bekanntesten Modelle ist die Teilzeit. Hauptsächlich Teilzeit für Mütter. Dann musstet Ihr erfahren, dass inzwischen auch werdende Väter oder Kinder, die sich um ihre pflegebedürftigen Eltern kümmern, Teilzeit einfordern. Der Clou: Es gibt keinen. Arbeitet man 75 Prozent, erhält man 75 Prozent Lohn, bei

50 Prozent eben 50 Prozent. Für die Rentenkasse gilt dasselbe, aber nun gut, mit einem Arbeiten bis siebenundsiebzig haben wir uns ohnehin abgefunden – oder denken nicht darüber nach. Dennoch: Es ist oftmals schwierig, im selben Betrieb wieder auf die hundert Prozent zu kommen, sodass viele wechseln (müssen) – willkommen zurück im Spiel mit unserer Reiselust.
Dabei lässt sich das Teilzeit-Konzept flexibel weiterdenken und nutzen: Vier-Tage-Woche, jeden Tag x Stunden Freizeitgewinn oder alle zwei Wochen eine Woche frei. Kombiniert mit unseren Lebenswertkonten entfaltet das eine besondere Attraktivität: So kann es auch die »unsichtbare Teilzeit« sein oder »Teilzeit Invest«, wie das Bundesministerium für Arbeit und Soziales es nennt: Vollzeit arbeiten, Teilzeit bezahlt werden und die Differenz wandert auf unser Wertguthaben- oder Arbeitszeitkonto – und schon wären wir beim Sabbatical.[14] Was ebenso bedeutet: Ihr könnt Eure Mitarbeiter für bis zu vier Jahre binden, wenn sie zum Beispiel nach drei Jahren ins Sabbatical gehen. Habt Ihr in den ersten drei Jahren nicht alles andere falsch gemacht, werden diese Mitarbeiter wiederkommen. Mit erweitertem Horizont und sprühend vor Energie. Win-win.
Einer der angesagten Friseure in Stuttgart erzählte mir während einer Konferenz, früher hätten die Azubis noch Schlange gestanden und nach der Ausbildung um ihre Übernahme gebangt, während sich heute ein ganz anderes Bild abzeichne. Im Ausbildungsabschlussjahrgang 2016 hatte dieser Friseur dreien von vier Azubis die ersehnte Übernahme angeboten. Alle drei unterschrieben freudestrahlend den Vertrag ihrer ersten Festanstellung – und suchten wenige Wochen vor dem ersten Arbeitstag als Gesellen ein Gespräch beim Chef: »Ich möchte doch noch mein Abi nachmachen, eine zweite Ausbildung anfangen und parallel studieren.« Mit allen dreien führte er identische Gespräche. Früher wäre er noch erbost gewesen (er war es letztlich auch dieses Mal), doch jetzt sah er: Er hatte keine andere Wahl, er fand keine anderen Gesellen (auch der vierte Azubi hatte schon eine andere Anstellung). Also baute er die

Dienstpläne um die Stunden- und Studienpläne der drei neuen Mitarbeiter herum. Taschengeld für das Studium verdienen, Erfahrungen sammeln, Bindung aufbauen. »Und wenn sie sich die Hörner abgestoßen haben«, sagte er, »kommen sie vielleicht doch wieder Vollzeit zu mir zurück.« Win-win.

Wieso aber eigentlich 50 Prozent Arbeit(szeit) bei nur 50 Prozent Lohn? Überdenkt auch mal eine Zeitreduzierung bei eventuell gleicher Bezahlung – natürlich nur, wenn Ihr wirklich motivierte und richtig gute Mitarbeiter sucht. Beim US-Unternehmen Tower Paddle Bord hat Gründer Stephan Aarstol den Fünf-Stunden-Tag eingeführt, für alle elf Mitarbeiter und ihn selbst.[15] Denn seiner Meinung nach wird ohnehin nur zwei, drei Stunden effektiv gearbeitet, der Rest sei vergeudete Zeit, keine Arbeit, also könne man die auch anderweitig verbringen. Ohne schlechtes Gewissen, ohne Murren, ohne Gewinnreduzierung. Ganz im Gegenteil. Die Umsätze sind um 40 Prozent gestiegen und das Unternehmen ist weiter im Wachstum, seitdem das Team um dreizehn Uhr Feierabend macht. Klar, die zwei, drei Stunden produktives Schöpfen müssen am Stück erfolgen und es gibt auch mal Aufgaben oder Auftragslagen, die das Übernachten im Büro erfordern – aber daran kann man sich gewöhnen, hat man doch genug Zeit, um sich zu erholen. Hatte ich schon erwähnt, dass Aarstol zudem fünf Prozent der Gewinne an seine Leute verteilt und der Stundenlohn sich fast verdoppelt hat?

Geteilter Job ist doppeltes Leben

Eine spannende Weiterentwicklung des Teilzeitmodells ist das Jobsharing. Es ermöglicht auch den verklemmteren Unternehmen, denen Lebenswertkonten und die klassische Teilzeit schon zu flexibel sind, uns zumindest einen Millimeter entgegenzukommen – und dabei selbst zu profitieren. Die Rechnung sieht in etwa so aus: 0,5 + 0,5 = 1,5. Zwei Mitarbeiter teilen sich eine Stelle (falls Ihr überhaupt noch Stellen und nicht schon Rollen habt). Ihr habt ein wenig mehr (Lohnneben-)Kosten, aber dafür mehr Elan – und vor allem doppelte Kompetenz und doppelten Input!

Einer Studie zufolge wurden 2016 lediglich 0,01 Prozent der Stellenausschreibungen auf einer Online-Jobbörse mit Jobsharing angeboten.[16] So traurig das auch klingt, das Angebot steigt monatlich immerhin um 70 Prozent: Konnten im Juli 2015 ganze neun Jobsharing-Angebote ausgemacht werden, sind es ein Jahr später 137, also fünfzehnmal mehr.[17] Das lässt hoffen, zeigt aber auch, dass es erst richtig haarig werden muss, bevor neue und alternative Wege beschritten werden: Die genannten Stellen finden sich nämlich in Branchen, bei denen der Fachkräftemangel besonders hoch ist. Behörden, gemeinnützige Einrichtungen, Handel und Gesundheits-/Sozialwesen verstehen anscheinend schneller, dass diese neuen Strukturen gut funktionieren und ihnen helfen. Ärzte, Ingenieure, IT-Experten sowie Verwaltungsangestellte und Sachbearbeiter haben jedenfalls die größten Chancen, dieses Arbeitsmodell zu realisieren. Auch wenn die Zahlen in ihrer Größenordnung seltsam surreal klingen, ist es ein Anfang und sollte hochgelobt und weiter gefördert werden.

Dass die Frauenquote beim Jobsharing erheblich höher liegt als die Männerquote, wird kaum jemanden verwundern. Für viele Frauen der Generation Y gehört die eigene Familie zu ihren Zielen. Männer haben inzwischen durchaus ähnliche Interessen und Prioritäten gesetzt, dennoch: Frauen sind zumindest (noch immer) konsequenter in der wohldurchdachten Kombination von Beruf und Familie.[18] Ihr könnt Eure Diversity-Quote halten, die Besten der Besten auswählen, sie aus- und fortbilden, fördern, zufriedenstellen – und als Mütter wieder reinholen. Ohne dass sie einen Karriereknick haben, Euer Unternehmen leidet oder aufwendig umbesetzt und bei null begonnen werden muss. Und nicht nur für Mütter und junge Familien generell ist Jobsharing eine extrem aussichtsreiche Chance, die diese sinnlose Entscheidung »Familie oder Beruf« gar nicht erst aufkommen lässt. Die uns nicht die Bilder unserer eigenen Eltern wieder vor Augen hält, bei denen immer nur einer – na ja, meist eben nur die eine – da war und uns aufgezogen hat, während der andere fast nie Zeit hatte, weil er schuften musste.

Die heutigen jungen Eltern sind schon auf dem Weg zur verbesserten Familienvereinbarkeit. Es wird allerdings Zeit, dass dieser weniger Fallen bereithält. Das gilt aber auch für alle anderen Wege: Wenn mal wieder ein Kandidat extrem gut auf Eure ausgeschriebene Stelle passt, die Stelle aber extrem schlecht in seine Lebenszeitplanung, könnte Jobsharing die Lösung sein. Für diejenigen, die parallel noch ein Start-up hochziehen, parallel ein Studium beginnen, ihre Eltern pflegen oder ein Buch schreiben möchten. Kurz, es ist perfekt für Leute aus jeder Generation, die noch etwas anderes machen möchten, müssen oder können.

Für Unternehmen kann Jobsharing nicht nur die Bindung junger Mütter bedeuten, sondern auch ein reizvolles Mittel für innovatives Wissensmanagement darstellen. Ein junger, digitalaffiner und ein älterer, traditioneller, sehr erfahrener Mitarbeiter in einem Team. In einem Job, auf einer Stelle. Mit Arbeitszeitüberschneidung für den Austausch und die Vermehrung von Wissen, Knowhow – und Leben. Mittlerweile haben führende Mütter ebenso wie führende Mittfünfziger gezeigt, dass selbst geteilte Führung funktioniert. Klar, die Leute müssen gut kommunizieren und organisieren können und sich vertrauen – aber das sollten ohnehin alle mit der richtigen Kultur.

Übrigens scheint dieses Konzept in einem weiteren Sinne die Arbeit von morgen oder gar übermorgen zu sein: In Europas Unternehmen findet Jobsharing durchschnittlich allerdings zu 25 Prozent statt.[19] Herrje, gut Ding will Weile haben, ja, und bei flexiblen Arbeitszeiten und Teilzeit sind wir in Deutschland durchaus schon besser geworden. Aber manchmal erscheint es grotesk, wie viel Scheu vor Neuem (in Europa ist Jobsharing seit den Achtzigerjahren bekannt, so viel zu neu[20]) doch in Euch steckt und Euch vom eigenen Glück abhält.

Die Gründerinnen der Online-Vermittlungsplattform »Tandemploy« waren 2013 so begeistert vom Jobsharing, dass sie die Idee professionell umsetzten. Heute sind mehr als 1400 Frauen und 600 Männer auf ihrer Plattform registriert, die im Tandem arbeiten wollen. Hier kommt zusammen, was zusammengehört – für Euch ebenso wie für uns! Ob Führungskraft oder nicht, ob mit Familie oder zeitaufwendigem Hobby, ob Arzt oder Bäcker, es kann funktionieren und es bietet dem Unternehmen mehr Sicherheit und mehr Arbeitskraft. In traditionell ausgerichteten Köpfen wird Jobsharing noch immer als verrückt, zu teuer und völlig ineffizient abgestempelt. Error. Für uns und die nachfolgenden Generationen wird dieses Modell mehr als interessant bleiben. Unser professionelles Interesse an guten Kollegen sowie an einer produktiven Grundstimmung wird dieses Konzept vorantreiben. Also macht was draus.

Es ist nicht alles neu, was glänzt

Niemand muss die genannten Konzepte eins zu eins übernehmen, das ist auch gar nicht der Punkt. Entscheidend ist, sich einzugestehen, dass vieles möglich ist. Und Ihr die Wahl, Euch damit zu beschäftigen oder nicht, schlichtweg nicht mehr habt. Gesteht Euch ein, dass neue Ideen kein Realitätsverlust von uns bedeuten, vielmehr ist es die Angst vor Neuem von Eurer Seite, die alles schwieriger macht. Niemand erwartet, dass Ihr Versprechen gebt, die nicht zu halten sind. Wir erwarten nicht die geringsten Arbeitszeiten oder ein absolutes Fehlen von Vorgaben (oder gar Kontrollen). Vielleicht müsst Ihr nur hier und da an Stellschrauben drehen.
Wenn Ihr wollt (und Euch traut), könnt Ihr Euch – neben den genannten Modellen – auch eigene, auf Euch zugeschnittene Strukturen ausdenken. Der Clou ist auch hier: Verbarrikadiert Euch nicht in Euren Chefbüros und denkt Euch mühsam Konzepte aus, die dann keiner will. Geht raus, überlegt gemeinsam mit Euren Mitarbeitern und findet individuelle Lösungen. Lösungen, die weder

Euch noch die Mitarbeiter einengen oder in Not bringen. Kultur und Kommunikation können so viele Probleme lösen, herrlich.
Denn Schichten lassen sich immer optimieren und variabler gestalten (eventuell, indem jeder Mitarbeiter seine Wünsche in ein neues Tool eingibt und dieses dann fair und automatisch versucht, alles zu berücksichtigen), Arbeitszeiten auf Wochen- oder Monatsbasis begleichen, Strukturen nach den Vorlieben der Mitarbeiter entwickeln. Die einen legen viel Wert auf ihre nachmittäglichen Vereinsmeetings, die anderen auf gesunden Schlaf am Morgen – könnte man die beiden Mitarbeitergruppen nicht ergänzend einsetzen, anstatt darauf zu bestehen, dass jede alle Schichten abwechselnd macht? Oder könnte man nicht anderen in ihren Hochphasen Überstunden zugestehen, die sie dann am Stück im nächsten Monat abfeiern? Oder jeden Morgen oder jeden Freitag? Neid wird es bei einem guten Klima nicht geben, hervorragende Arbeit aber schon – und wenn nicht, lässt sich das auch wieder ändern.
2016 ließen 72 Prozent der Arbeitgeber immerhin schon Teilzeit zu (wow, gibt es also in diesen Unternehmen eine auf Teilzeit angestellte Reinigungskraft? Respekt!), individuell vereinbarte Arbeitszeiten finden wir bei 56 Prozent, Vertrauensarbeitszeit bei 44 Prozent der Unternehmen. Flexible Tages- und Wochenarbeitszeit scheint sich mit 51 Prozent ebenso durchzusetzen.[21] Flexible Jahres- oder Lebensarbeitszeit, Telearbeit und Jobsharing haben einen noch etwas weiteren Weg vor sich, aber es gibt sie hier und da. Da weiß man nicht, ob man lachen oder weinen soll, die Zahlen könnten heute wirklich schon höher sein.
Früher hättet Ihr dazu noch gesagt: »So ein Blödsinn, wir haben hier ein Unternehmen zu führen.« Aber die Wahrheit ist: Ihr könnt Euch eine solche Arroganz heute nicht mehr leisten. Das musste auch beispielsweise der Geschäftsführer eines Marmeladenherstellers im tiefsten Niedersachsen erfahren. Bei ihm stellen sich (Fach-)Kräfte schon lange nicht mehr von selbst vor, nur durch entsprechende Anstrengung der gesamten Führungsmannschaft – und bei vierhundert Mitarbeitern ist das eine enorme Anstrengung.

Dennoch war der Geschäftsführer 2016 zunächst erstaunt, ja fast erbost, als eine junge Mitarbeiterin sein Angebot einer Gehaltserhöhung mit der Frage nach mehr Urlaub konterte. »Was? Wir müssen hier schließlich ein Unternehmen am Laufen halten! Wenn da jeder käme! Das habe ich ja noch nie gehört!« Das dachte er sich zum Glück nur. Denn nach etwas Bedenkzeit schaffte er es, sich seine Situation und die Wünsche der digitalen Generationen zu vergegenwärtigen: acht Tage mehr Urlaub oder erneutes Recruiting-Verfahren, zumindest über kurz oder lang. Das Ergebnis war ein Mittelweg, der heute beide zufriedengestellt und zudem im gleichen Boot gehalten hat. Ich werde nicht müde, das zu sagen: Win-win.

Am Ort des Geschehens, ob analog oder digital

Nach der Zeit geht es nun um den Ort des Geschehens. Feng-Shui XXL für produktives Arbeiten, wenn man so will. »Moderne Bürokonzepte« sind vielleicht noch nicht in aller Munde, doch sie sollten es sein und sie liegen im Trend. Microsoft hat mit Eröffnung seiner neuen Deutschland-Zentrale im Herbst 2016 für viel mediale Aufmerksamkeit gesorgt: Es gibt nur halb so viele Arbeitsplätze wie Mitarbeiter (zwei Drittel der Beschäftigten sind ohnehin immer im Homeoffice oder beim Kunden) und für niemanden gibt es fest zugewiesene Schreibtische oder gar Büros (lediglich eigene Schließfächer).[22]

Wohlbefinden, Gesundheit, Ordnung, Ruhe, Nähe und, und, und: Was ist wirklich wichtig beim Arbeitsort – und was könnt, sollt und wollt Ihr in welchen Arbeitsbereichen umsetzen? Und wer muss, soll, darf überhaupt noch ins Büro kommen – und wer sollte nicht besser ständig telearbeiten? Anwesenheitspflicht macht schließlich bei vielen Aufgaben und Anforderungen nicht immer Sinn, weder bei Selbstständigen noch bei Angestellten. Es geht ums Wachsen, um Lösungen, Ergebnisse, schon vergessen? Wer fragt da ernsthaft nach, an welchem Ort die Lösung gefunden wurde? Der eine braucht die eigene Dusche, um Zusammenhänge zu erkennen, der andere die Runde durch den Wald, der Dritte eine Rückkehr ins Büro. Und zurückkehren werden wir alle, wenn die Möglichkeiten und Bedingungen gut und förderlich sind.

Telearbeit – mit allem, was dazugehört

Manche Aufgaben oder Projekte laden regelrecht dazu ein, nicht ins Büro zu gehen. Um sich besser konzentrieren zu können, um produktiv zu sein. Oder um ein Miteinander von Arbeit und dem Rest unseres Lebens zu kreieren und sich dabei die Anreise ins Büro zu sparen (und die Zeit besser einzusetzen). Mittels Digitalisierung und Informationstechnologie können wir einfach und effizient von zu Hause aus arbeiten. Steuerfachangestellte, E-Commerce-Teams, Designer, Informatiker, Ingenieure, Autoren und viele mehr, ja eigentlich alle, die »EDV-gestützt« arbeiten, müssen nicht in einem (Großraum-)Büro sitzen. Ihr nennt es: Telearbeit.
Weil es geht und nichts dagegenspricht, sondern uns eher hilft, sehen wir nicht mehr ein, zu Euch in Eure Betonbunker (mit den miefenden Teppichen) zu kommen. Oder gar für Euch umzuziehen. Weil es »schon immer« so war? Nein. Wir fordern parallel zu den flexiblen Arbeitszeiten entsprechend flexible Strukturen, was unseren Arbeitsort betrifft. Nicht als Ausnahmegenehmigung, über die es zu verhandeln gilt, nicht als großzügiges Incentive, sondern als selbstverständliche Grundvoraussetzung.
Natürlich sollten Ärzte das Blut in der Praxis abnehmen – wobei, was spricht gegen Radiologen, die ihre Röntgenbilder im Homeoffice befunden? – und der Pizzaofen sollte schon im Restaurant bedient werden. Und vielleicht macht auch einmal die Woche ein Jour-fixe-Meeting über Skype Sinn, das wollen wir gar nicht anzweifeln. Das ist nicht der Punkt. Es geht hier nur um die Tätigkei-

ten, bei denen eine Anwesenheit nicht zwingend notwendig ist. Und das sind, wenn man es sich genauer anschaut, verdammt viele. Und auf der anderen Seite könnten viele von uns wunderbar mit digitalen Kanälen umgehen, uns fällt es nicht schwer, über Distanzen hinweg in Unternehmensstrukturen hineinzuwirken. Ebenso können wir immer mal wieder von zu Hause aus unseren Beitrag leisten, denn wirklich allein sind wir ja nicht – das Team ist schließlich nur wenige Klicks entfernt. Die richtigen Softwarelösungen vorausgesetzt. Wenn wir dem Kollegen im Nachbarzimmer von der anderen Seite der Erdkugel eine Aufgabe, Slack-Meldung oder Mail schicken oder wir uns via Video bei einer Konferenz zuschalten, macht es keinen Unterschied, ob wir es von Euren Betonbunkern, aus dem heimischen Garten oder dem Coworking Space auf der Weltreise tun.

Bei all dem Freiraum und den Freiheiten bezüglich der Orte darf die Technik nicht vergessen werden. Das wäre ja albern, wenn Ihr Euch dabei Mühe gegeben hättet – und all die tollen Tools nur im Büro funktionierten. Eure Mitarbeiter zu Hause arbeiten zu lassen, ihnen aber ein Notebook und/oder die Zugänge zum Intranet oder zu Wiki außerhalb der Unternehmensgebäude zu verweigern, schafft mehr Probleme als Lösungen. Klare Absprachen bezüglich Erreichbarkeiten sind genauso wichtig, damit sich niemand vergessen oder verlassen fühlt. Mit den bereits erwähnten Team-Tools kann jeder auf dem Laufenden bleiben, sich einbringen, Fragen beantworten, Feedback geben, und zwar ohne vor Ort zu sein. Aber spart Euch bitte Kontrollanrufe, produktiver wird davon niemand, weder Ihr noch wir. Lasst uns im Zweifel den Mittag doch im Park verbringen. Wenn wir danach bis einundzwanzig Uhr am häuslichen Schreibtisch sitzen und liefern, hat es nicht geschadet.

Bei der Otto Group beispielsweise können Mitarbeiter flexibel von zu Hause aus arbeiten – im Flex-Office. Keine fixen Regelungen und Einschränkungen bezüglich der Arbeit daheim, alles wird individuell mit den Chefs abgesprochen und auf die Bedürfnisse der Mitarbeiter ausgerichtet, wenn es für sie und ihre Aufgaben Sinn macht. Parallel ist in dem Unternehmen mit mehr als 4000 Mitarbeitern eine neue Vertrauenskultur entstanden. Die Flex-Office-Nutzung liegt bei 24 Prozent der Berechtigten, während das Überstundenaufkommen der Gruppe gesunken ist – und die Kosten sich im Rahmen halten.[23] Ja, so gefällt uns das. Übrigens hat das Unternehmen noch jede Menge anderer Arbeitszeitmodelle, Kinderferienprogramme, Ad-hoc-Betreuung und eine offene Außenkommunikation auf Facebook.[24] Warum ich das hier erwähne? Weil offensichtlich werden muss, dass Ihr Euch nicht einfach nur ein Puzzlestück der New-Work-Welt aussuchen könnt in der Hoffnung, damit wäre schon alles getan – und der Nachwuchs geködert. Das Puzzle als solches sollte schon erkennbar sein, die Stücke ineinandergreifen.

Mut – und Verantwortung

Zwar haben 94 Prozent aller Homeofficers ihre Vereinbarkeit von Familie und Beruf erheblich verbessert und im Schnitt 4,4 Stunden Zeit pro Woche gespart, weil sie nicht mehr zum Büro fahren. Dennoch ist die Verbreitung des Puzzlestücks Homeoffice in Deutschland nicht berauschend: Bislang sind es nur sechs bis acht Prozent, die zu Hause arbeiten,[25] und nur 22 Prozent, die das Konzept gut finden – Tendenz sinkend![26] Nanu? Die Leistungen steigen, die Pausen werden kürzer, aber entspannter, die Konzentration höher, die Zufriedenheit auch, warum also schreit nicht jeder nach diesem Konzept, Arbeitgeber wie Arbeitnehmer?[27]
Es könnte an einer Herausforderung liegen, mit der wir auch schon beim ROWE und den Arbeitszeiten kämpften: Wo Freiheiten entstehen, braucht es Verantwortung, für jeden Einzelnen, für die Selbstorganisation und die Disziplin. Durchschnittlich sind wir Homeofficers allein und deswegen wohl geneigt, im Zweifel immer mehr zu arbeiten als zu wenig.[28] Die Tage verlieren an Struktur, wenn sie niemand vorgibt. Gut, es macht auch keinen Sinn,

wenn ich zu Hause von neun bis siebzehn Uhr am Schreibtisch sitze und mich nicht flexibel bewegen darf. Dennoch muss die Gefahr wahrgenommen werden, keinen Feierabend zu haben – und vor allem kein gutes Gefühl, wenn man ihn einläuten möchte. Also: Zeitpläne machen, Ablenkungsgefahren erkennen und minimieren, klare No-go-Arbeitszeiten festlegen, richtig gut organisieren. Und nie vergessen, viel miteinander zu kommunizieren, ob über Tools, telefonisch oder beim Jour fixe im Büro. Gerade die Generation Z besteht auf klare Grenzen und einen echten Feierabend, sie lässt sich nicht darauf ein, ständig den Laptop auf den Knien zu haben.[29]

Für die Arbeitgeber sind Selbstkontrolle und bewusstes Handeln hierbei genauso unerlässlich, denn scheinbar nehmt Ihr die Produktivitätssteigerungen gerne an, gebt dafür aber nichts zurück: In den USA erhalten Homeofficers seltener Gehaltserhöhungen und werden nicht so häufig befördert.[30] Aus den Augen, aus dem Sinn? Kein Wunder, dass Arbeitnehmer dann lieber weniger motiviert im Büro erscheinen, als zu Hause alles zu geben. Dies wäre eine passende Stelle, um nochmals auf Feedback zu sprechen zu kommen: Ihr könnt es gebrauchen, wenn Ihr solche Fehler reduzieren wollt, seht es endlich ein. Es lohnt sich, die Zahlen über Steigerung von Zufriedenheit und Produktivität sprechen für sich. Deshalb: nur Mut!

Flexibilität hoch zwei

Mögliche mangelnde Selbstdisziplin ist nicht der einzige gute Grund, warum wir uns nicht alle darum reißen, ständig allein zu Hause am Schreibtisch zu sitzen. Das gemeinsame Arbeiten ist gerade uns digitalen Generationen extrem wichtig, nur im Team gelangen wir ans Ziel! Austausch und Team-Spirit sind uns zu wertvoll, als dass es reicht, unsere Kollegen nur alle vier Wochen oder vier Monate zu sehen. Und so kommen wir für Euch oft unerwartet trotzdem gerne und regelmäßig ins Büro. Eine attraktive, inspirierende und produktive Umgebung vorausgesetzt.

So verstehen wir Flexibilität: Wir wollen uns nicht entscheiden, ob wir im Büro oder zu Hause, ob wir im Team oder allein arbeiten müssen. Sondern wir wollen alles so nutzen, wie es tagesaktuell am sinnvollsten ist. Erfordert es die Projektphase, gemeinsam und in enger, schneller Absprache zu agieren, hocken wir liebend gerne im Büro, wenn es sein muss auch nach offiziellem Dienstschluss mit Pizzakartons. Geht es um Einzelaufgaben, die konzentriert und losgelöst voneinander bearbeitet werden müssen, können wir jedoch sehr gut zu Hause bleiben und vor uns hin ackern. Zu Meetings und Terminen wählen wir uns per Webcam ein. Manchmal suchen wir dafür auch das Büro auf, doch das muss nicht jeden Tag sein. Es reicht hin und wieder, um dann anschließend gemeinsam in die nächste Phase einzusteigen. So oder so stehen wir bei allen Schritten mit unseren Kollegen eng zusammen, wenn auch manchmal im übertragenen Sinne.

Für uns zählt: immer selbst die Wahl zu haben. Daheim, wenn Tätigkeiten und/oder Familie es erforderlich machen, im Büro, wenn wir schnell kommunizieren und uns austauschen müssen oder andere Ideen brauchen. Wenn Ihr Homeoffice anbietet oder fordert, weil Ihr Geld sparen könnt und mit Euren Leuten nicht reden möchtet, lasst es besser bleiben. Ist es jedoch eine Alternative zum Großraumbürolärm und die Lösung für gewisse Lebensphasen und Projekte oder individuelle Präferenzen, habt Ihr unser Like.

Miet-Arbeiter in Miet-Büros?

Wie könnten Eure Bürokonzepte aussehen, um uns freiwillig möglichst oft vom Heimarbeitsplatz zu den Kollegen zu locken? So viel vorneweg: Was viele von Euch für moderne und attraktive Bürokonzepte halten, sind keine. Doch wer hat Euch diese Flausen überhaupt in den Kopf gesetzt?

Ein Hinweis auf den Ursprung dieses Trends ist – wenig überraschend – bei Start-ups zu finden. Start-Ups entstehen oft in Garagen oder Kinderzimmern und haben somit (klassisch betrachtet) keine sonderlich funktionalen Räumlichkeiten. Oft gleichen sie eher einem Spielplatz für Halberwachsene, mit sich stapelnden Pizzaschachteln, Bierkisten, Hängematten und ein paar Schreibtischen. Und trotzdem (oder gerade deswegen) haben sie coole Ideen, sind kommunikationsstark und locken junge Talente an. Sie zeigen, dass der Arbeitsplatz neu gedacht werden kann.

Steht keine Garage zur Verfügung, entstehen Start-ups gerne auch in Coworking Spaces. Das Konzept hat in den letzten Jahren breites Interesse erregt. Im Grunde handelt es sich um nichts weiter als ein (oder mehrere) Büro unterschiedlicher Größe, in dem einzelne Schreibtische, Besprechungsräume und Briefkästen gemietet werden können. Auf Monats-, Wochen-, Tages- oder Stundenbasis. Meist gibt es in diesen Räumlichkeiten noch eine Kaffeebar, einen buchbaren Telefonservice, vielleicht einen Kickertisch. Sie sind nicht immer in Bürogebäuden (selten in Garagen, so schlimm ist es nicht), innen gern mal abgefahrener als übliche Büroräume. Dieses Ambiente einer industriellen Produktionshalle scheint unter Freelancern und Start-ups, also bei Schreibtischtätern aus den unterschiedlichsten Branchen, mehr und mehr Anhänger zu finden.

Die Idee lässt buchstäblich Raum für Gestaltungsmöglichkeiten, Netzwerke und das eigene Projekt. In diesen Spaces arbeiten alle Miet-Arbeiter für sich – vernetzen sich aber gleichzeitig und profitieren dadurch doppelt. Einige dieser Coworker sind dort anzufinden, um die Grenze »Zuhause« und »Arbeit« klar getrennt zu halten, um sich besser disziplinieren zu können. Andere schätzen den Kontakt zu den übrigen Coworkern in der Kaffeepause oder permanent, wenn man zu sechst in einem großen Raum sitzt. Coworker sitzen in den Räumlichkeiten selbstverständlich nicht stur vierzig Stunden pro Woche ab, sie tauchen dort nur für (un)bestimmte Zeiten oder Phasen auf. Den Rest der Zeit arbeiten sie zu Hause, in Cafés oder sind bei Kunden. Das Ganze hat Potenzial.

Und mittlerweile ist daraus ein passables Geschäft geworden: 2016 arbeiteten bereits mehr als eine halbe Million Leute in Coworking Spaces, 2014 waren es erst rund 200 000, Tendenz steigend.[31] Die Anzahl der Spaces wuchs 2016 um 36 Prozent, weltweit sind es mehr als 7800.[32] Neben Freelancern mieten sich inzwischen auch Unternehmen ein: solche, die für ein paar Monate ein Projekt in einer Stadt ohne eigene Büros haben. Oder für Mitarbeiter, die nicht in der Nähe des Unternehmens leben, aber dennoch Wert legen auf eine Trennung von Büro und Wohnung.

Die Coworking-Dienstleister arbeiten mit modernen Raumkonzepten, die flexibel, sexy und gut ausgestattet sind: Egal, ob ein einzelner Schreibtisch, ein abgetrenntes Büro, ein Besprechungsraum oder ein Event Space gewünscht wird – für jede Aufgabe, für jede Unternehmensgröße und -form kann situativ gewählt werden. Können sich eigentlich Eure Mitarbeiter jederzeit, in jeder Stadt (und natürlich auf Eure Kosten) in einem Coworking Space einquartieren?

Moderne Massenmenschhaltung

Dass Start-ups neben den bekannten Garagen oder Coworking Spaces keine anderen Räume beziehen möchten, selbst wenn es finanziell möglich geworden ist, hat durchaus etwas Charmantes, Verlockendes, Alternatives. Aber trotzdem bleibt es schlicht ein Rätsel, warum viele Branchen anfangen, dieses Konzept so unreflektiert zu übernehmen? Wie kann man hochqualifizierte Ingenieure in gigantische Großraumbüros zwängen und letztlich richtig gute Ergebnisse erwarten?[33] In diesen Büros geht es oft zu wie in einem Taubenschlag, denn die einen müssen sich abstimmen, die anderen telefonieren und wieder andere prügeln wild auf ihre Tastatur ein. Aber klar, macht man ja heute so. Moderne Bürokonzepte.

Kleiner Hinweis: Was in solchen Großraumbüros passiert, ist oft nicht hip, sondern zerstörerisch. Lärmbelästigungen führen zu

Leistungsreduzierung, Mediziner beteuern das immer wieder und sind beunruhigt ob der steigenden Zahl dieser Büros. Es geht hierbei in erster Linie nicht um Dezibel – in manchen Produktionsstätten müssen Mitarbeiter schließlich ganz andere Pegel ertragen –, sondern um einen Dauerstress, denn ob wir wollen oder nicht, unser Gehirn ist darauf ausgerichtet, Sprache zu verarbeiten.[34] Wenn also um uns herum ständig geredet oder telefoniert wird, müssen wir unsere Konzentration permanent abholen. Auch das greift unsere Gesundheit an und damit die des Unternehmens. Hinzu kommt, dass man sich in Großraumbüros auf dem Präsentierteller befindet – oder es sich zumindest für viele so anfühlt. Auch das ist Stress. So kann man auch nicht unbeobachtet der Arbeit in der eigenen Art und Weise nachgehen, denn der eine muss sich ständig bewegen, einen anderen stört jede Bewegung, der eine braucht kühlere Raumtemperaturen, der andere warme. Und weil Sprüche wie »Schon Feierabend?« oder »Schon wieder im Internet?« ebenso wenig bei der individuellen und optimalen Arbeitsgestaltung helfen. Während so mancher Chef sich freut, weil er denkt, dieser Gruppenzwang könnte zu Produktivität führen.

Verlieren also alle? Nicht ganz, denn einer Gruppe gefällt diese Situation im Großraumbüro: Viren. Ist einer krank, sind es alle. Schneller, als man Gesundheit sagen kann. Grandios.[35] Die totale Ent-Individualisierung scheint das Ziel zu sein, da bekommt der Begriff »Kultur« die Lesart einer einheitlichen Züchtung. Das wird durch die tägliche Reise nach Jerusalem, die in manchen Unternehmen im Kommen ist, fast noch getoppt: Mitarbeiter dürfen nicht einmal denselben Schreibtisch behalten, sondern sich jeden Tag einen neuen suchen.[36] So geht also entspanntes Arbeiten und Sich-zu-Hause-Fühlen in modernen Büros.

Nichtsdestotrotz hält Euch all das nicht davon ab, munter sämtliche Wände einzureißen, getrennte Büros abzuschaffen und Eure Leistungsträger in eine Legebatterie zu quetschen. 2011 waren 50 Prozent der befragten Büroangestellten in Zellen- und Großraumbüros untergebracht,[37] Tendenz steigend.[38] Während die Chefs drei Stockwerke weiter oben ihr Eckbüro mit Couchgarnitur und Kaffeemaschine behalten, um bloß nicht in Kontakt mit dem ausführenden Pöbel zu kommen. Um sich dann, wenn gerade nichts Besseres zu tun ist, plötzlich mitten hineinzusetzen, um den Mitarbeitern in ihren Zuständigkeitsbereich reinzureden und damit eine Kultur der Kontrolle zu etablieren. Solche Massenmenschhaltungen werden auch noch positiv konnotiert: »Wir sind fesch und spritzig wie ein junges Start-up!« Nein, seid Ihr nicht, und wenn wir ein junges Start-up suchen, finden wir es und gehen dorthin. Aber das könnt Ihr ja nicht wissen, denn bei der Bürogestaltung werden Mitarbeiter selten gefragt.[39] Schön, dass es dann aber die Umfragen zur Zufriedenheit gibt, bei denen die meisten selbige beim besten Willen nicht angeben können.[40] Euer »Modernisierungswahn« kommt nicht gut an. Vielleicht, weil er als »Sparwahn« nur zu leicht zu entlarven ist: Der wirklich treibende Faktor, warum Ihr Euch hier so bereitwillig innovativ gebt, ist doch meist nicht Euer Förderwille unserer Zusammenarbeit, sondern leider noch immer das liebe Geld. »Leider« meint hierbei nicht allein die Tatsache der Massenmenschhaltung, sondern ebenso Eure unterirdischen Rechenkünste: Die Gebäudekosten betragen im Durchschnitt bis zu zehn Prozent der Gesamtkosten – Mitarbeiterkosten liegen allerdings bei bis zu 80 Prozent.[41] Mehr Mitarbeiter auf weniger Quadratmetern sollen dennoch mehr Gewinn und höhere Boni bringen. Denkt Ihr. Da bleiben wir wieder einmal sprachlos zurück. Oder nein, wir gehen. Ebenso sprachlos.

Wirklich modern, groß, gut – gedacht und gemacht

Zwischen hierarchischen Etagensystemen und einer Lagerhalle gibt es jede Menge Alternativen, die wesentlich zielführender und fruchtbarer sind. Bevor Ihr Euch jetzt unnötig aufregt: Nein, natürlich ist daran nicht alles schlecht, wenn Mitarbeiter, die an ähnlichen Themen eng zusammenarbeiten, auch räumlich näher zusammenrücken oder sich tatsächlich ein »modernes« Großraumbüro teilen. In einigen Fällen, aber auch wirklich nur in einigen, kann dies sogar die Produktivität und Zusammenarbeit dank kurzer Wege, schnellem Feedback und einer unkomplizierten Kommunikation fördern.[42] Deswegen sehen auch viele Digital Natives in solchen Büros eine gute Arbeitsumgebung.

Damit solche Arbeitsumgebungen aber wirklich mehr Nutzen als Schaden bringen, braucht es ein hervorragendes Konzept. Eines, bei dem wir nicht jeden Abend mit Kopfschmerzen heimgehen. Eines, bei dem nur die Mitarbeiter in derartigen Umgebungen arbeiten, für deren Tätigkeit sich diese wirklich eignen. Und eines, das auf das jeweilige Unternehmen exakt zugeschnitten, das mit den Mitarbeitern gemeinsam erarbeitet und mehrfach kritisch durchdacht ist. Und seht das Großraumbüro vor allem nicht als Sparmaßnahme. Wenn Ihr merklich die Quadratmeter reduziert, macht Ihr was falsch. Fertig.

Wir brauchen zum konzentrierten Arbeiten nicht unbedingt ein eigenes Büro, es können auch »Ruheabteile« sein, welche wir mit anderen abwechselnd teilen, je nach Aufgaben und Auslastung der Räume. Gerade bei Wissensarbeiten bedarf es der Möglichkeit, sich abgeschottet zurückzuziehen oder ungestört in kleinen Teams zu diskutieren. Solche Ruhezonen und genügend abgetrennte Besprechungsräume sind für Arbeitnehmer wie auch für Arbeitgeber essenziell. Sie können die Produktivität hochhalten, Teams aus brenzligen Situationen retten und tiefe Konzentrationsphasen fördern. Kein eigenes Büro zu haben bedeutet aber noch lange nicht, dass wir keinen eigenen Schreibtisch brauchen und jeden Tag woanders sitzen können und mögen. Vielleicht mögen es einige, vielleicht passt es zum Arbeitskonzept, zum Team, zu den Inhalten. Viele aber freuen sich, wenn sie gewisse Konstanten vorfinden.

Fragt, ob Teams einen eigenen Rückzugsraum brauchen, ob sie ihn wöchentlich benötigen, regelmäßig oder sporadisch. Ob sie viele Arbeitsutensilien benötigen, Flipcharts, Folien, Bilder, Geräte.

Vielleicht die einen, vielleicht die anderen nicht. Ihr müsst mit Euren Leuten sprechen, bitte keinen blinden Aktionismus starten. Oder anders ausgedrückt: keine Arbeit an keinem Ort ohne das richtige Gesamtkonzept.

Wo sitzt Ihr Führungskräfte eigentlich? Wenn nicht mehrere Etagen höher, wo dann? Ihr könntet in der Nähe der Teams untergebracht sein – wenn Ihr daraus kein Big-Brother-is-watching-you-Spiel macht. Stimmt die Kultur, wird Eure Anwesenheit nicht als Invasion angesehen, stimmt sie nicht, schadet Ihr allen. Und noch etwas: Welche Rolle spielen Türen? Bleiben sie immer auf, immer zu oder nur zu Stoßzeiten, bei Terminen? Wer darf sie öffnen, wer schließen? Die Open Door Policy hat durchaus etwas Sportliches an sich, doch auch das kann kippen, wenn man schräg angeschaut wird, sobald die Tür geschlossen wird.

Es darf weiter, größer, offener gedacht werden – und zwar räumlich

Selbst wenn man in Einzel- oder Kleingruppenbüros seine Ruhe und volle Konzentration, seine Lieblingstemperatur und sein Lieblingslicht, sein ganz eigenes Chaos oder die totale Ordnung haben kann – nicht für jeden ist das die ideale Lösung: zu isoliert, zu weite Wege, zu wenig Input. Ein Konzept, das Ruheabteile, Projektflächen und Besprechungsräume mit Open Spaces verbindet, könnte hier Abhilfe schaffen. Damit das funktioniert, muss es genauso sexy und intelligent umgesetzt werden, wie es klingt, mit beweglichen Modulen. Parallel brauchen wir Kommunikationszonen: Meetingpoints und Kaffeebars, die der Raumtrennung und Auflockerung dienen. Ein informeller Austausch – der, wie Ihr wisst, ja so wichtig für die erfolgreiche Zusammenarbeit ist – kann dort stattfinden und muss die Sitznachbarn in den produktiveren Ruhezonen nicht stören. All diese Strukturen können Eure Werte, Eure Arbeitskultur spiegeln: offen, transparent, fluide, mitarbeiterorientiert.

Freier gedacht, könnten auch hotelähnliche Strukturen entstehen. Teams können Räume buchen, wie sie sie in den unterschiedlichen Phasen ihrer Projekte benötigen: ein Gruppenbüro für zwei Wochen, zusätzlich vier Einzelbüros für zwei Wochen, danach zwei kleinere Gruppenbüros, dann für drei Wochen Plätze im Großraumbüro etc. Die Herausforderung liegt hier zum einen darin, die drei »Ls« (Luft, Licht, Lärm) nicht zu vernachlässigen, schließlich gilt: nicht sparen, sondern vornehmlich die Situationen verbessern. Nicht nur modern wirken wollen, sondern nachher die öffentliche Aufmerksamkeit fürs Branding und Image nutzen, wenn Eure Leute ehrlich begeistert sind und gut arbeiten können. Zum anderen gilt es, den Fokus auf die Mitarbeiter und ihre Produktivität vor den ersten Maßnahmen zu setzen: Macht kleine Umfragen, sammelt Ideen. Kommuniziert.

Übrigens lassen Arbeitsplätze in Industrie und Produktion bei der Ortswahl nur auf den ersten Blick nicht allzu viel Spielraum zu. Doch selbst industrielle Produktionshallen können so gestaltet werden, dass jeder Mitarbeiter effizient vorgehen kann und sich dort gleichzeitig wohlfühlt – also praktisch noch produktiver wird. Dafür müsst Ihr Euch nicht wirklich mit Feng-Shui beschäftigen, nur mit Euren Mitarbeitern: gemütliche Kommunikationszonen, Teamküchen und nah platzierte Spinde sind die einfachsten Möglichkeiten, eine persönlich-familiäre Note einzubauen. Nicht weil wir herumlungern wollen oder faul sind, sondern weil wir gern zur Arbeit kommen, uns in kommunikativer Atmosphäre austauschen und Pausen als solche nutzen möchten. Wenn wir nach getaner Arbeit so schnell wie möglich aus dem Laden rauswollen, stimmt etwas nicht, ob am Schreibtisch oder in der Fertigungshalle. Das zu optimieren, gehört auch zu einer gelebten Kultur, denn die spielt sich nicht nur im Kopf ab, sondern ganz reell und konkret – am Arbeitsplatz.

Das Fazit? Es ist auch hier wichtig, sich den Gegebenheiten, Prozessen, Abläufen und Strukturen der eigenen Branche, des eigenen Unternehmens anzupassen. Wenn die Sonne ruft oder man auf ein

Paket wartet, ist Homeoffice die Wahl der Stunde – aber noch lange nicht, wenn der Chef sich dies so überlegt und das Ganze zum Euphemismus (un)bezahlter Arbeit in der Freizeit wird. Es hilft nichts: Ihr müsst Euch individuell Gedanken machen, Eure Mitarbeiter kennen, mit ihnen reden und vielleicht zwei, drei Optionen ausprobieren, um eine wirklich gute Lösung zu finden. Zur Motivation könnt Ihr Euch aber dennoch die Zahlen an die Wand pinnen: zehn Prozent Gebäudekosten, 80 Prozent Personalkosten. Für alle, die denken, dass wir Euch zu viel kosten: Wir bringen mehr als 80 Prozent der Gesamtleistung, das Gebäude – ach, rechnet es doch selbst aus.

Kohle – und alles Unbezahlbare

Die albernsten Diskussionen drehen sich um die digitalen Generationen und ihr Gehalt – es ist stets das Gleiche. Abwechselnd heißt es, das Gehalt sei uns egal, oder aber, Geld sei für uns genauso wichtig wie für alle anderen Generationen vor uns.[43] Wie so oft liegt die Wahrheit irgendwo in der Mitte: Geld ist uns durchaus wichtig. Viele von Euch halten uns für verdammt gut ausgebildet, engagiert und ehrgeizig – warum sollten wir dann für lau arbeiten? Wenn zudem auch noch Fachkräftemangel herrscht? Wenn wir Dinge können, die Ihr dringend braucht?
Geld, Sicherheit, Erfolg – gerne, wirklich. Selbstverständlich wollen wir angemessen bezahlt werden Aber nicht um jeden Preis und nicht nach Euren Spielregeln. Entscheidend ist: Wir lassen uns nicht mehr nur mit Geld kaufen. Klar, es gibt noch immer diejenigen, die einzig und allein auf den ersten Porsche hinarbeiten (und mit fünfunddreißig damit in die Burnout-Klinik fahren). Das ist Charaktersache und in jeder Generation zu finden. Das (vielleicht böse) Erwachen wird auch für diesen Teil von uns noch früh genug kommen. Viele von uns haben jedoch begriffen, dass es wenig Zweck hat, zuerst auf die Gehaltsklasse eines Berufs zu schauen

und dann auf die Inhalte.[44] Die Gefahr, jeden Tag etwas tun zu müssen, was uns nicht befriedigt, möchten wir nicht eingehen und können wir bei unserem Optimierungs- und Sinn-Wahn auch gar nicht.

»Selbstverwirklichung ist wichtiger als materieller Reichtum«, diese Aussage kommt der Sache näher.[45] »Glück schlägt Geld«, würde aber zu kurz greifen – und lässt sich in dieser radikalen Form nicht belegen, wie die Ergebnisse einer Deloitte-Studie zeigen: 62 Prozent der Befragten Studenten und Berufseinsteiger nannten danach noch immer eine gute Bezahlung als wichtigstes Argument bei ihrer Entscheidungsfindung.[46] Dieses Ergebnis reicht aber nicht aus, um alle Ideen unserer Glücksfindung infrage zu stellen. Diese 62 Prozent lassen sich durchaus so interpretieren, dass diejenigen in »erster Linie« darauf achten, ob das gebotene Geld dem »eigenen Marktwert« entspricht.[47] Allerdings folgen in dieser Studie die Punkte »interessante Arbeit« und »angenehmes Arbeitsklima« mit 44 beziehungsweise 43 Prozent. Es ist nun mal komplizierter, als es Euch erscheint, tut mir leid. Wir sind »multitaskingfähig« und wollen einfach mehrere Dinge: einen erfüllenden Job, spannende Aufgaben und ein angemessenes Gehalt als Grundvoraussetzung. In welcher Gewichtung, hängt nach wie vor vom Charakter, dem Job, den Erfahrungen und der jeweiligen Lebens- und Arbeitsphase ab.

Generation Praktikum

Dass wir das Thema »Geld als Grundvoraussetzung« so breittreten müssen, ist auch unseren Erfahrungen mit Euch und Euren Vorstellungen geschuldet: Wir kennen unbezahlte Praktika, die Phasen zwischen zwei Anstellungen. Wir werden schlechter bezahlt als die Generationen vor uns, als »Arbeitnehmer zweiter Klasse« betitelt und immer seltener unbefristet eingestellt.[48] Wir kennen auch das: die heiß ersehnte Zusage beim bekannten Marktführer, dort ein halbjähriges Praktikum zu absolvieren. Wir sollen so richtig »eigenverantwortlich mitarbeiten dürfen«, unsere eigenen Projekte bekommen und gleichwertig ins Team integriert werden. »Ach so, äh, Vergütung? Ja, also, Praktikanten können wir generell leider nichts zahlen. Sorry, Company Policy, kommt von ganz oben. Aber ihr profitiert im Lebenslauf doch enorm von unserem tollen Namen (der jährlich satte Gewinne einstreicht). Da wird doch so ein bisschen Praktikumsvergütung nicht so wild sein?« Wenn es nicht so wild ist, könnt Ihr es zahlen, verdammt noch mal. Oder uns zumindest dabei helfen, unseren Eltern zu erklären, warum sie uns Wohnung und Essen zahlen sollen, während wir an Euren Projekten mittüfteln dürfen? Falls Ihr Euch also wundert, dass es dann doch am Geld gelegen hat, dass wir nicht zu Euch gekommen sind, jetzt noch mal klipp und klar: Wir lassen uns nicht verscheißern. Natürlich benennen auch wir gewisse Ansprüche, immerhin wollen wir unsere Miete selbst zahlen können. Da rennen wir nicht mit der Tür ins Haus und verkünden als Erstes, dass wir bitte nur eine spannende Aufgabe möchten, aufs Geld komme es nicht an. Nein, da ist der kleinste Finger schon zu viel. Schreibt Euch das hinter die Ohren. Und wisst Ihr was? Schämt Euch.

Nicht unerwähnt bleiben sollten zu dem Sachverhalt noch zwei Aspekte: Erstens, es gibt viele Unternehmen, die Tolles zu bieten haben und uns selbst im Praktikum nicht ausnutzen. (Falls ein Gleichaltriger mitliest: Geht zu denen! Die wissen unsere Arbeitskraft zu schätzen.) Zweitens: Wenn Ihr eine kleine Kunststiftung seid, ein Verein, ein Start-up, ein gemeinnütziges Projekt – und Ihr uns nichts oder nicht viel zahlen könnt: Kein Problem, wir kommen trotzdem gerne!

Genau das ist der Punkt: Um wirklich gut arbeiten zu können, ist es zwar unerlässlich, keine Existenzängste zu haben und sich einen gewissen Lebensstandard aufbauen zu können. Das gehört sozusagen zu den Grundvoraussetzungen. Dennoch achten wir auf viele weitere Dinge und möchten uns mit dem Gehalt nicht lange aufhalten, hier gilt tatsächlich: Es ist doch nur Geld. Gestaltet die Löhne angemessen, wertschätzend und fair.[49] Aber lasst uns nicht ewig darüber diskutieren. All die vielen weiteren Aspekte, die am Arbeitsplatz zu finden sind, spielen eine deutlich größere Rolle, wenn wir uns entscheiden müssen. Oder, um nochmals Henry Ford zu zitieren: »Ein Geschäft, das nur Geld einbringt, ist ein schlechtes Geschäft.«

Wieder gibt es eine gute Nachricht für Arbeitgeber: Ihr müsst nicht noch (viel) tiefer in die Tasche greifen, als es sich für gute Mitarbeiter ohnehin gehört! Mit einem »angemessenen« (was auch immer das heißen mag) Gehalt lassen wir uns nicht ködern, wenn dies einhergeht mit mangelnden Entwicklungsmöglichkeiten. »Hier, nimm das Geld und mach einfach nur deinen Job.« Nein danke. Dann doch lieber kellnern in Australien oder auf Dienstleistungsplattformen selbstständig tätig sein.

Wir glauben (oder hoffen zumindest), dass dies unser Weg zu Zufriedenheit, Glück und, natürlich, Sicherheit ist. Wir wollen jetzt eine gute Zeit haben, viel sehen, viel erfahren, viel lernen. Und dann? Immer weiter lernen, erfahren, fortbilden, noch mehr sehen, noch mehr wissen. Nur so können wir sicherstellen, dass wir vorankommen – und auf diese Weise unsere Art von Erfolg erlangen. Es ist unser Versuch, unser Leben mit unserer Arbeit so zu vereinen, dass es sinnvoll ist, und zwar möglichst die ganze Zeit.

Absurditäten jenseits der Portokasse

So, wie Ihr bei unseren Vorstellungen manchmal die Stirn runzelt, so ruft auch Euer Umgang mit den Themen Gehalt und Vergütung bei uns oftmals reine Verwirrung hervor. Wir können uns diese Verhaltensweisen nicht erklären, Ihr uns meist auch nicht mehr so recht – also lasst sie uns doch diskutieren.

Absurdität 1: Pssst!

Etwa diese skurrile Verheimlichungstaktik vieler Unternehmen, wenn es um Gehälter geht. Auch wenn wir in Deutschland nicht gern über Geld reden: Was zum Geier soll das? Habt Ihr so viel Angst, dass Euch jemand in die Karten schaut? Was soll denn niemand wissen? Uns irritiert Euer Verhalten hierbei. 86 Prozent aller Berufsstarter wünschen sich Gehaltsangaben schon in Stellenanzeigen oder auf Karrierewebseiten.[50] Wir stehen auf Transparenz, vor dem Thema Lohn machen wir dabei nicht halt. Wieso auch? Sicherheit empfinden wir nur, wenn wir wissen, wo wir stehen. Wieso zahlt Ihr dem einen so viel und der anderen so wenig? Ihr nennt es Marktwert. Wenn dieser auf Qualifikationen, Erfahrung oder Verantwortung beruht – und das sollte er doch, oder? –, lässt sich das offenlegen. Keine Angst, wir können damit umgehen, wenn ein Kollege besser bezahlt wird, jedenfalls dann, wenn er im vergleichbaren Zeitraum mehr Output geliefert hat. So realitätsfern sind wir nicht. Wenn es allerdings daran liegt, dass der eine besser verhandeln kann, während der andere Euch seine Qualitäten nicht ständig unaufgefordert vor die Nase halten mag und Ihr unfair damit umgeht, stimmt etwas mit Eurer Kultur nicht. Ohnehin werden wir das über kurz oder lang merken. Was aber nichts anderes bedeutet, als dass Ihr draufzahlt, durch die erneuten und sich wiederholenden Recruiting- und Integrationskosten. Herrje, dann steckt das Geld doch lieber in Fortbildungen, Teambuilding, Eure Kultur – und damit in Euren Erfolg. Nichts anderes wollen wir.

In der Hamburger Digitalagentur Elbdudler (fünfzig Mitarbeiter, die ihre Chefs wählen) hat man sich nach einigem Ringen dazu entschlossen, ein offenes Modell einzuführen, und zwar gemeinsam mit allen Mitarbeitern: Diese konnten ihr Wunschgehalt nennen und mit zwei bis fünf Kollegen diskutieren. Vier Fragen leiteten diese Diskussionen zielführend: Wie viel brauche ich? Was bekommt man auf dem freien Markt? Was verdienen meine Kollegen und was kann das Unternehmen wirklich als Lohn zahlen? Interessanterweise war der Vergleich mit den anderen Kollegen ein wichtiger Faktor, der zudem zu einer »sich nach oben drehenden Gehaltsschraube« führte.[51] Es ging um einen Anstieg von 6,6 Prozent.[52] Diese offenen Diskussionen haben nicht geschadet, was wir von Euren Verheimlichungstaktiken nicht sagen können. Die Umstellung hat bei Elbdudler einige Zeit gedauert und Emotionen hochkochen lassen – dennoch: Es hat funktioniert, das Unternehmen hat heute einen höheren Umsatz, die Leute sind zufrieden. Und werden dort – auch wegen weiterer kluger Maßnahmen – so schnell nicht wieder gehen. Das Entscheidende für Euch: Mitarbeiter möchten zwar ein faires und gerne auch hohes Gehalt, doch Mitspracherecht, Transparenz und Fairness haben einen erheblichen Anteil an ihrer Zufriedenheit.

Nicht ausschließlich dienen junge Digitalunternehmen als Beispiele und Vorreiter, das jedenfalls zeigt die Maschinenbau-Beratungsfirma Vollmer & Scheffczyk aus Hannover. 2010 erkannten die Geschäftsführer, dass sie Gehälter nicht vorgeben und bestimmen können, wenn sie verantwortungsbewusste und selbstständig handelnde Mitarbeiter möchten.[53] Ihr Konzept ist dem von Elbdudler ähnlich. Zudem dürft Ihr Euch von den Geschäftsführern der Beratungsfirma gerne abschauen, wie sie mit Macht umgehen: Für sie behindert diese nämlich das eigenverantwortliche Arbeiten, also haben sie auf Verantwortung umgeschwenkt, sich damit entlastet und ihr Unternehmen gestärkt. Jetzt sind alle Teams für ihre Zahlen – ob Gehälter, Budgets oder Recruiting – zuständig und können noch besser handeln, da niemand meint, er wüsste es besser.

Diese Best Practices zeigen, dass es möglich ist, eine Wende einzuschlagen, wenn es um Transparenz geht. Wir sind eher bereit, auf eine Erhöhung zu verzichten oder Verantwortung (auch für unser eigenes Geld und unsere Budgets) zu übernehmen, wenn wir wissen, warum und wofür. Teilhabe sieht für uns so aus – und genau dann geht es auch nicht nur ums Geld. Natürlich ist bei großen Unternehmen mit diversen Standorten der eigene Einfluss auf gewisse Faktoren geringer. Der soziale Vergleich kann dazu führen, dass der Mitarbeiter am Standort Jena unglücklich ist, wenn er sieht, dass der Münchner Kollege fast das Doppelte verdient. Gleichzeitig kann das höhere Gehalt dem betreffenden Mitarbeiter weniger Zufriedenheit bringen als dem weniger verdienenden Kollegen Frust.[54] Die Argumentationskette gegen Lohntransparenz bezieht sich folglich häufig auf diese Diskrepanz: Sie führt insgesamt zu mehr Frust als Freude. Der Frust bewirkt eine stärkere Reduzierung des Engagements als die Freude eine Steigerung.

Wenn das tatsächlich Eure Begründung sein soll, dann ist das leider nur die Spitze des Eisbergs namens Unternehmenskultur. Mitarbeiter – die digitalen Generationen eingeschlossen – kündigen nicht so schnell wegen 100 Euro. Oder weil an anderen Orten mit anderen Lebenshaltungskosten andere Gehälter bezahlt werden. Sie gehen, weil sie sich nicht wohl oder unfair behandelt fühlen. Weil die fehlende Transparenz zeigt, dass es Dinge gibt, die man nicht wissen sollte, und weil man Chefs hat, die an ihrer Macht festhalten (und die verweigerte Gehaltserhöhung leider für den Bonus des Vorgesetzten draufgegangen ist).

Wir leben in einer Wissensgesellschaft – lebt Euren Mitarbeitern Transparenz vor, wenn Ihr denn welche habt. Und erspart Euch das Absprechen unseres Realitätsbewusstseins. Erklärt uns einfach, warum es so ist, wie es ist. In Schweden kann sich jeder im »Taxeringskalender« ansehen, was der Nachbar, der Kollege sowie der Chef verdienen.[55] Und gibt es dort Aufstände, Arbeitsverweigerungen, Motivationsabfälle? Nein! Auch die Schweiz und Österreich sind politisch ein paar Schritte weiter – und haben wesentlich mehr Unternehmen zu Transparenz verpflichtet, als SPD-Parteivorsitzende Manuela Schwesig plant. Wir sollten uns hier etwas abschauen und ihnen folgen. Also los! Verlieren könnt Ihr nur Eure festgefahrenen Glaubenssätze.

Neben den Gehältern bleibt noch die Frage nach den Budgets: Wer entscheidet, welche Budgets wie hoch sind und wie und wann sie ausgeschüttet werden? Vor allem: Warum ist das nicht transparent? Wer immer das entscheidet, wird seine Gründe haben. Vielleicht, weil Euer albernes Businessclass-Ticket München–Berlin teurer ist als die jährliche Kaffeekasse sämtlicher Kollegen? Wenn Budgets Sinn machen, kann es nur von Vorteil sein, sie offenzulegen. Die Geheimniskrämerei führt nämlich auch hier zu Unsicherheit, Frustration, Distanz – und vermutlich zu einer Geldverschwendung. Diverse Unternehmen legen die Budgetfrage mittlerweile den Teams in die Hände (wie bei Elbdudler), denn sie sind näher dran, am Produkt, am Kunden, an der Umsetzung. Wenn Ihr nun sagt, das Risiko sei so viel zu hoch, damit könnten die Teams ja alles Mögliche machen, so ist darauf zu antworten: Nein, das können und werden sie nicht tun – wenn Eure Strukturen transparent sind! Denn so könnt Ihr ebenso wie andere Teams in die Finanzplanung einsehen, Feedback geben, Verbesserungen vorschlagen, den Überblick wahren. Der Entscheidungsspielraum gibt uns jedoch ein wichtiges Gefühl der Teilhabe und das Geld der »anderen« wird zu »unserem«.[56] Eure Teams sollten in diese Verantwortung geführt werden. Aber nein, Ihr lasst sie lieber vor Jahresende überraschend noch fünfhundert Leitz-Ordner benötigen. Weil vom Budget noch so viel übrig ist und das sonst im nächsten Jahr gestrichen würde.

Absurdität 2: Uniform wertlos geschätzt

Dann wäre da noch das Gehaltsgefälle, die oft erschreckenden Gehälter des Vorstands. Auch hier läuft in unseren Augen vieles nahezu automatisch, wenn Kultur und Kommunikation stimmen – oder eben nicht. Na ja, und wenn die Gehälter nicht völlig astronomisch von denen des »Fußvolks« abweichen: 2013 verdienten Dax-30-Vorstände im Schnitt fünfunddreißigmal mehr als ihre Mitarbeiter, 2015 sogar vierundfünfzigmal mehr.[57] Die Frage, wie sehr diese Zahlen den ganz normalen Mitarbeitern gefallen, muss ich hier nicht stellen – oder doch? Vorsichtig ausgedrückt: Das wird wohl kaum helfen, Leute zu binden und ihnen Wertschätzung entgegenzubringen. Das gilt für alle Generationen. Für die Digitalen kommt noch hinzu, dass das Gehaltsgefälle weder auf Hierarchieabbau hinweist noch auf Mitbestimmung und Gleichberechtigung. Wissensarbeiter-Vordenker Peter F. Drucker soll 1987 über die überzogenen Gehälter der Manager (und ihre immer kürzer werdenden Regierungszeiten) gesagt haben: »Wenn Schweine sich im Trog suhlen, ist das immer ein widerliches Spektakel – und man weiß, es wird nicht lange dauern.«[58]

Wir mögen ab und an hochnäsig daherkommen, schnell Verantwortung verlangen und meinen, dass wir dank unseres digitalen Händchens mehr als qualifiziert sind. Doch wir wissen auch um das Arbeitsaufkommen, die Lasten und die Verantwortung, die mit Führungsaufgaben einhergehen. Und ebenso verstehen wir, dass diese Aufgaben entsprechend honoriert werden. Wird also ein Vorgesetzter, der einen richtig guten Job macht, entsprechend vergütet, sehen wir darin kein Problem. Handelt es sich aber um einen Anzugträger, der abgeschottet in seinem Büro vor sich hin werkelt, ohne seine Belegschaft mit- oder zumindest wahrzunehmen, der weder Feedback gibt noch erfragt, der keine Ahnung hat, was »unter« ihm passiert, und dann sein Gehalt verheimlicht, während er mit einem dicken Firmenwagen direkt vor der Tür parkt, haben wir die Koffer schon fast gepackt.

Absurdität 3: Die einzige Motivation – der Bonus

Es hat in den Augen der Generation Y nicht allzu viel mit Ungleichheit zu tun, wenn einer mehr bekommt als der andere, dann jedenfalls, wenn er mehr leistet. »Nur wer etwas leistet, kann sich etwas leisten.« Danke, Gorbi. Das Für und Wider von Bonuszahlungen ist bereits ausführlich beforscht und diskutiert worden. Unserer Generation müsst Ihr das jedoch nochmals erklären. Aller Voraussicht nach werden auch wir nicht Nein sagen, wenn Ihr uns extra belohnen wollt. Aber ist das denn überhaupt noch notwendig, da wir ja ohnehin motiviert zur Arbeit kommen? Wir haben doch bei Euch angefangen, weil wir etwas leisten wollen. Ihr habt doch ein neues Menschenbild! Schon vergessen? Und setzt das uns gegenüber vielleicht nicht falsche Anreize – die wir uns in der heutigen Arbeitswelt nicht mehr leisten können? Klar, wir können auch brav Dienst nach Vorschrift machen, den von Euch gesetzten Zielen hinterherarbeiten (selbst wenn sie sinnlos sind), immer pünktlich kommen und nach oben buckeln und nach unten treten, Hauptsache, die Zahlen stimmen. Alles andere kann Euch ja egal sein – Ihr müsst Eure Boni ja nicht rücküberweisen, wenn Ihr mit welchen Methoden auch immer gut durchs Jahr gekommen seid, wenn es in den Folgejahren weiter so geht – und nach Euch die Sintflut.

Wenn Ihr Euch Eure Boni nicht ausreden lasst, wie wäre es damit: Auf andere Modelle umsteigen, die unsere individuellen Fähigkeiten und Bedürfnisse spiegeln. Der eine wünscht sich mehr Urlaubstage, der andere einen Firmenwagen, mehr Verantwortung, Fortbildungen, eine BahnCard 100 oder die Mitgliedschaft in einem Fitnessclub. Hier wird nicht nur die Vergleichbarkeit reduziert, sondern ebenso die bewusste und individuelle Wertschätzung gepflegt. Wichtig ist vor allem, dass die Leistungen aller Mitarbeiter entsprechend wahrgenommen, mit Feedback versehen und honoriert werden.

Weniger absurd: Teampay für Teamwork?

Wenn Ihr es Euch mit Euren Boni bei uns nicht ganz verbocken wollt, wieso soll eigentlich nur der Abteilungsleiter einen bekommen? Wieso nicht diejenigen, die die Arbeit vollbracht haben? Viele von uns Digital Natives sind der Ansicht, dass man individuelle Leistungen gar nicht extra honorieren sollte, sondern man sollte sie im Zusammenhang mit dem Team sehen. Entsprechend wäre stets das gesamte Projektteam zu würdigen. Wurde ein Projekt mit Erfolg abgeschlossen, bekommt nicht einer (oder mehrere Mitarbeiter) eine Gehaltserhöhung, sondern das beteiligte Team. Ohne dieses wäre es dem Einzelnen nicht möglich gewesen, seine Idee zu entwickeln, geschweige denn umzusetzen. Womöglich entstand sie auch nur, weil andere den Nährboden dafür bereitstellten. Durch solche Methoden erstickt man ebenso eventuelle Konkurrenzkämpfe – und schafft einen noch freieren Zugang zu Wissen, das in den Mitarbeitern steckt. Denn Teilen ist für uns ohnehin die Verdoppelung von Wissen, so jedoch lohnt es sich dreifach, weil alle gewinnen, wenn etwas daraus entsteht. Alternativ muss es nicht Geld sein, sondern das, was das Team braucht: neue Tools, zusätzliche Räume, weitere Mitglieder. Oder das (regelmäßige) Essen, sponsored by Chef. Entscheidend ist: Nicht ein Mitarbeiter erhält einen Firmenwagen, eine Fortbildung, Zusatzurlaub – sondern das gesamte Team.

Was so einfach und gut klingt, trägt ein gewichtiges Aber in sich: In jedem Team gibt es größere Leistungsträger und engagiertere Mitarbeiter, während andere eher mitlaufen und nicht weiter auffallen, weil sie nicht können, sollen oder wollen. Vielleicht liefern sie einen genauso großen Beitrag zum Projekterfolg, vielleicht aber auch nicht. Entscheidet man sich dafür, das gesamte Team zu würdigen, bleibt ein kleiner Beigeschmack. Man eliminiert Neid, das ja, weckt aber unter Umständen ganz neue Dynamiken. Diejenigen, die viel leisten, werden vernachlässigt, während diejenigen, die sich schlecht einbringen, profitieren. Das kann dazu führen, dass jeder nur noch maximal so viel tut, wie minimal notwendig ist. Gut, das ist ja das generelle Problem bei Bonus-Zahlungen, auch den individuellen. Durch solche Strukturen besteht die Möglichkeit, dass wir uns selbst daran hindern, besser zu werden.

Gut, Ihr könnt natürlich Modelle entwickeln, die sicherstellen, dass alle über alle Belohnungswerte mitentscheiden dürfen und jeder gemäß seines Beitrags verdient belohnt wird. Ihr könnt jeden Einzelnen fragen: Wer hat besonders viel mitgewirkt, wer hat viele Ideen eingebracht, umgesetzt, optimiert, Fallstricke erkannt, das Team zusammengehalten etc.? Welchen Anteil hat jeder Einzelne an dem Projekterfolg gehabt? Wie viel hat man selbst beigetragen, welche Relevanz hatten die eigenen Beiträge? Doch die Ergebnisse werden Euch in der Bonusfrage nur noch weiter verwirren und zudem alles unheimlich verkomplizieren. Womöglich wird es nur Unruhe, Ungerechtigkeitsgefühle, Verlierer, Tumult produzieren. Aber trotzdem fahren manche Unternehmen solche Prozesse – und wundern sich über schlechte Stimmung im Team. Oder Absprachen bei der Fragebogenausfüllung.

Muss es denn nach jedem Projekt tatsächlich eine Belohnung geben? Schaffen es Eure Gehaltsstrukturen nicht, auch so die tatsächlich erbrachten Leistungen abzubilden? Können wir nicht mehr arbeiten, wenn wir nicht jedes Mal ein Zusatz-Dankeschön erhalten? Wenn ich es gewohnt bin, jedes Mal beim Metzger ein Probehäppchen Wurst zu erhalten, wird aus diesem »Extra« schnell ein »Normal«, das nur noch auffällt, wenn es fehlt. Die intrinsische Motivation wird dadurch nicht gesteigert.

Habt Ihr eine gereifte Feedback-Kultur, werden sich Eure Mitarbeiter die zuvor genannten Fragen während eines Projekts ohnehin ständig gegenseitig stellen. Und womöglich ihre Leistung anpassen wie auch ständig ihr Selbst- mit dem Fremdbild abgleichen. Und wenn dieser permanente Abgleich passiert, tja, was spricht dann noch dagegen, wenn jeder Mitarbeiter in regelmäßigen Abständen seine Vergütung selbst bestimmt? Transparent natürlich.

Raster, Zaster, Laster?

So viel zum Thema Geld. Aber das kann es doch nicht gewesen sein? Doch, kann es. Zu meiner Verwunderung gibt es kaum nennenswerte abgefahrene Modelle zum Umgang mit Gehältern und Budgets sowie deren Umsetzungen. Aber wie man unter Wissenschaftlern sagt: Kein Ergebnis ist auch ein Ergebnis. Entweder sprechen die Unternehmen, die sich an solche Strukturen wagen, nicht darüber, oder es gibt sie tatsächlich noch nicht. Im ersten Fall würde ich sagen: Nutzt solche Wagnisse – und kommuniziert sie. Ob intern und analog oder via Facebook an alle, muss jedes Unternehmen gemäß seiner Kultur selbst entscheiden. Doch Ihr könnt damit Diskussionen anregen, punkten, wahrgenommen werden und lernen.

Gerade bei (Wissens-)Arbeitern ist ein Zeit-Geld-Tausch nicht mehr das ideale Modell. Aber ein tatsächlich besseres scheinen wir noch nicht zu haben. Gebt Euch bitte gerade deswegen Mühe, die alten Modelle so gut es geht an die heutigen Gegebenheiten und Bedürfnisse anzupassen.

TEIL III
Wandel nutzen

8
Willst du mich ... binden?

Die durchschnittliche Dauer eines Beschäftigungsverhältnisses von U-30-Jährigen ist seit 1970 von 920 Tagen auf 536 Tage gesunken. 2016 möchten 66 Prozent aller Digital Natives weltweit ihren Arbeitgeber in den nächsten vier Jahren wechseln.[1] Für Euch ist es wieder ein Beleg dafür, dass die junge Generation sich einfach nicht mehr zu benehmen weiß, Arbeitsplätze leichtfertig wie ihre Unterwäsche wechselt und dem Konzept der Loyalität nun endgültig abgeschworen hat. Der Trend zur Fluktuation spricht immerhin für sich! Aber, nein, so einfach ist es dann doch nicht. Denn hier sind einige Faktoren in Bewegung.
Ihr möchtet wissen, wie Ihr uns wieder langfristig an Euch binden könnt? Aber, Moment mal, wollt Ihr das denn überhaupt noch? Ist das Konzept des langjährigen Mitarbeiters nicht ohnehin ein Auslaufmodell?

Endlich Fluktuation?

Die ehemalige Netflix-Talentmanagerin Patty McCord sagte 2016, alle drei bis vier Jahre solle man seine Stelle wechseln, permanent, konstant, immer.[2] Jobhopper lernten wesentlich mehr, da sie ständig außerhalb ihrer Komfortzonen agieren müssten und immer auf Eroberungsreise seien.
Nach dem ersten Schock schleicht sich Zustimmung ein. Ja, richtig, man lernt schnell und viel, wenn man sich in einer neuen Situation befindet und möglichst rasch einsetzbar sein soll. Ebenso ist es für jeden individuell wichtig und förderlich, seine Komfortzonen zu verlassen, um sie auszuweiten, sich selbst zu optimieren. Und überhaupt: Vielleicht braucht es Bindung in der neuen Ar-

beitswelt gar nicht mehr? Vielleicht ist sie nur ein Relikt aus alten Zeiten?

McCord war und ist nicht die Einzige, die dies so sieht. Eine weitere Verfechterin von Jobhoppern ist die US-amerikanische mehrfache Start-up-Gründerin, Geschäftsfrau und Karriere-Bloggerin Penelope Trunk, die ein Leben mit regelmäßigen Jobwechseln als stabiler bezeichnet. Laut McCord sind die aktuellen Kosten für Bindung übertrieben und Arbeitgeber viel zu panisch, wenn es um das Halten von Mitarbeitern geht: Erhielte, so die Bloggerin, ein Unternehmen fünfzehn Jahre lang nur Spitzenleistung von seinen Drei-Jahres-Hoppern, sei Unternehmenswissen völlig irrelevant, jeder also austauschbar. Wow, harter Tobak. Denn das heißt: Steckt das Geld also nicht in Bindungsmaßnahmen, sondern ausschließlich in Recruiting und Onboarding – und auch hier nur in die professionellen Bereiche. Die sozialen und kulturellen Aspekte können wegfallen, das lohnt nicht, um richtig erfolgreich zu sein. Klingt naiv? Ist es auch.

In Kombination mit aktuellen Zahlen zur durchschnittlichen Lebenserwartung von US-Unternehmen gerät diese auf den ersten Blick nachvollziehbare Argumentationskette schnell ins Wanken: Wenn die Hopper nicht wirklich verdammt gute – eigentlich unmöglich gute – Arbeit leisten, wird diese Rechnung bei einer Lebensdauer der Unternehmen von zehn Jahren nicht aufgehen.[3] Wer hier jedoch wieder auf die Unerfahrenheit der digitalen Generationen als Urheber dieser Thesen zielen mag: Trunk wurde 1966 geboren, ist knapp den Babyboomern entgangen und gehört zur Generation X, McCord (geb. 1953) gehört zu den Babyboomern. Interessanter ist bei ihr allerdings die Tatsache, dass sie vierzehn Jahre lang bei Netflix gearbeitet hat, offensichtlich erfolgreich. Oder doch nicht? Wie sollte sie das gewesen sein, wenn sie nach drei Jahren schließlich Komfort erlebte und diesen mit dem Verlust allen Ehrgeizes bezahlte? So viel zu Selbstbild, Fremdbild und der guten alten Bindung.

Denn mal ehrlich – das ganze Leben lang die Komfortzone so radikal verlassen? Alle vier Jahre umziehen, sich neu einarbeiten, neue Freunde, Kollegen, Partner finden? Führt das nicht zu einer Art Selbstmord? Und auch aus Unternehmenssicht erscheint dieser extreme Weg gefährlich: Wie effizient soll das bitte sein? Selbst wenn neue Mitarbeiter überengagiert sind, müssen sie über Monate Dinge lernen, die alle anderen schon wissen. Es mag sein, dass die Mitarbeiter, die am längsten in der Firma sind, nicht zwangsläufig die produktivsten sind. Aber es gibt noch jede Menge dazwischen. Und es gibt Euch, die für Rahmenbedingungen sorgen können, um die Produktivität, das Funkeln in den Augen und das Feuer unterm Hintern auch bei den langjährigen Mitarbeitern aufrechtzuerhalten. Schafft das, was McCord empfiehlt: Werft Eure Mitarbeiter – unabhängig davon, ob sie seit drei oder dreizehn Jahren an Bord sind – ins kalte Wasser, bietet Abwechslung, Neues, Herausforderndes. So kann auch der älteste Mitarbeiter wachsen, und zwar unternehmensintern. Dafür müsst Ihr uns nur all das bieten, was wir sonst bei einem Wechsel suchen (und manchmal finden). Klar, dafür müsst Ihr herausfinden, was Mitarbeitern wichtig ist, und es umsetzen – aber genau deshalb lest Ihr dieses Buch.

Das Märchen von der Loyalität

Wie loyal wart Ihr damals wirklich? Was noch immer so betitelt wird und sich auf den klassischen Karriereweg von über vierzig Jahren in einem Unternehmen bezieht, gibt es nicht mehr. Wahrscheinlich hat es das aber noch nie gegeben. Denn loyal zu sein bedeutet eigentlich, sich bewusst, subjektiv, aus freien Stücken und durchaus mit Emotionen für etwas oder jemanden zu entscheiden. Weil man aufgrund von Erfahrung, Argumenten und Attitüden von der Person, dem Unternehmen, dem Produkt, der Kirche oder der Partei überzeugt ist.
Das war aber früher nicht der Fall, als die meisten Arbeitnehmer

bei einem Unternehmen blieben, in guten wie in schlechten Zeiten. Vielmehr musste die Familie abgesichert, die Kredite für Eigenheim und Auto abbezahlt werden. Kündigung? Was tun, wenn man nichts anderes findet? Ein Umzug? Wir haben doch gerade gebaut. Aber echte Loyalität? Ist das nicht unbedingt. Dennoch sind wir trotzdem bereit, dem Konzept eine Chance zu geben – allerdings anders, als Ihr denkt. Bevor wir selbst loyal werden, fordern wir zuerst Loyalität von unseren Arbeitgebern ein.

Dieser Paradigmenwechsel stinkt vielen, aber nur, weil sie noch nicht verstanden haben, dass wir dadurch keine Machtposition erkämpfen wollen. Oder Euer Umdenken nur für unsere Generationen fordern. Jeder Mitarbeiter hat zunächst Loyalität verdient, denn nur dann kann er diese zurückgeben, wenn das Unternehmen es tatsächlich schafft, ihn zu binden. Heute steht den Mitarbeitern kaum das Eigenheim im Weg – Deutschland zählt weltweit zu den Ländern mit dem höchsten Mieteranteil –, auch nicht das Gefühl, dass die aktuelle schlechte Karriere der einzig mögliche Weg ist. Du hast es geschafft, wenn du nach zehn Jahren noch immer bei »deiner« Firma und zwei Gehaltsstufen hochgewandert bist? Nein, heute ist es angesagt zu wechseln, wenn sich spannendere Aufgaben, neue Entwicklungsmöglichkeiten und vielleicht auch coolere Arbeitgeber anbieten.

Hier zeigt sich wahre Loyalität: Denn auch wenn wir häufiger wechseln, machen wir es nicht freiwillig! Wir tun es aus Gründen der Selbstoptimierung, der Karriere, der Sicherheit, des Glücks (Lebenslauf und Individualisierung, Ihr erinnert Euch) – und weil wir all das bei vielen Unternehmen nicht erhalten. Was bleibt? Tja, offensichtlich der Wandel, flexible Strukturen in volatilen Zeiten, Mitarbeiter, die weiterziehen. Und Unternehmen, die ebenso leiden.

Warum? Die Einarbeitungszeiten, die Recruiting-Kosten und die Beziehungen zu den Kollegen spielen hier eine Rolle, aber nicht nur. Wir sprachen bereits kurz über die Kosten aus fehlender emotionaler Bindung: jährlich 76 bis 99 Milliarden Euro reine Produktivitätseinbußen, allein für die deutsche Wirtschaft, dazu höhere

Fehlzeiten, und nur 16 Prozent der Mitarbeiter ohne Bindung würden Produkte ihres Unternehmens weiterempfehlen.[4] Für das Recruiting noch wesentlich gravierender sind folgende Zahlen: Nur drei Prozent ohne Bindung würden ihr Unternehmen als Arbeitgeber weiterempfehlen. 42 Prozent der Arbeitnehmer ohne Bindung dachten in den letzten zwölf Monaten an einen Wechsel, 39 Prozent würden ihren Chef sofort feuern.[5] Diese 39 Prozent meinen vermutlich jene 23 Prozent der Entscheider aus Konzernen mit mehr als 5000 Mitarbeitern, die noch immer darauf beharren, dass Mitarbeiterbindung bei ihnen keine Relevanz hat.

Aber bleiben wir optimistisch. Immerhin sind sich die anderen drei Viertel der befragten Manager der Wichtigkeit von Bindung bewusst.[6] Wenn diese auch auf allen bereits diskutierten Ebenen entsprechend handeln, kann die Zukunft (also heute) doch noch kommen.

Wachsen ist das neue Aufsteigen

Unser Bedürfnis nach Sicherheit ist real – und für uns fast nur noch im persönlichen Wachstum zu finden. Das verändert unser Verständnis von Karriere. Wir möchten – müssen – ein Leben lang lernen. Und stetiges Lernen ist in dieser Zeit der so schnellen Entwicklungen absolut entscheidend, für jeden und jedes Unternehmen.[7] Wenn Ihr überleben und vorankommen wollt, bleibt Euch nichts anderes übrig, als Eure Mitarbeiter ständig am Puls des Wissensstands zu halten. Damit wir den gestiegenen Anforderungen der Tätigkeiten gerecht werden können (alles Einfache übernimmt Kollege Computer, schon vergessen?). Es muss jeder Einzelne Verantwortung übernehmen, Zusammenhänge verstehen und deswegen umso mehr Kompetenz erlangen (siehe Kapitel 3). Ich muss nicht weiter ausführen, was Ihr als Arbeitgeber davon habt. Die lange Version haltet Ihr in Händen, die kurze lautet: Eure Existenz. Dass gute Unternehmer nach Leuten suchen, die besser sind als sie selbst, wisst Ihr bereits. Dass diese Mitarbeiter nicht gleich zu Beginn als solche zu erkennen sind, scheint weniger klar. Vielleicht fragt Ihr Euch: Wer finanziert das? Wer übernimmt die Aufgaben während der Weiterbildung, während des Studiums? Das sind gute Fragen, die beantwortet werden müssen, gegebenenfalls gemeinsam. Aber denkt daran: Unternehmen, die nicht in Fortbildungskonzepte investieren, kommt das später umso teurer zu stehen. Seht sie also als eine clevere Investition an.

Und wie praktisch: Ihr leistet damit außerdem einen Beitrag, Euch unsere Loyalität zu erarbeiten. Bindung entsteht nicht von allein, und schon gar nicht aus Langeweile und Stillstand. Zeigt uns, dass Wachsen möglich ist, transparent und realistisch. Wenn Ihr das vermitteln könnt, fühlen wir uns auch emotional viel mehr gebunden, sind stolz auf das Gesamtwerk und unseren Beitrag dazu.

Bildet Euch! Und uns!

Welche Bedingungen liegen bei Euch eigentlich vor, wenn es darum geht, Wissenszugewinn zu fördern? Wie engagiert ist Euer Unternehmen in aktiven Angeboten und Maßnahmen? Wie viele unternehmensinterne Fortbildungen bietet Ihr, wie viel investiert Ihr in externe Angebote? Wie viele Eurer Mitarbeiter nutzen duale Systeme, Bildungsprogramme, schließen ein Master-Studium an, wie viele nehmen Bildungsurlaub? Regelmäßig, selbstverständlich, selbstoptimiert?

Und wie geht Ihr dabei vor? Findet die Entwicklung der Mitarbeiter und ihrer Ideen nach Plan statt – also systematisch, institutionalisiert?[8] Zeigt Ihr Euren Mitarbeitern, Azubis und Nachwuchskräften auf, welche Möglichkeiten und Entwicklungsmaßnahmen sie in den nächsten Jahren in Anspruch nehmen können? Oder werden nur die Nörgler zufriedengestellt?

Was auch immer Ihr in dieser Richtung angeht oder ab jetzt angehen werdet, tut Euch den Gefallen und nutzt die im Kapitel 6 be-

schriebenen Tools, um die Maßnahmen zu dokumentieren und zu planen. Standardisiert lassen sich mit wenigen Handgriffen wichtige Informationen festhalten und bei Bedarf schnell finden: Wie lange vor einem zukünftigen Projekt ist welche Fortbildung für wie viele Leute aus welchen Teams nötig? Für wie lange? Wer ist besonders befähigt und motiviert? Welche Maßnahme ist effektiv für Kollegen, die sich mit Theorie schwertun? Wer kann was? Müssen wir jemanden speziell schulen oder haben wir selbst Experten, die das übernehmen und/oder bei der internen Ausbildung behilflich sein können?
Diese Fragen mögen Euch nerven, sie sind allerdings nahezu mörderisch, wenn sie alle zwei Monate aufs Neue gestellt und beantwortet werden müssen. Was für eine Zeitverschwendung! Dokumentiert also jeden Schritt, den Ihr bereits gegangen seid. So könnt Ihr den Weg Eurer Leute verfolgen und ihnen die weiteren Schritte aufzeigen. Sehe ich, wo ich in zwei oder drei Jahren sein kann, was ich bis dahin Neues gelernt, gesehen, erfahren habe, werde ich seltener an einen Wechsel denken. Sind uns die einzelnen Etappen von Anfang an bekannt, fällt es uns leichter, unsere stabile Erfahrungs- und Lernkurve zu finden.

Theorie ja – aber digital, analog und praktisch

Wie klassische Fortbildungen und Schulungen organisiert werden und inwieweit diese taugen, wisst Ihr besser als wir. Fachtrainings, Workshops oder Seminare sind in neun von zehn Unternehmen Standard, gefolgt von EDV-Schulungen, Persönlichkeitstests, Coachings und Sprachkursen.[9] Deswegen nochmals der Appell: Macht sie, diese klassischen Kurse, und zwar möglichst sinnvoll. Nutzt das breite Spektrum der Werkzeuge, Methoden und Unterstützungen, um Eure Leute so praxisnah wie nur möglich lernen zu lassen, alles »Trockene« möglichst »nass« zu machen. Lasst Mitarbeiter von praxiserfahrenen Machern aus dem Unternehmen lernen, um potenzielle Synergieeffekte zu schaffen und insgesamt nachhaltigen Wissenstransfer anzustoßen. Setzt Euch als Chefs regelmäßig dazu (gerne auch digital) und erlebt selbst, wie gut oder schlecht diese Strukturen funktionieren.

Apropos digital: Die schöne Technik hält in der Tat so einiges bereit, denkt an E-Learning, Blended Learning, Web Based Trainings etc. Seit dem Telekolleg hat sich da einiges extrem verbessert, ja revolutioniert: Digitales Lernen ist variabel, was Zeit und Ort angeht, und auch bei der Lerngeschwindigkeit und den Wiederholungen von Inhalten. Vor allem ist es interaktiv, denn es lässt sich für jeden Mitarbeiter, mag er noch so individuelle Anforderungen haben, das richtige Konzept zusammenschrauben. Mit dieser Lernmethode fallen keine Kollegen, Teams oder gar Abteilungen über Tage aus, weil sie 400 Kilometer entfernt gelangweilt in einem Seminar sitzen, das jeden einzelnen Teilnehmer nur zu 33 Prozent tangiert (weil die anderen beiden Drittel bekannt oder irrelevant sind). Und bei denen die Motivation spätestens wieder dann dahin ist, wenn man im eigenen Büro vor einem Berg Arbeit sitzt, der sich während des Seminars getürmt hat.

Das geht besser: Jeder Mitarbeiter entscheidet selbst, wann er sich welchen Lernstoff vornimmt. Doch bevor es zu Missverständnissen kommt: Eure Mitarbeiter können dank dieser digitalisierten Methoden im Zug, auf der Couch, sonntags, nachts oder im Urlaub lernen – es bleibt aber dennoch Arbeitszeit. Der Unterschied ist nur, dass Eure Leute dies nun machen können, wenn nicht gerade Kunden oder Projekte Unterstützung brauchen. Und wenn Eure Technik das hergibt, die Offline- beziehungsweise Home-Version funktioniert.

Das CYP, so etwas wie eine Berufsschule für angehende Banker in der Schweiz, macht es mit seinen Azubis vor: Anstelle von Ordnern voller Lernunterlagen gibt es Tablets mit allen notwendigen Inhalten. Die Azubis bereiten sich damit individuell auf das nächste Blockseminar vor, müssen vor der Teilnahme gar einen kleinen

Test zur Eigenkontrolle auf dem Gerät ablegen. Bei den Präsenzterminen sind alle auf einem vergleichbaren Wissensstand, auf die aufgetretenen Fragen kann eingegangen und praktische Beispiele können besprochen werden. Das Ganze ist dazu auch noch günstiger als die Papiervariante und die Azubis lernen auf diese Art gut und gerne, denn auch hier bringen Abwechslung und Flexibilität sichtbare Erfolge.

SwissVBS und Lecturio sind zwei Hersteller solcher digitalen Weiterbildungsprogramme, sie bieten neben standardisierten Fortbildungen ebenso die Produktion individuell auf einzelne Unternehmen zugeschnittener Online-Seminare an. Natürlich mit ansprechenden und motivierenden Elementen in Bild und Ton, mit interaktiven Teilen, die zur Anwendung animieren und zum selbstständigen Denken einladen.

Die Gabelstaplerfahrprüfung steht an? Prima, doch zuvor kann jeder der Mitarbeiter, die die Gabelstapler bald fahren sollen, in eigenem Tempo die Theorie erlernen. Kein gelangweiltes Herumsitzen, während andere noch hinterherhinken, kein Zeitverlust bei Wiederholungen. Zum Schluss gibt es einen Test, den jeder selbstständig vornehmen muss und der die Zulassung zum praktischen Teil darstellt. Das nenne ich mal didaktisch wertvoll, praktisch geschickt. Fertig.

Auf Wunsch können auch Lerngruppen etabliert werden, die sich dann zu festen Zeiten treffen, wenn die Inhalte dazu einladen oder die Kollegen dies wünschen. Keiner muss mitmachen. Doch dabei geht es nicht um ein Entweder-oder, um nur digital oder nur analog. Macht es so, wie es für Euch und Eure Teams am effizientesten und sinnvollsten ist, entscheidend ist allein, dass beide Seiten – Ihr und Eure Mitarbeiter – die Vorteile nutzen. Digital-analoge (Misch-)Formen gibt es viele, gerade Blended Learning bietet viele Möglichkeiten, integriert zu lernen, je nach Inhalt, Branche, Geschäftsfeld und Innovationsrhythmus, einen Teil digital und individuell, einen anderen gemeinsam und praktisch im Kurs, einen weiteren einzeln mit Hands-on-Erfahrungen.

Für intern hergestelltes Material müsst Ihr noch nicht mal viel Geld in die Hand zu nehmen. Je nach Anspruch lassen sich kleine How-to-Videos mit Smartphones oder bezahlbaren Videokameras filmen. Dazu Software für den Schnitt und die Zusammenstellung eines kleinen Teams aus design- und lernaffinen Mitarbeitern, die sich hier einbringen möchten. Machen Azubis gern diese Dinge, haben diese aber nach ihrer Ausbildung keine Zeit mehr dafür, dann: kombiniere, Sherlock! Mit Eurem Wiki muss nicht jeder neue Azubi wieder mühsam durch andere angelernt werden. Fertigt lieber ein How-to-Video über das Erstellen der anderen unternehmensinternen How-to-Videos an – und schon sind zwei Sachen erledigt: Dokumentation genutzt und Wissensspeicher gefüllt.

Die Kultur des Bildungsmitarbeiters

Ob analog, digital oder gemischt, es geht auch hier um mehr als einzelne Maßnahmen. Jeder kann, darf, soll und will von jedem lernen – und genau das muss zu Eurer Bildungskultur werden. So können Unternehmen generationenübergreifend agieren und handlungsfähig bleiben, alle Mitarbeiter ihren Part im Gesamtbild begreifen. Und bleiben. Denn Ihr wisst: Neben den Fragen »Warum bin ich hier?« und »Worin bin ich gut?« fragen wir ständig nach dem Know-how-Kapital, das wir bei Euch sammeln können. Um uns damit abzusichern.[10]

Hört auf, Schubladen zu bauen und Überschneidungen zu blockieren. Schafft vielmehr ein Klima der Motivation und der gemeinsamen Zielsuche. Nehmt jedes Interesse positiv auf und freut Euch über die Teilnahme Eurer Leute. Verankert Lernkonzepte in Eurer Arbeitskultur. Legt eine gesunde Basis für stetiges und selbstbestimmtes Lernen. Natürlich wird es immer wieder Kollegen geben, denen es schwerfällt, sich zu disziplinieren und relevante Inhalte selbstbestimmt zu lernen, während andere ihr Wissen nur widerwillig teilen. Ja, auch diese Hindernisse gilt es zwischenzeitlich zu überwinden, um uns zu ermöglichen, uns ständig fortzuentwickeln. Und damit das eigene Unternehmen effizient auf dem neuesten Stand zu halten.

Bringt uns mit unseren Kollegen, Euren besten Leuten zusammen, lasst uns voneinander lernen! Intern gibt es in jedem Unternehmen Wissen, das Gefahr läuft, auf der Strecke zu bleiben. So mancher von uns würde sich darum reißen, es zu erhalten, damit es nicht verloren geht. Etabliert Formen, in denen jeder vom Erfahrungsschatz eines anderen profitieren kann: der Berufserfahrene von den Jungen viel über die neue, digitale Welt, die Jungen von den Erfahrungen der Älteren. Buddy-Programme sind effektiv, um dies umzusetzen: etabliert individuelle Strukturen, die zu Eurem Unternehmen passen, ob »gegenseitiges Coaching«, mehr oder weniger klassische (aber wirklich gute) Mentoren-Programme oder Tandem-Workflows. Jeder, der will (und die Guten werden wollen!), erhält einen Mentor beziehungsweise Buddy zur Seite gestellt, sodass sie sich auf kollegialer Ebene gegenseitig motivieren, anspornen und anleiten können. Gerade für Azubis ist das enorm wichtig, denn neben der Wertschätzung können so Probleme identifiziert, geklärt und verändert werden, bevor sie zu ernsten Hindernissen werden.

Wenn wir wechseln, dann oft, weil wir neue Herausforderungen suchen. Findet doch Möglichkeiten und Wege, um uns diese intern zu verschaffen. Das klingt schlimmer, als es ist, denn »neu« ist dabei relativ: Für einige sind Aufgaben und Strukturen anderer Abteilungen und Kollegen schon neu, etwa Kundengespräche, Besichtigungen, Verhandlungen mit Partnern, Konzeption oder Produktion. Denn Fakt ist: Praktische Erfahrungen sind unbezahlbar. Lasst uns Dinge ausprobieren, gebt uns Zugang zu Eurem Wissen. Trial and Error lohnt sich, wir lernen aus Fehlern mindestens ebenso viel wie aus Erfolgen. Klar, ein Azubi im Handwerk kann kaum allein auf eine Baustelle geschickt werden – die unter diesem Haus begrabenen Leute werden sich bedanken. Doch darum geht es nicht, sondern um das Schaffen eines Umfelds, in dem wir alle zusammen Herausforderungen gern annehmen. Um aus ihnen zu lernen.

Zum Ankurbeln des internen Austauschs und um den Erfahrungs- und Wissenszugewinn hochzuhalten, können Maßnahmen wie Jobrotation, Abteilungswechsel oder Austauschprogramme helfen. Es nützt auch Euch: Wir erhalten nicht nur das Gefühl, dass Ihr uns fördert, wir können besser werden, weil wir immer mehr Zusammenhänge verstehen: Weiß der Vertrieb, wie die Herstellung funktioniert, wie der Zulieferer arbeitet, was die Kommunikationsabteilung vermittelt (und umgekehrt), wird jedem klar, wie komplex das Zusammenspiel ist, warum bestimmte Wege so langwierig sind – oder verkürzt werden sollten. Die Wertschätzung unter Kollegen und Partnern kann auf diese Weise wachsen – und das Engagement mit ihr, denn es fällt leichter, jemandem effizienter zuzuarbeiten, wenn man ihn kennt und schätzt. Vernetzungen können so optimiert werden – und wieder ist eine Situation gegeben, die jedem nur hilft.

Ein Dichtungshersteller, ein Familienunternehmen mit dreißig Mitarbeitern, hat nicht nur Jobrotation eingeführt, sondern gleichzeitig der Geschäftsführerin ermöglicht, die Verantwortung auf viele Schultern zu verteilen.[11] Hier griff sozusagen das Prinzip Learning by Doing: Weil Catrin Graf zwischen drei Filialen wechselte, fiel ihr auf, dass ihr genau das einen Einblick in wichtige Prozesse ermöglichte. Also erarbeitete sie gemeinsam mit ihrem Team ein Rotationsverfahren, das nicht nur die Abläufe, sondern auch die Kommunikation unter den Filialen und ihren Teams enorm verbesserte. Interessant vielleicht für Euch: Die Sorge, die Mitarbeiter von diesen Wechseln überzeugen zu müssen, war völlig unbegründet. Die Mitarbeiter waren mit Freude und Elan dabei. Warum? Na, weil es diese Herausforderungen sind, die wir suchen. Es ist an Euch, hier etwas zu ändern.

Unabhängig von Branche, Unternehmensgröße oder Euren Arbeitsprozessen gibt es verschiedene Konzepte, die Euren Erfahrungsaustausch hoch und unsere Wissbegierde befriedigt halten:

Für manche Branchen können Tandemtage, bei denen sich Mitarbeiter aus verschiedenen Teams regelmäßig gegenseitig über die Schulter schauen, eine ideale Lösung sein. Oder Cross Learning, das zu (Cross-)Innovationen führen kann, wenn Ihr den volatilen Markt mitgestaltet. Ebenso könnt Ihr Workshops bei Partnerunternehmen (nicht nur in Deutschland) anbieten und damit neue Bildungswege eröffnen. Geöffnet werden damit auf jeden Fall unsere Augen für komplexere Zusammenhänge – und es vergrößert nicht nur unseren Wissenspool, sondern auch unser Netzwerk. Bereits jetzt im praktischen Einsatz sind Jobrotationen und Auslandseinsätze leider nur bei 34 Prozent beziehungsweise 43 Prozent. Das solltet Ihr überdenken.[12]

Das private Wachstum – gemeinsam realisieren

Andreas Müller, stellvertretender Geschäftsführer der Deutsch-Mexikanischen Industrie- und Handelskammer, riet 2016 deutschen Unternehmen in Mexiko, nicht den »vermeintlich schlausten Bewerbern« einen Ausbildungsvertrag zu geben, diese würden nach Ende ihrer Ausbildung nur studieren wollen, sondern lieber »Leuten, die auch die Notwendigkeit haben zu arbeiten«.[13] Ja, geht's noch? Diejenigen, die engagiert sind und sich praktisches sowie akademisches Wissen aneignen möchten, sollen gezielt vernachlässigt werden? Was für ein Menschenbild wird hier vermittelt? Haltet die Leute klein, macht sie abhängig, dann bleiben sie? Und lasst die Guten auflaufen, sollen sie doch studieren, dann können wir ihnen mangelnde Praxiserfahrung unterstellen und sie billiger bekommen? Nein, das kann Herr Müller kaum gemeint haben.
Die Gefahr, dass es so endet, besteht dennoch. Der Grund: In Unternehmen wird nicht überlegt, wie man ein Studium parallel zum Job ermöglichen kann. Oder wie eine Rückkehr in den Betrieb

nach der Uni-Zeit aussehen könnte. Würdet Ihr das tun, hättet Ihr die Besten ausgebildet – und in ein paar Jahren würden sie mit noch mehr Wissen wieder an Bord sein. Wieso könnt Ihr nicht Strukturen aufbauen, die für alle gewinnbringend sind? Gebt diesen Besten mehr – und es bringt Euch ebenso viel. Win-win, schon vergessen?

Es mag sein, dass die persönliche Weiterbildung eines Mitarbeiters auf den ersten Blick nicht unbedingt sinnvoll für das Unternehmen erscheint. Aber das ist nicht der entscheidende Punkt. Wenn Eure Mitarbeiter derartige Schritte machen möchten, lasst sie es tun – oder sie werden gehen. Denn darum dreht es sich: Bildung ist Bindung.

Wenn wir also (Bildungs-)Hummeln im Hintern haben, könnt Ihr uns ohnehin nicht bremsen. Seid doch froh, dass wir so ambitioniert sind, und bietet uns entsprechende Bedingungen an. Eine problemlose längere Freistellung, eine Reduzierung der Stunden oder unbezahlter Urlaub sind das Mindeste, was Ihr tun könnt (mehr dazu habt Ihr bereits in Kapitel 7 gelesen). Der Haushaltsgerätehersteller Miele hat beispielsweise das Master@Miele-Programm ins Leben gerufen, die Telekom ermöglicht parallel zum Job ein Bachelor-, Master- oder gar Promotionsstudium, Bosch hat ein PreMaster-Programm etabliert.[14] Das mögen jetzt »die Großen« initiiert haben, im kleineren Rahmen lässt sich aber Ähnliches durchführen. Und vergesst nicht: Neben Bildung können wir auch für den Aufbau eines Flüchtlingsheims, eines Brunnens oder für die Gründung eines Start-ups brennen. Lasst es uns dann tun – und gebt uns die Option auf jederzeitige Rückkehr.

Werkstätten – für Bildung und Innovation

Für die Indoor-Variante aktiver Förderung und Bildung haben einige Unternehmen Gründerwerkstätten, Hubs oder Young-Professionals-Gruppen aus dem Boden gestampft, nach dem Motto: »Ihr wollt Start-ups? Ihr kriegt Start-ups!« Der Geschäftsführer eines Medienunternehmens in Würzburg formulierte treffend, um was es bei diesen Werkstätten geht: »Wir lassen unsere jungen Mitarbeiter gar nicht mehr in die alten Strukturen, es würde sie nur zermürben.« Also erhalten diese Mitarbeiter die Chance, ihre Führungsqualitäten zu erproben, sich zu entwickeln, zu netzwerken und ihre Ideen zu testen.[15] In diesen Werkstätten managen wissbegierige und experimentierfreudige junge Nachwuchskräfte oder Azubis Projekte, Abläufe, Ziele, Ergebnisse. Chefs oder Fortschrittsblockierer gibt es nicht, erfahrene Mitarbeiter kommen allerdings gerne als Coaches zum Einsatz. Die Jungen können sich austoben, austauschen, auch mit Mitarbeitern anderer Generationen, und etwas einbringen, was in ihren alltäglichen Aufgaben nicht immer Platz findet.

Diese Einheiten sind grandios und begeistern wahrscheinlich jeden jungen Mitarbeiter. Die Umsetzung ist wenig aufwendig, doch vorrangig solltet Ihr Euch die Mühe machen, sie nicht als Spieleparadies anzusehen, in dem Ihr uns absetzt und Euch danach ausklinkt. Eure Meinungen zu den Ideen, die in den Gruppen entstehen, zu unseren Qualitäten und unserer Weiterentwicklung sollten relevant bleiben, sonst degradiert Ihr ein solches Projekt zu einer Trockenschwimmübung. Ihr habt dann auch wenig davon, weder zufriedene Mitarbeiter noch gute Einfälle, die weiterentwickelt werden können. Innovative Strukturen in diesen Gruppen auszuleben, kann entscheidend sein, denn die digitalen Generationen brauchen Bewegung und die Möglichkeit, Neues zu schaffen. Nutzt dafür Sommerlöcher oder Ähnliches, ohne dass jemand unter dieser Zusatzaufgabe leidet. Neben dem enormen Erfahrungszugewinn kommen auch tolle Projekte dabei heraus, die einen tollen Beitrag zum Geschäft liefern. Vielleicht sogar neue Geschäftsbereiche oder Produkte. Seht das als Möglichkeit zum Lernen an. Für uns wie auch für Euch. Wer das tut, gewinnt. Und bindet.

Das Sahnehäubchen auf der Bindungstorte

Alle wichtigen Aspekte, Konzepte und To-dos sind in den vergangenen Kapiteln erklärt worden. Mit ihnen könnt Ihr es schaffen, dass wir freiwillig bleiben. So können wir gemeinsam arbeiten, wachsen und uns gegenseitig binden. Wollt Ihr zusätzlich noch ein Sahnehäubchen draufsetzen, könnt Ihr Euch an zwei Dinge halten, die bereits von manchen Unternehmen angewendet werden, leider aber meistens falsch: Benefits und Incentives.

Die Kickertische sind zum Sinnbild für Benefits geworden, dabei sind sie mittlerweile schon fast wieder old school. Und sie waren nie das, was die Presse aus ihnen gemacht hat. Es war nie darum gegangen, weniger zu arbeiten oder einzig mehr Spaß zu haben, um so auf ein paar gute Ideen zu kommen. Der Grundgedanke war vielmehr, die Pausen der Mitarbeiter entspannt zu gestalten. Diese Gefälligkeit (verbunden mit einem so zum Ausdruck gebrachten Interesse am Mitarbeiter) sollte dazu dienen, die intrinsische Motivation hoch zu halten.

Benefits werden hierzulande übrigens häufig mit einer ähnlichen Bedeutung wie Incentives belegt, dabei besteht durchaus ein kleiner, feiner Unterschied: Incentives sind grundsätzlich leistungsbezogen, während Benefits meist von der Leistung unabhängige Vorteile darstellen. Beide sind jedoch vorwiegend nicht materieller Natur: So werden von vielen Mitarbeitern starke Beziehungen zu den Kollegen als besonders wertvoll erlebt.[16] Haben Mitarbeiter fünfundzwanzig oder mehr Freunde unter ihren Kollegen, steigert das nicht nur ihr Engagement, sondern auch ihre Bindung zum Unternehmen. Es kommt sogar noch besser, denn viele Arbeitnehmer empfinden erreichte Meilensteine eines Unternehmens als positive Erlebnisse, die noch intensiver erlebt werden, wenn Kollegen involviert sind.

So viel also zum Kickertisch: Diese kleinen Aufmerksamkeiten helfen, die Gesamtstimmung zu steigern und Freundschaften im

Unternehmen entstehen zu lassen. Gehören zur Kultur der Kickertisch und regelmäßige Turniere und nehmen die Mitarbeiter das als echten Mehrwert wahr – prima. Jede Idee, die das Team begeistert, ist willkommen. Die größten Ziele bleiben Bindung und Erfolg, für beide Seiten.

Guter Service – nicht kriegsentscheidend, aber bemerkenswert

Ein Stuttgarter Ingenieurbüro hat ein eigenes Fitnessstudio für Sportbegeisterte und solche, die es werden möchten, samt Personal Trainer im Angebot. Ein Münchner elektrotechnischer Betrieb bietet Hypnosekurse für Raucher oder gegen Übergewicht an. Ein Berliner Software-Unternehmen hat einen Notfall-Babysitter-Dienst ins Leben gerufen. Ein Bauunternehmen nahe Erfurt beteiligt seine Mitarbeiter am Gewinn und schüttet jährlich zehn Prozent aus.[17] Für gesellige Teams können regelmäßige gemeinsame Anlässe – Grillabende, Fußballspiele im Fernsehen anschauen – ein bindendes Mittel sein. Reiseunternehmen packen mittlerweile die gesamte Mannschaft mit Kind und Kegel für einen Monat ein, um mit ihr vor Ort zu arbeiten. So können sie die Pausen am Strand verbringen, die Familie einbinden und noch dazu ihren Job besser machen, weil sie das Reiseland gründlich kennenlernen. In der Tourismusbranche klappt das natürlich besonders gut, aber dennoch: Was schadet ein gemeinsamer Ausflug zu einem Partnerunternehmen, einem Lieferanten, einem Kunden?
Man muss auch kein Hotel leiten, um ein Personalhaus anzubieten, in dem Mitarbeiter günstiger wohnen können. Dennoch ist dieses Beispiel von einem Hotel realisiert worden, wie auch das folgende: Die Mitarbeiter des Monats werden in ein Vier-Sterne-Hotel eingeladen, ebenso die Azubis mit Bestnoten. Wohin es gehen soll, entscheiden übrigens Mitarbeiter und Azubis selbst. Zudem können sie an einem Austauschprogramm mit internationalen Hotels teil-

nehmen.[18] Die Kosten könnten durchaus ein Hindernis darstellen, allerdings nur, wenn der Gewinn nicht einkalkuliert wird. Und der mögliche Zusatznutzen: Lasst Eure Leute Blogs zu solchen Aktionen schreiben, während sie unterwegs sind, so erhaltet Ihr ganz nebenbei noch mediale Aufmerksamkeit.

Wie Ihr seht, bei alldem geht es (wieder einmal) weniger um Geld als um den Willen, seinen Mitarbeitern echten Mehrwert zu bieten, und um das wahre Interesse daran, dies zu tun. Klar kann nicht jedes Unternehmen eine Azubi-WG oder eine tolle Kantine mit Sterneköchen und Bio-Produkten aufbauen, aber fünf zusammen sehr wohl (jedenfalls in Industriegebieten). Sprecht mit Euren mittelständischen Nachbarunternehmern und gründet eine zentrale Kantine. Selbst wenn die Mitarbeiter etwas dafür zahlen müssten, sie werden Euer Bemühen positiv aufnehmen und es zu schätzen wissen, vor allem, wenn sie eingebunden werden – eine vegetarische Kantine bei einer Fleisch liebenden Belegschaft kann nämlich nach hinten losgehen, ebenso eine Kita, wenn es keine Kleinkinder gibt. Und ob Ihr mit einem Fitnesstrainer den großen Fang macht, sei auch dahingestellt, eine einzige Maßnahme kann oft zu kurz gegriffen erscheinen.

All diese Maßnahmen sind Zeichen der Wertschätzung für exzellente Leistungen, aber eben nur *ein* Zeichen. Es wird kaum dazu führen, dass gute Mitarbeiter bei verkrusteter Organisation, bescheidener Kultur und hierarchieliebenden Vorgesetzten bleiben. Es kommt vielmehr auf den Gesamtmix an – und das offene Ohr derjenigen, die Entscheidungen treffen, falls es nicht alle gemeinsam tun. Wenn Ihr zu dem, was bislang in diesem Buch dargestellt wurde, nicht »Check« sagen könnt – kommt bloß nicht auf die Idee, Kickertische, Bio-Kantinen oder Firmen-Fitnessclubs könnten etwas retten. Habt Ihr den Rest allerdings im Griff, können diese Aspekte Eurem Unternehmen das Sahnehäubchen aufsetzen.

Sexy, clever, wissbegierig – und noch ein bisschen mehr

Erinnert Euch: Wir finden Sicherheit in unserem persönlichen Wachstum, im Lernen, im Mehr-Können. Das Schlimmste für uns sind Langeweile, Routine, Stillstand, fehlender Fortschritt. Wir wollen nicht um jeden Preis gehen, aber wir tun es, wenn es nötig wird. Wenn wir Unternehmen wechseln, suchen wir, tatsächlich ganz im Sinne von Patty McCord, Veränderung, Irritation, Abwechslung. Bessere Rahmenbedingungen. Unnötig wird ein Wechsel aber, wenn Ihr uns all das in Eurem Unternehmen bietet. Für uns bedeutet das eine attraktive Organisation und eine Lernkurve in konstanter Bewegung.[19]

Es geht also um die intrinsische Motivation: Wir wollen arbeiten, uns entfalten, das Unternehmen mit seinen Zielen und Ideen voranbringen. Dies steckt grundsätzlich in jedem Arbeitnehmer (auch in jenem, bei dem man es nicht vermutet), es kann jedoch schnell zerstört werden, wenn Unternehmen sie nicht als motivierte Partner erkennen, wenn Vorgesetzte ignorant und arrogant agieren, Misstrauen herrscht, Ungerechtigkeiten an der Tagesordnung sind, Abhängigkeiten. Solche Szenarien sind noch zu oft Alltag: Die prekäre Lage vieler junger Arbeitnehmer wurde bereits erwähnt, die hohe Zahl an Zeitverträgen – und natürlich die vielen Unternehmen, die nicht halten, was sie versprechen, die keine Weiterbildung anbieten, keine Work-Life-Balance ermöglichen, schlecht entlohnen, keine lebenswerte Kultur haben, keine spannenden Aufgaben bieten, nur top-down arbeiten und, und, und. All dies treibt uns in unserem Sicherheits- und Optimierungsdenken schnell weiter. Missionen und Visionen gehören nicht nur in die Chefetage, sondern wir wollen daran beteiligt sein: Wenn wir sehen, welche Ziele und Ideen hinter dem Unternehmen stehen, können wir uns emotional ganz anders binden. Und eine Vision lässt sich nicht in zwei Jahren final bewerkstelligen, also bleiben wir länger. Denn genau das ist für uns erstrebenswert: Können wir Teil dieser Visionen werden, kommen wir gar nicht dazu, uns ständig umzuschauen, uns zu langweilen.[20] Haltet die Lernkurve hoch! Bietet Abwechslung und Horizonterweiterung. Bietet uns all das unternehmensintern, dann müssen wir Euch auch nicht verlassen. Mitarbeiter zu Fans zu machen ist so schwer, wie es sich anhört. Fans können aber der entscheidende Trumpf für Eure Zukunft sein. Kurzum: Wendet die beschriebenen Prinzipien an, dann habt Ihr eine Organisation, die so attraktiv ist, dass sie zum Verweilen einlädt.

9
Ran an den Nachwuchs

Bevor Ihr jetzt weint, dass Google oder Tesla es beim Recruiting so viel einfacher haben: Ja, das mag stimmen. Doch das hier ebenso: Auch ein Industrieklebstoffhersteller in Hintertupfingen kann uns begeistern, wenn er sich mit modernster Technik auseinandersetzt, sein Team hegt und pflegt, mit ihm neue Ideen sucht und sie auch umsetzt. Denn gerade KMU (kleine und mittlere Unternehmen) haben bei den Digital Natives einen sehr guten Stand: 50 Prozent der Generation Y arbeitet in Unternehmen mit bis zu 100 Mitarbeitern.[1] Das ist eine riesige Chance für beide Seiten: Wir sind ehrgeizig, denken fortschrittlich, sind technisch bewandert und setzen sinnstiftende Arbeit über große Gehälter. Wir lieben die Möglichkeiten, die Herausforderungen, nicht nur das »kleine Rädchen« im Konzern zu sein – und so zu arbeiten, wie es uns gefällt.[2]

So weit die Theorie. In der Praxis hinken die meisten Industrieklebstoffhersteller (Mittelständler) jedoch meilenweit hinterher, was lebenswerte Unternehmenskultur und -organisation angeht. Dabei lassen sich gerade hier Hierarchien abbauen, kann ein gutes internes und externes Netzwerk entstehen, können technologische Veränderungen vorgenommen, kann Feedback von höchster Stelle schneller ausgesprochen werden. Und das Beste ist: Die Erfahrung hat uns gelehrt, dass diese Dinge im Mittelstand zwar noch nicht alle vorliegen, aber bei vielen mit Engagement tatsächlich umgesetzt werden. Dort sind echte »Macher« am Werk, die nicht nur viel reden. Und das macht uns an, das klingt für viele von uns nach einem Traumjob.

Dennoch sind im Mittelstand 326 000 Stellen vakant.[3] An was liegt's? Klar, nicht jeder von uns reißt sich darum, nach Hintertupfingen zu ziehen – aber für ein klasse Team und »die Sache« machen wir so einiges. Euer Problem ist also nicht zwangsläufig Hintertupfingen. Wenn wir dort offene Köpfe antreffen, die sich an uns und an die Zukunft wagen, erhalten auch sie ein Like – wenn wir Euch denn findet. Denn genau das ist Euer Problem: dass Euch außerhalb Eures Nests niemand kennt. Dass Ihr kein konsistentes Bild nach außen abgebt. Und Euch niemand als attraktiven Arbeitgeber wahrnehmen kann. Daran arbeiten wir jetzt!

Voraussetzung ist natürlich eine attraktive Organisation, die man auch nach außen kommunizieren kann. Falls Ihr denkt, Eure fehlenden Mitarbeiter rühren daher, dass Ihr nicht genug pfiffige Werbung schaltet oder lustige Facebook-Videos dreht: Error. Zurück auf Anfang. Ihr könnt den tollsten Webauftritt haben, die schönste Facebook-Seite, die interessanteste Stellenanzeige, inspirierende Videos – wenn sie nicht halten, was sie versprechen, schadet Ihr nur Euch selbst.

Habt Ihr aber eine super Organisation, geht es für Euch nun darum: Employer Branding, Recruiting und Onboarding. Danach kann ich Euch auf den Markt der attraktiven Arbeitgeber entlassen. Falls nun eine Bewerbung ins Haus flattert, was ziemlich schnell passieren kann, habt Ihr keine Zeit zum Überlegen. Dann müsst Ihr handeln.

Vielen Arbeitgebern wird langsam klar, dass wir und mit uns alle anderen Arbeitskräfte keine Bittsteller mehr sind. Auch wenn so mancher von Euch wegen dieser Tatsache flucht und sich die alte Zeit zurückwünscht: Spart Euch diese Kraftanstrengung – oder besser: Steckt sie in Euer Unternehmen! Da gehört sie hin. Professionelles Recruiting zahlt sich aus, es ist produktiv und am Puls der Zeit. Ehrlich: Ob Ihr Stunden um Stunden dasitzt und auf Bewerbungen wartet oder gar welche wälzt, die ohnehin nicht passen, oder ob Ihr Euch die Zeit nehmt, um gezielt auf Fischfang zu gehen – wo soll da das Problem sein? Doch nicht etwa, weil Ihr Euch zu schade dafür seid? Weil Ihr diesen Rollentausch als diffamierend empfindet? Weil sich die Bewerber gefälligst bemühen sollen, schließlich erhalten sie bei Euch ja etwas zu tun und ein (ordentliches) Gehalt, wenn Ihr sie nehmt? So zu denken, wäre nicht nur ziemlich kurzsichtig. Es führt auch zu nichts außer zu schlechten, unmotivierten Mitarbeitern und zum langsamen Verfall Eures Unternehmens.

Wir müssen reden

Doch um dies zu können, müssen wir erst einmal mit Euch in Kontakt treten – und das ist nicht so einfach. Ende 2014 waren nur 66 Prozent aller Unternehmen im Netz auffindbar.[4] 66 Prozent? Wow, mit dieser Zahl hätten selbst wir nicht gerechnet. Bei DAX-Unternehmen sind es immerhin 78 Prozent – doch auch das ist alles andere als befriedigend. Laut der Studie »Mittelstandskommunikation 2015« weisen 40 Prozent aller befragten Unternehmen weder eine Kommunikationsabteilung noch ein festes Budget für Kommunikation auf, 41 Prozent sehen in der Kommunikation keinen Beitrag zum Unternehmenserfolg.[5] Wie bitte? Hat da wieder jemand überhaupt nichts verstanden?
Zu Eurer Verwirrung bewerben sich 78 Prozent aller Jobsuchenden nicht »bei Unternehmen mit schlechter oder fehlender Internetreputation«. Ha!, was für eine Formulierung. Das klingt, als würden wir sagen: »Nö, also die sind ja nicht im Internet, die finde ich doof, da bewerbe ich mich nicht.« Doch das ist am Problem vorbeigeschossen: Liebe Leute, wir entscheiden uns gegen ein Unternehmen bei schlecht gestalteten Auftritten – aber bei fehlenden? Wir sind keine Schnösel, die solche Unternehmen belächeln und uns nicht für sie hergeben, weil uns das zu peinlich ist. Wir wissen einfach nichts von Euch! Herrgott, woher denn auch? Woher sollen wir erfahren, dass es Euch gibt, dass Ihr vielleicht gerade an Eurer Kultur arbeitet, spannende Aufgaben zu vergeben habt, tolle Teams und vielleicht sogar noch ein firmeninternes Fitnessstudio vorweisen könnt? Wenn Ihr nicht darüber sprecht, untergrabt Ihr Eure eigenen Leistungen. Und kommt jetzt bitte nicht mit Lokalzeitungen oder einem Flyer. Gönnt Euch mehr Ziel- und Zielgruppenorientie-

rung – und Kanäle, in denen sich Eure potenziellen Kandidaten bewegen.

Mehr als die Hälfte aller Schüler, die einen Arbeitsplatz suchen, hat einen Online-Berufscheck gemacht und fast genauso viele von ihnen haben ihren Ausbildungsplatz online gefunden. Braucht Ihr noch mehr Beweise, dass Betriebe nicht ohne eine adäquate Internetpräsenz auskommen? Was ich nicht weiß, kann mich nicht heißmachen: Wir nutzen die digitalen Tools, um uns zu informieren. Und wir lieben Informationen, wie Ihr wisst, vor allem, wenn sie zugänglich und glaubwürdig sind. Jede noch so kleine Konsumentscheidung bereiten wir online vor – und ziehen laut Google-Statistiken im Schnitt zehn Informationsquellen hinzu![6] Schlimm genug, mögen einige Produktanbieter denken – doch auf der Suche nach einem spannenden Arbeitsplatz gehen wir genauso vor. Fazit: Kein Unternehmen kommt mehr drumherum, sich öffentlich zu präsentieren. Wie? Und womit? Ihr denkt, Ihr hättet nichts zu erzählen? Vielleicht so wenig wie Dreizehnjährige, die Schminktipps geben? Oder wie ältere Damen, die von ihren Wanderungen im Schwarzwald erzählen? Oder wie Jungs, die Computerspiele endlos bedeutungslos kommentieren? Genau, das waren rhetorische Fragen. Nutzt Eure Webseite, Euren Blog, Euren Facebook- und Twitter-Account, um Euch bekannt zu machen. »Wir haben diese Stelle zu besetzen …« (mit entsprechenden Links). Gibt es ein paar Fans, Follower und Abonnenten, werden sie das teilen, weil sie jemanden kennen, der auch wiederum jemanden kennt usw. Reichweite nennt man das. Und die folgt nahezu automatisch, wenn Ihr Eure Kommunikation richtig aufgebaut habt.

Ist dieser Schritt beschlossene Sache, stellen sich zuvor noch Fragen: Wie wollt Ihr ankommen? Wie wahrgenommen werden? Wen wollt Ihr erreichen? Kommunikationsstrategien haben noch heute eine große Spannbreite. Allerdings macht die Digitalisierung vielen einen Strich durch die Recruiting-Rechnung. Denn auch hier funktionieren alte Denkmuster plötzlich nicht mehr: »Lügt und übertreibt, was das Zeug hält, erzählt das Blaue vom Himmel, verpasst uns einen hippen Anstrich, Hauptsache, Ihr verkauft das Produkt.« Ist klar, dass das nicht mehr funktioniert.

Tacheles reden

Wir wollen nicht nur hinter die Kulissen schauen, wir können und tun es sogar. Social Media, Communitys, Kununu & Co. sei Dank. Während Unternehmen früher eine Blackbox waren und wir nur deren Werbung (und die zugehörigen Produkte) kannten, können wir uns heute ein Gesamtbild machen. Hier kommt ein Begriff ins Spiel, den wir schon kurz angesprochen haben (siehe Kapitel 3): Employer Branding. Das Definieren und Schärfen der Marke eines Arbeitgebers als Grundlage aller weiteren Kommunikationsmaßnahmen. Es ist wie ein Tool, ein Werkzeug, das unterstützend wirken kann. Wie Schminke oder High-End-Benzin: Man wird dadurch ein bisschen schöner beziehungsweise schneller – aber nur bis zu einem gewissen Grad. Derartige Maßnahmen helfen das Bestehende zu präsentieren, aber sie machen aus einem hässlichen Entlein keinen Schwan und aus einem Trabi keinen Rennwagen. Das muss es auch nicht. Das Ziel Eures Employer Brandings ist es, das Gefühl auszulösen, dass wir gern zu Euch gehören möchten, mitspielen wollen. Es soll ein reelles Bild vermitteln, wer Ihr seid, wie Ihr tickt, wie Eure Kultur gestaltet ist.
Zu abstrakt? Versuchen wir es mit einer Zahl: 75 Prozent aller Stellensuchenden beschäftigten sich schon 2015 mit Unternehmermarken.[7] Wenn Ihr also gerade darüber nachdenkt, wie Ihr Eure Stechuhr hübsch fürs Internet fotografiert, Eure Broschüren einscannt oder gar hastig in Eurem Stellenplan blättert – vergesst nicht: Keine noch so teure Employer-Branding-Kampagne, keine Social-Media-Redaktion wird irgendetwas bringen, wenn Ihr Eure Hausaufgaben aus den vorherigen Kapiteln nicht gemacht habt.

Ja, wie denn nun? Authentisch! Ehrlich!

Macht Euch klar: Es geht um langfristige Ziele und konstante Verbindungen. Die erkauft man sich nicht mit einer pfiffigen Werbekampagne. Die erreicht man auch nicht mit einer spannend formulierten Stellenanzeige oder mit einer hervorragenden Marketingabteilung. So eindimensional kommt hier niemand davon. Emotionen sind nämlich mit von der Partie. Ein Gefühl dafür, wer Ihr seid und wie Ihr tickt, lässt sich nicht einfach erkaufen oder mit ein paar toll inszenierten Videos herstellen. Ein Unternehmen in ein gewisses Licht zu stellen und darüber zu berichten, weil es erwartet wird? Falsch. Ein Unternehmen wird interessant, wenn es etwas zu berichten hat – und dieses Etwas von allein strahlt: Wenn Ihr eine gelebte Kultur mit eigenen Werten und Visionen lebt, wird Eure Arbeitgebermarke ein Resultat davon sein. Vergleichbar mit innerer Schönheit? Wenn es Euch hilft, bitte. Ob innen oder außen: Bei der Kommunikation mit den Digital Natives gilt die goldene Regel Nummer 1: Seid ehrlich, seid authentisch, verkauft uns nicht für blöd.

Dann können wir viel besser damit leben, dass Euer mittelgroßes Unternehmen in Buxtehude steht und gerade erst dabei ist, ein Profil aufzubauen. Der Trick im Netz? Richtig. Authentische Berichterstattung.

Ein wenig Unternehmens-Charisma, bitte

Es ist durchaus verständlich, dass Unternehmen – gerade kleine, die ohnehin auf Volldampf fahren, um nicht abgehängt zu werden – sich nicht überwinden können, ins Internet zu gehen. Keine Zeit, kein Geld. Sie haben oft nicht den Kopf frei, um zum Beispiel ein Facebook-Profil einzurichten, da ja kaum das Alltagsgeschäft hinzubekommen ist. Es muss aber keine Kostenlawine angestoßen werden, nur weil man sich aufs Glatteis der Social Media wagt. Ihr müsst dort nämlich keine abgefahrenen Inhalte präsentieren, nicht ständig Innovatives. Schaut Euch einfach an, was wir auf Facebook und YouTube machen: Dort zeigen wir uns im Alltag. Es geht uns um Information und Kommunikation, nach innen und nach außen. Darum, wer Ihr seid, was Ihr macht und wie ein Leben mit Euch aussieht – nicht mehr, nicht weniger.

Solche Investitionen zahlen sich aus. Und nehmt dabei bitte wieder einmal alle mit ins Boot. Ganz im Stil von Learning by Doing könnt Ihr gemeinsam definieren, was klappt und was nicht, wer Ihr seid. Bottom-up ist das Stichwort, denn nicht nur der Anzugträger da oben kann die Kommunikation bestimmen. Ist das aber der Fall, wird das schiefgehen, denn es gibt nichts zu bestimmen. Sondern abzubilden, was da ist.

Vielleicht gibt es bereits einen Azubi, der internetaffin ist und helfen kann? Der gern einen Blog oder regelmäßige Facebook-Posts über den Aufbau und die Veränderungen schreiben möchte? Wir machen bei solchen Unterfangen begeistert mit, zumal wir auch geschickter als Ihr seid, wenn es um Blogs, Webseiten, Facebook und Online-Kommunikation geht. Aber denkt nicht, Ihr könntet uns mit diesen Riesenaufgaben völlig alleinlassen. Ohne (gemeinsam) erarbeitete Strategie geht da nichts! Verantwortung ja, aber im Team, mit Leitplanken, Feedback und dem Commitment zu Trial and Error. Ach, und wenn Ihr doch etwas sucht, das top-down funktioniert: Die Führungsriege muss hier vorangehen, sich committen und entsprechend handeln. Sie muss zeigen, dass sie es ernst meint, bereit dazu ist, wirklich etwas zu verändern.

Ihr merkt, wohin die Reise führt. Macht Eure Organisation lebenswert, schafft Kultur und stellt dann genau diese dar. Keine Fiktion, keine Märchen, sondern einfach nur: Ihr.

Eure persönlichen Kanäle

Sind die Hausaufgaben gemacht, lohnt es sich, die Kanäle und Medien durchzudenken, die Ihr nutzen wollt. Welche passen, welche treffen Eure Intention, Eure Kultur, Eure Zielgruppe? Damit seid Ihr dann auch schon mittendrin, Euch Eure individuelle und authentische Strategie zu entwickeln. Denn so intuitiv Social Media auch zu benutzen sein mögen, eine wohlüberlegte (und natürlich flexible) Strategie ist Pflicht.

Die Kommunikationszentrale

Fangen wir mit der Webseite an. Offensichtlich gibt es ja noch immer Unternehmen, die keine Webseite haben und sich trotzdem wundern, dass sie kein Mensch kennt. Für die digitale Kommunikation ist eine Webseite jedoch Grundvoraussetzung. Mittlerweile werden auch Recruiting-Seiten oder mobiles Recruiting favorisiert – doch ohne eine Homepage bringt das nichts.
Also, erster wichtiger Schritt: eine Webseite einrichten. Denn sämtliche weiteren Aktivitäten beziehen sich auf Eure Webseite. Sie ist quasi die Informationszentrale, bei der alle relevanten Informationen über Euer Unternehmen zu finden sein sollten. Die Basis sind Hinweise über Euer Angebot und Eure Karrieremöglichkeiten. Das ist das Mindeste. Je mehr Ihr über Euch erzählt, umso besser. Achtet dabei darauf, dass Eure Internetseite aktuell bleibt. »Wie, Sie suchen 2017 noch immer Bewerber für den Ausbildungsbeginn 1. September 2014?« Und die abgebildeten Ansprechpartner haben zwischenzeitlich schon dreimal gewechselt, sind aber noch immer in ihren alten Funktionen von 2009 abgebildet? »Wie, Sie haben Ansprechpartner, die nicht ansprechbar sind?« Ganz schlecht. Und seht zu, dass Eure Angebote auf Smartphones und Tablets gut aussehen, gut lesbar sind (Stichwort Responsive Webdesign). Wir sind schnell genervt, wenn wir auf dem

Smartphone nichts entziffern können – meine Eltern, Dozenten und Kunden übrigens auch.

Wer professionell vorgehen möchte, beauftragt Designer und Programmierer, die ein individuelles Konzept für Eure Seite austüfteln. Dabei solltet Ihr unbedingt auf eine einfache (!) Verwaltungsoberfläche achten. Fachbegriff: CMS (Content Management System, zum Beispiel Wordpress, Joomla, Drupal). Fach-Rat: Nehmt ein handhabbares und intuitiv bedienbares System, sodass Ihr jederzeit mit ein paar Mausklicks alle Informationen aktuell halten könnt, ohne Aufwand, ohne IT-Abteilung und ohne jedes Mal den Programmierer anrufen zu müssen. Tippen, klicken, veröffentlichen. So unkompliziert und schnell geht das. Wenn man will. Und kommt mir nicht wieder mit den üblichen Ausreden: keine Zeit, kein Geld, keine Kompetenz, keine Ahnung. Ihr habt Euch doch anderes angeeignet. So schwer ist das nicht. Schon gar nicht 2017. Unfassbar, heute darüber überhaupt noch schreiben zu müssen.

Auf den Homepages solltet Ihr eine separate Rubrik einplanen, die sich Eurem Recruiting widmet. Darf ich vorstellen? Eure »Karrierewebseite«. Darauf sollten sämtliche Informationen zu finden sein, die Euch als Arbeitgeber ausmachen: die offenen Stellen, unsere Entwicklungsmöglichkeiten, Informationen über die Zusammenarbeit, die Unternehmenskultur, das Umfeld. Je aufschlussreicher, desto besser. Wir kaufen doch keine Katze im Sack. Ganz bequem (für uns und auch für Euch) könnt Ihr uns über eine solche Seite eine digitale Bewerbung ermöglichen. Auf dem Königsweg, mit einem Portal, auf dem wir uns anmelden, unsere Bewerbung eintippen, hochladen oder automatisch aus unserem Xing-Profil übernehmen – und in das wir uns einloggen können, um den Status der Bewerbung zu verfolgen. (Nein, das müsst Ihr nicht selbst programmieren. Es gibt Anbieter für einen derartigen Service, denen Ihr ein paar Euro im Monat zahlt, und zack, fertig ist die Online-Bewerbung inklusive EDV-Bewerbermanagement.)

Social Media – sie können auch Spaß machen

Eine Präsenz in den sozialen Medien aufzubauen, lohnt sich allemal. Wir tummeln uns dort. Fertig! Aus![8] Es macht also Sinn, uns dort abzuholen, uns dort die Möglichkeit zu bieten, in einen Dialog zu treten. Ja, dazu muss man sich in ihnen regelmäßig aufhalten, Kontakte knüpfen und auch etwas von sich zeigen. Oder macht Ihr das noch immer auf Messen, wo gelangweilte Mitarbeiter herumstehen und Kugelschreiber verteilen? Wieso zeigt Ihr Euch nicht direkt dort, wo wir uns freuen, Euch zu sehen? Genau, zum Beispiel auf Facebook. In den Social Media geht es um die Teilnahme und Kommunikation, um den Austausch. Wir müssen keine besten Freunde werden, aber wir können uns liken, wenn uns gegenseitig gefällt, was der andere macht. Gerade das ist essenziell: Was macht Ihr im Moment so? Handwerk und Industrie tauchen in den sozialen Medien bislang viel zu selten auf. Aber warum? Sind diese Branchen nicht sozial? Haben sie nichts zu erzählen? Wohl kaum. All das, was Euch beschäftigt, welche Probleme Ihr gelöst habt, welche spannenden Projekte anstehen, welcher der Kollegen einen besonderen Beitrag geleistet hat, kann wunderbar und authentisch in den Social Media abgebildet werden. Und findet dann auch Interessenten! Falls es tiefere Einblicke sind: Schreibt einen Blog (oder lasst dies einen von Euren Mitarbeitern tun). Verlinkt ihn mittels Facebook oder Twitter. Und postet auf Facebook und Twitter, was Euch bewegt. Facebook muss kein öffentliches Tagebuch eines Unternehmens sein – aber warum nicht ein öffentliches Logbuch? Natürlich werden darüber keine Interna kommuniziert, aber alles, was mit der Branche, dem Betrieb, den Mitarbeitern zu tun hat.

Und wenn Ihr schon dabei seid, es gibt noch andere Kanäle, die angesagt sind, das kann heute Instagram und morgen Snapchat sein. Entscheidend ist jedoch, verstanden zu haben, wie Kommunikation in sozialen Medien funktioniert. Zudem lassen sich alle Plattformen miteinander verlinken – und siehe da, der Eintrag auf der Homepage wird nicht nur via Twitter und Facebook weiterverbreitet, sondern auch dank der Plattformen, die sich mehr auf die Arbeitswelt fokussieren. Einmal angefangen, kann es Euch Spaß machen (jedenfalls dann, wenn es läuft). Probiert es aus.

Darf es etwas professioneller sein?

Natürlich, gerne: Tummelt Euch doch bei den Business Social Networks. Xing, LinkedIn und Arbeitgeberplattformen werden nämlich in gewissen Branchen ebenfalls noch zu oft unterschätzt. Seid Ihr dabei, stimmen die Informationen, die dort hinterlegt sind? Und: Sind Eure Mitarbeiter auf den Plattformen unterwegs und pflegen dort ihre Netzwerke? Wer sich jetzt darüber beschweren möchte, dass kaum jemand antwortet, wenn man alle paar Wochen eine vorgefasste Standardanfrage an 200 Leute verschickt, dem sei gesagt: »Schade, wieder nichts verstanden.«

Wenn Ihr auf Euren Seiten (Karrierewebseite, Blog, Facebook und/oder auf YouTube) das Gesamtbild noch durch Videos abrundet – perfekt! Ja, wir schauen mit Vorliebe Videos. Nicht nur zum Zeitvertreib oder rund um ein Hobby, sondern auch, wenn wir uns ernsthaft informieren möchten.[9] Bilder sagen oft mehr als tausend Worte. Und schneller. Gerade die digitalen Generationen folgen vielen Marken und Firmen über YouTube – solange diese es nicht übertreiben und werbelastig werden. Das schreckt uns ab, das macht es auch fad und lässt uns am Inhalt zweifeln.

Es müssen keine High-End-Videos sein, die Unsummen verschlingen, die gescriptet sind und Euch so darstellen, wie Ihr gerne wärt – aber nicht seid. Heraus kommt dann meistens etwas, wo Fremdschämen angesagt ist. Oder ein Video, das gar mit einem Preis ausgezeichnet wird, etwa mit der Goldenen Runkelrübe, die jährlich an Unternehmen mit den peinlichsten Personalmarketingmaßnahmen vergeben wird. Ein Blick auf die Nominierungen und Gewinner lohnt nicht nur für ein herzhaftes Kopfschütteln, sondern auch, um zu sehen, wie es nicht geht.[10] Es reicht, wenn Ihr Euren Mitarbeitern über die Schultern schaut, ihnen ein paar (ehrliche) Fragen stellt und das anschließend kompakt zusammenschneidet. Oder Ihr dreht live an einer Baustelle ein Sechzig-Sekunden-Video zu einem Problem, das Ihr gerade gelöst habt. Like.

Falls das für den einen oder anderen doch ein zu unbekanntes Gebiet ist, schaut doch mal bei Berufsorientierungsplattformen wie whatchado.com rein. Die Plattform ist für viele von uns (und Euch) ein echter Hit, eine tolle Hilfe und Orientierung bei der Suche nach dem Traumberuf. Und die inzwischen über 5000 Videos sind super: authentisch, voller Informationen und Mehrwert. Mittlerweile existieren eine Menge Plattformen im Netz, die das Ziel haben, Unternehmen und Arbeitsinteressierte zusammenzubringen: Berufenet der Arbeitsagentur, StepStone, die verschiedenen zielgruppenspezifischen Angebote von Employour oder Kununu können einen ersten Kontakt herstellen. Von vielen. Einmal angemeldet, seid Ihr mittendrin und könnt gefunden werden. Mit ein wenig Erfahrung werdet Ihr zudem Synergieeffekte feststellen: Ob Ihr regelmäßig auf einer oder acht Plattformen Eure Informationen aktualisiert, ist dann zeitlich kaum noch relevant.

Traumjob in der Bahn gefunden?

Auch ein »mobil« zugänglicher, hübscher, übersichtlicher, informationsgeladener Internetauftritt ist Pflicht. Nach dem Motto »Ich und mein Smartphone« ist ein neuer Trend aufgekommen, der aber kontrovers zu betrachten ist. Gemeint sind mobile Recruiting-Seiten mit der Möglichkeit zur Bewerbung mit dem Smartphone. Natürlich gibt es dazu wieder Umfragewerte, die jedoch stutzig machen: 43 Prozent nutzen ihr Smartphone zur Jobsuche – und 53 Prozent würden sich mobil bewerben, wenn die Möglichkeiten dafür besser wären.[11] Klar, wenn Bewerben so einfach wäre wie eine Amazon-1-Click-Bestellung, würden wir uns nicht beschweren. Aber grundsätzlich ist schon klar, dass es das eine ist, sich Elon Musks Biografie zu bestellen, und etwas ganz anderes, an seinem eigenen Lebenslauf zu arbeiten. Und selbst wir, die unser Smartphone nur ungern aus der Hand legen, tippen doch nicht darauf unseren gesamten Lebenslauf ein oder füllen zig Formulare aus. 80 Prozent von uns sitzen noch immer vor ihrem Notebook und blättern in Jobbörsen oder in Suchmaschinen nach guten Partnern.

Mobiles Recruiting bleibt also bislang eher ein Gimmick, ein nettes Spielzeug, das wir gerne mitnehmen – wenn bei Eurem Employer Branding sonst alles stimmt. Aber aktuell ist es eher das kleinere Problem. Wenn die Kommunikation nicht stimmt und das Unternehmen von seinen Mitarbeitern keine Likes bekommt, wird auch das schönste mobile Recruiting nichts helfen. Schon gar nicht, wenn Unternehmen acht Wochen nichts von sich hören lassen, weder um den Eingang einer Nachricht oder Bewerbung zu bestätigen, noch um ein erstes Feedback zu geben oder zum Gespräch zu laden. Das geht besser.

Active Sourcing – Datenbank für potenzielle Mitarbeiter

Es ist fast tragisch, wie viele möglicherweise perfekte Konstellationen nicht zustande kommen. Ein falscher Zeitpunkt. Mangelnde Kommunikation. Beispielsweise passiert das, wenn wir in einem Unternehmen ein Praktikum absolvieren. Kaum jemand fragt nach, wie es uns gefällt, wie wir uns machen. Niemand versucht, in Kontakt zu bleiben, um uns gegebenenfalls später einen Job anzubieten. Ihr habt schon Perlen im Haus, schmeißt sie aber vor die Säue – und beschwert Euch im selben Atemzug über zu wenige passende Bewerber.

Das US-amerikanische E-Commerce-Unternehmen Zappos mit rund 1500 Mitarbeitern verkündete 2014, ganz auf Stellenanzeigen zu verzichten und stattdessen neue Wege des Recruitings und Active Sourcings einzuschlagen.[12] Bewerbungen ordentlich prüfen, eine Unternehmenskultur aufbauen, mit Gott und der Welt auf Augenhöhe kommunizieren – und jetzt heißt es, werdet noch weiter aktiv? Puh, was man für gute Mitarbeiter nicht alles tun kann. Genau. Ihr seid Eures Glückes eigene Schmiede.

Wie wäre es mit einer Art sozialem Netzwerk (Ihr würdet es Datenbank nennen) für potenzielle Mitarbeiter? Wir melden uns an, mit all unseren Qualifikationen, Interessen, Zielen. Ihr bleibt in Kontakt mit uns. Und wenn plötzlich die Konstellation passt: Schreibt uns direkt an, meldet Euch. Eingebunden in solch ein Karrierenetzwerk kann eine »Traumehe« eher gelingen, und wenn auch erst nach Jahren. Knapp die Hälfte von uns findet die »passive Jobsuche« attraktiv und möchte lieber von Unternehmen angesprochen werden, als selbst auf sie zuzugehen.[13]

Zappos hat übrigens knapp zwei Jahre später die klassische Stellenanzeige (digital natürlich!) wieder eingeführt und nutzt ein solches Interessentennetzwerk parallel weiter. Warum? Weil viele diesen klassischen Weg noch immer gehen möchten. Und weil die Anzeigen auch Bewegung auf die Seiten holen.

Bewerbungen und Vorstellungsgespräche – die ewige Hassliebe

Die ersten Bewerbungen flattern ins Haus? Glückwunsch! Nun aber aufgepasst, denn selbst jetzt kann noch einiges schiefgehen, sodass der mögliche »perfect fit« schon vor der ersten Kontaktaufnahme vergrault wird. Es ist kein Zufall, dass auf Plattformen wie Kununu nicht nur Arbeits- und Ausbildungsverhältnisse bewertet werden, sondern es auch eine eigene Kategorie gibt für: die Bewerbung.

Die Bewerbung – ein Erlebnis!

Dafür gibt es einen schicken englischen Begriff: Candidate Experience. CX beinhaltet »alle Erfahrungen, die ein Kandidat mit einem Unternehmen macht«. Im Idealfall fällt darunter ein respektvoller, ernst gemeinter Umgang sowie eine Übereinstimmung mit Eurer Arbeitgebermarke, die Ihr Euch authentisch, kommunikativ und offen aufgebaut habt, mit Eurer tatsächlichen Unternehmenskultur. War nun aber das meiste davon wild zusammengemogelt, um sich interessant zu machen, wird die CX sehr wahrscheinlich ein Desaster. Wer über Müllvermeidung und Umweltbewusstsein redet, aber zu Hause nur Einwegverpackungen hat, alle Lichter brennen lässt und seinen Müll nicht trennt, sollte niemanden einladen. Und die echte mit seiner kommunizierten Realität abgleichen. Die Candidate Experience hört hier aber noch nicht auf. Sie zieht sich von diesen ersten gesammelten Eindrücken vor der Bewerbung über die erste Kommunikation, das Bewerbungsgespräch und die finale Auswahl bis hin zum Onboarding und zur Bindung als tatsächlicher Arbeitgeber. Huch, so lange? Richtig, so lange. Ihr wundert Euch doch auch nicht mehr darüber, dass Ihr schon so lange den Müll trennt.

Tretet Ihr nun als attraktiver Arbeitgeber mit Unternehmenskultur und Employer Brand mit uns in Kontakt, sagen die meisten von Euch, wir würden gleichberechtigte Partner sein, die sich gegenseitig viel zu geben haben. Ihr hättet ein großes Interesse daran, gemeinsam etwas zu schaffen. Möchtet fair und ehrlich kommunizieren. Doch im gleichen Atemzug erwartet Ihr auf Euch zugeschnittene Lebensläufe mit auf Euch zugeschnittenen Qualifikationen. Auf die Ihr mit vorgefertigten 08/15-Nachrichten reagiert. Nach vier, sechs, acht Wochen – wenn überhaupt.[14]

Das Trauerspiel beginnt oft genug genau damit: mit der ersten Kommunikation – oder eben der Nicht-Kommunikation: »9 von den 50 – und darunter waren erste Adressen der Technologiebranche, bei denen man funktionierende Bewerberprozesse unterstellen darf – hatten in 8 Wochen noch nicht geantwortet. Fast alle haben mehr als 3 Wochen benötigt, um online zu reagieren. Der Recruiter eines Unternehmens mit weltbekannter Marke, bei dem fast jeder schon Kunde war, rief trotz mehrfachen Bittens nicht zurück«, so der langjährige HR-Consultant und ehemalige Personalvorstand der Targobank Ulrich Jordan.[15] Vielleicht hören wir wirklich nie wieder etwas von Euch, ganz gleich, ob wir anrufen, schreiben, mailen und wiederholt um Rückmeldung bitten. Selbst modernste Konzerne und hippe KMU leisten sich dieses Verhalten – dabei wissen 76 Prozent davon sogar, dass es fatal für sie ist.[16] Herzlichen Glückwunsch, Sie haben verloren und nichts gewonnen. Kann nicht sein? Vollkommen richtig, das kann eigentlich nicht sein.

Und da klagt Ihr allen Ernstes über Fachkräftemangel? Geht's noch? Wenn ein Unternehmen sich Wochen Zeit lässt, um Bescheid zu geben, ob die Bewerbung angekommen ist (oder gar nicht), werden wir doch nicht wie Rehe in Schockstarre verweilen und verzweifelt warten. Nein, wir werden uns – während wir über die schlechten Erfahrungen mit diesem Unternehmen posten – beim nächsten Arbeitgeber bewerben oder sich von einem solchen anwerben lassen. Denn das gehört auch zu uns: Wir blicken permanent nach links und rechts, um zu sehen, was um uns herum passiert. Nicht weil wir ständig auf der Flucht sind, sondern weil wir uns vernetzt haben, gerne mit anderen teilen, wie es gerade bei uns läuft, und sinnvolle Chancen ergreifen.

Wir fordern keine ausgeklügelte Antwort, es reicht, wenn jemand aus der Personalabteilung schreibt: »Hey, David, danke für Deine Bewerbung. Dein Lebenslauf hat uns gefallen und wir melden uns in ein paar Tagen mit einem Feedback und einer Entscheidung.« Feedback und womöglich eine Einladung sollten dann aber auch tatsächlich innerhalb von ein paar Tagen kommen. (Ein Azubi hat übrigens durchschnittlich achtzehn Bewerbungen geschrieben, bevor er eine Ausbildung antritt, Leute mit Abi einundzwanzig und mit Fachabitur vierundzwanzig Bewerbungen.[17]) Wenn Ihr die

Besten wollt, spielt Zeit eine entscheidende Rolle. Wir sind schnell wieder weg – aber freuen uns umso mehr über eine sinnvolle Erfahrung als Kandidat. Dann bleiben wir, vielleicht.

Standardisiert, professionell und schnell

Nutzt für Bewerbungsprozesse auf jeden Fall die Tools und Standardisierungen, die in Kapitel 6 besprochen wurden. Sie vereinfachen diese Prozesse enorm, sie können Euch helfen, schnell zu reagieren, den Überblick nicht zu verlieren und insgesamt die CX zu steigern. Dann werden schnelle, individuelle Antworten auf Anfragen auch leichtfallen. Für Konzerne mögen diese institutionalisierten Vorgehensweisen funktionieren, für kleine Unternehmen können persönliche Anrufe der richtige Weg sein. Das hängt aber letztlich von der Anzahl der Anfragen und der Größe der HR-Abteilung ebenso ab wie von dem Stil, den das Unternehmen lebt. Doch der Weg führt ganz klar zu diesem persönlichen, respektvollen und interessierten Umgang.
So oder so, investiert Zeit ins Recruiting! Es wird sich auszahlen, jede Bewerbung genau anzusehen, die Potenziale zu prüfen und sich schließlich bei dem Bewerber mit einem Feedback zu melden. Auch der Google-HR-Chef (dort heißt er: Senior Vice President People Operations) Laszlo Block rät: »Schau dir jede Bewerbung an, die du als Firma bekommst.«[18] Und das wird von einem Unternehmen geäußert, das sich vor Bewerbungen nicht retten kann. Auch wenn es am Ende nicht passt, aus welchem Grund auch immer: Ein Unternehmen, das authentisch und offen war und eine hohe Candidate Experience geboten hat (mit rechtzeitiger und nachvollziehbarer Rückmeldung, warum der Bewerber aktuell nicht passt), wird uns prinzipiell gefallen. Und viele würden das Unternehmen dennoch als potenziellen Arbeitgeber im Kopf behalten und es weiterempfehlen.[19]
Öffentlichkeitswirksame Absagen, wer hätte das gedacht. Aber es

ist gar nicht so unwahrscheinlich, dass wir jemanden kennen, der tatsächlich perfekt zu Euch passt, aber anderweitig nie auf Euch aufmerksam geworden wäre. 80 Prozent aller Bewerber teilen ihr Erlebnis des Bewerbungsprozesses mit Freunden/Bekannten.[20] Denn so ticken wir, über und mit unserem Netzwerk. Das ist die große »Familie«, die wir pflegen können. Weil wir über alles mit ihr kommunizieren und weil es so einfach ist, dies zu tun.

Und wer weiß, vielleicht treffen wir uns in einigen Jahren wieder und plötzlich passt die Konstellation. War die CX positiv, würden sich 84 Prozent von uns erneut bei Euch bewerben.[21] Vielleicht seid Ihr sogar so cool, dass Ihr uns anruft, wenn es eine passendere Stelle gibt (Stichwort: Active Sourcing). Schließlich kennen wir uns schon ein wenig, die Mühen der ersten Begegnung haben wir hinter uns, und es wäre eine tolle Geste, die auf jeden Fall von uns honoriert würde. Ich hatte es bereits angedeutet: Es lohnt sich, aktiv zu sein.

Der Lebenslauf – nur auf dem Papier

Damit wären wir bei den nächsten Fragen: Wie werden wir ausgewählt? Und nach welchen Kriterien? Richtig, Ihr schaut in diese uniform-ungleiche Tabelle, die als Lebenslauf seit Ewigkeiten Karriere macht. Dabei sind Fähigkeiten, Talente und Wellenlänge kaum so offensichtlich zu entschlüsseln. Nicht jeder, der einen Auslandsaufenthalt vorweist, hat sich ausgetobt, nicht jeder, der mehrmals das Studienfach gewechselt hat, weiß jetzt wirklich, was er will. Vier Auslandssemester und eine Weltreise bedeuten nicht unbedingt, dass man ein toller Teamplayer ist. Ein Durchmarsch in Schule und Uni, drei Fremdsprachen und erste Berufserfahrungen lassen nicht wirklich erkennen, ob man nur auswendig lernen oder auch selbst Probleme lösen kann. Und, mal im Ernst: Auch nicht jeder Projektmanager, der sieben Jahre in einer weltbekannten Computerfirma gearbeitet hat, ist von unschätzbarem Wert. Oder

der Schreiner, der zwölf Jahre in einer Nobelschreinerei gearbeitet hat. Überall gibt es Flachpfeifen, die völlig unflexibel und erfahrungsresistent sind. Oder nicht zur Kultur, nicht zum Team passen. Vielleicht wird Euch der eine Meister, der in sieben kleinen Schreinereien gearbeitet hat, oder der unerfahrene Projektmanager, der ehrenamtlich Feuerwehreinsätze leitet, von den Socken hauen. Was also sagt ein Lebenslauf aus? Oder anders gefragt: Was sollte dort wirklich drinstehen? Jedenfalls nicht, wie lange jemand wo war. Sondern eher: Was für Projekte man in welchen Teams wie realisiert hat. Welche Probleme man gemeistert hat. Woran man persönlich gewachsen ist. Was man an seinen bisherigen Arbeitgebern geschätzt hat – und was nicht. Das wäre aussagekräftig, aber das wird Euch wohl zu anstrengend sein, so etwas zu lesen. Schon klar. Doch wir sind genauso genervt von Euren Stellenanzeigen: Eure Erwartungen wirken oft genug austauschbar, aussageschwach und manchmal auch utopisch. 55 Prozent der Generation Y stören sich an den üblichen Phrasen. Und Eure Anforderungen empfinden 33 Prozent als »immer« zu hoch, 44 Prozent als »oft« zu hoch.[22] Die Folge: Wir füllen unseren Lebenslauf entweder genauso stupide und nichtssagend aus – oder aber wir pimpen wahnwitzig, was nicht weniger inhaltsleer ist. Und dann? Dann merkt Ihr, dass sich auf austauschbare Ausschreibungen nur austauschbare Leute bewerben – und die, die Ihr wirklich sucht, wurden bereits im Vorfeld aussortiert. Oder haben sich gar nicht erst angesprochen gefühlt. Weil sie dachten, sie können Eure Erwartungen nicht erfüllen.
Hinterfragt Eure Anforderungen (braucht man für die von Euch benötigte Fähigkeit wirklich diese oder jene formale Ausbildung?), benennt sie wirklich passend zum Job.
Viele von uns fallen durch ein erstes grobes Raster. Was? Der Schreiner hat gar keine Ausbildung? Weg mit ihm. Dass er Fotos seines selbst geschreinerten Hauses mitgeschickt hat, geht komplett unter – während die beiden Meister sich beim Essen darüber unterhalten, dass es niemanden mehr gibt, der sich einfach mal etwas traut, der etwas richtig anpackt. Schade. Ähnliche Fälle gibt es

in allen möglichen Branchen. Da gibt es jemanden, der in seiner Freizeit Apps programmiert und Server verwaltet, oder den Startup-Aussteiger ohne abgeschlossene Ausbildung, aber mit enormer Kundenorientierung und erfolgreichem, privaten Aktiendepot, der bei der Sparkasse unterkommen will.

Meist machen diese Menschen ihren Job sehr gut. Sie brennen für eine Sache, sind wissbegierig, kommunikativ, schnell im Kopf, treiben Euer Team an, bringen frischen Wind rein, wirbeln Euren verstaubten Laden auf – und Ihr schickt sie weg. Wegen Formalien? Doch es gibt Ausnahmen: Manche wagen etwas, erkennen den Wert, die Bereicherung solcher Leute und verzichten auf eine klassische Bewerbung, auf klassische Qualifikation. Stattdessen schauen sie nur auf das Können und den »Cultural Fit«.

Und wie gehen diese Wagemutigen vor? Mit cleveren, unterstützenden Tools. So haben beispielsweise die Macher der Weiterbildungsplattform für Softwareentwickler, HackerRank, eine Jobvermittlungs-App für Programmierer geschrieben, bei der die Bewerber als Erstes eine kleine Programmier-Aufgabe lösen müssen. Gelingt das, bekommt der Bewerber eine Einladung zum Telefongespräch innerhalb der nächsten fünf Tage (bitte mitschreiben: fünf). Anfangs lief alles ganz ohne Lebenslauf, Anschreiben etc., jetzt wird ein LinkedIn-Profil gefordert.

Leider sind solche Ansätze die Ausnahme. Die meisten von Euch stellen lieber den Schreiner mit formaler Ausbildung an, bei dem jeder Tisch wackelt, der einen schweren Stand im Team hat und nach acht Stunden die Säge fällen lässt. Aber bitte, wie Ihr meint. Dabei wäre das alles ohne Eure Mauern im Kopf so gut möglich: Der ITler geht parallel zur Uni oder macht nebenbei E-Learning, während er in der Software-Firma schon spannende Aufgaben löst. Der Banker ist offiziell noch in seiner Ausbildung, berät aber bereits seine Bank bei der Vergabe von Venture Capital an junge Start-ups. Falls Euch das suspekt vorkommt: Es gibt auch Unternehmer, die jemanden einstellen, weil ihnen seine Rap-CV gefallen hat. Richtig, ein Video, selbst gemacht, enthusiastisch, gut. Als

Lebenslauf.²³ Das muss und kann nicht allein ausschlaggebend sein, aber eine solche Chance zu nutzen, ist schon viel wert – für Euch. Danach schaut man weiter.

Hinzu kommt, dass Ihr trotz Compliance-Vorschriften noch immer auf Kriterien achtet, die relativ irrelevant sind. Erscheinungsbild, Abschlussnoten, Berufserfahrung, Alter oder Geschlecht sagen in unseren Augen kaum etwas aus. Wir sind da nicht die Einzigen. Auch die Wissenschaft warnt vor Eurer Küchenpsychologie, die Ihr gern als »Bauchgefühl« bezeichnet: Eine Untersuchung an der Uni Osnabrück über den Zusammenhang zwischen dem Betreiben einer Mannschaftssportart und Teamfähigkeit (an diesen Zusammenhang glaubt Ihr) ergab keinen signifikanten Nachweis.²⁴ Auch hört Ihr mehr auf die Zahlen Eurer Assessment-Konzepte als auf unsere individuellen Aussagen, Einstellungen, Ideen. Ihr präferiert beispielsweise Leistungstests, während 76 Prozent der Bewerber aber lieber Persönlichkeitstests machen würden, um Euch zu zeigen, wer sie sind und was sie können.²⁵

Bislang scheinen wir also alles andere als gemeinsam daran zu arbeiten, erfolgreich zueinanderzufinden: Wir setzen mehr auf Potenzial, Ihr auf bestehende Fähigkeiten. Die Mitte wäre anzustreben. Denn nur weil jemand in einer Simulation in der Lage ist, ein Flugzeug sicher zu landen, heißt das nicht, dass wir ihn sofort als Piloten buchen. Umgekehrt bedeutet eine Bruchlandung am PC allerdings auch nicht, dass die Testperson nie ein guter Pilot werden kann. Und: Diese Tests werden immer schlauer, setzen immer subtiler an. So geht es zum Beispiel bei einigen von ihnen nicht darum, eine konkrete Aufgabe, die man im Arbeitsleben real vorfinden wird, zu lösen. Sondern man muss bereit sein etwa für einen Job als Kellner in einem Sushi-Restaurant. Da heißt es dann: Stelle deine Gäste zufrieden, sei schnell, clever, denk mit – und zeige Empathie. Mit den Ergebnissen der Recruiting-App »Wasabi Waiter« arbeitet zum Beispiel das Mineralöl-Unternehmen Shell bereits seit Längerem, um seine internen Innovatoren auszumachen und zu nutzen.²⁶

Ob solche und ähnliche Tests tatsächlich zielführend sind und Ihr so feststellen könnt, ob wir zu Euch passen, darf getrost angezweifelt werden. Sie sind oft viel zu punktuell und finden unter Laborbedingungen statt. Sicher, sie sind okay – in diesen Apps können bis zu 270 Millionen Datenpunkte erfasst und verarbeitet werden, um eine Persönlichkeit vorauszusagen[27] –, solange die Ergebnisse nicht als Realität gelten. Denn das sind sie nicht. Sie sollen vor allem dazu dienen, Euch zu zeigen, wohin es gehen kann. Der Realität am Nächsten kommt wohl das Probearbeiten, es gilt als bestes Indiz für passende Bewerber. Und das macht auch Sinn: praktisches Machen, live und vor Ort. Tja, diese Erkenntnis hätte auch von uns sein können.
Letztlich muss jedes Unternehmen jedoch seinen eigenen Weg erkennen und einschlagen. Probiert aus, schleift Euch ein, nehmt alle Abteilungen mit. Telefoninterviews können die richtige Methode für die erste Runde sein, ebenso Tests oder Skype-Meetings. Reflektiert anschließend, was gut und was schlecht lief, und optimiert. Die Informationen, die Ihr erhalten habt, müsst Ihr in Kombination mit weiteren Strategien einsetzen. Besonders das auf absehbare Zeit unverzichtbare Gespräch, das das Bild Eures Bewerbers schärft, muss in dieser Kombination in den Fokus rücken.
Es kommt immer auf die individuelle Betrachtung der Lebensläufe und das intensive Gespräch an: Was hat der Kandidat aus dem Auslandsaufenthalt mitgenommen, was ist ihm wichtig, wo sieht er seine Stärken, wo sieht er sich in fünf Jahren und wie gut passt er zu uns? Gerade was die letzte Frage betrifft: Schon beim Bewerbungsgespräch mit potenziellen Teamkollegen sollten neben dem Chef auch jüngere wie ältere Kollegen von zuarbeitenden Abteilungen anwesend sein.
Noch eine Frage drängt sich auf: Wer entscheidet eigentlich, wer eingeladen wird? Wer übernimmt die Auswahl nach seinem ersten Eindruck? Wer bestimmt, ob es ein telefonisches Vorab-Interview gibt, ob weitere Unterlagen angefragt werden sollten? Und wer lädt die Leute seitens des Unternehmens ein? Dabei sollte klar

sein, dass unbedingt diejenigen dabei sein sollten, die am besten wissen, welche Hard und Soft Skills sie für das Team oder die Aufgabe brauchen. Und eben nicht nur der Boss und der eine Abteilungsleiter. Genauso macht es Google übrigens. Hinzu kommt noch ein HR-Kollege, der bei der Erkennung des idealen Mitarbeiters helfen und erläutern kann, worauf genau sie zu achten haben. Beim persönlichen Kennenlernen stellen sich einige Unternehmen leicht ungeschickt an. Entgegen dem Employer Branding »Bei uns steht der Mensch im Mittelpunkt!« schafft es der Chef doch nicht, interessiert nachzufragen, einen Dialog zu führen und über anderes als sich selbst und seine tollen Erfolge zu reden. Kommunikation? Miteinander? Weit gefehlt. Uns reichen ein paar Minuten, bis wir diese Realität mit der Märchenstunde des Employer Brandings abgleichen, unsere Experience in den Keller rutscht und wir in den Nick-Modus schalten, bis das »Gespräch« vorbei ist. Nein, dann lieber das nächste Unternehmen suchen – und vorher noch schnell auf Facebook und Kununu über diese grandiose Zeitverschwendung berichten. Wahrscheinlich wird auch auf der Gegenseite der besagte Chef mit dem HR-Menschen sprechen, nicht verstehen, warum das nicht geklappt hat, und sich über diese seltsamen jungen Leute beschweren.

Uns sind verlässliche Aussagen in der gesamten Kommunikation wichtig. Baut Ihr Konstrukte auf, werden sie schnell an der einen oder anderen Stelle zu bröseln beginnen. Viele von uns werden das merken. Diejenigen, die es nicht tun (oder so tun, als täten sie es nicht), scheiden wiederum oft für Euch aus. Danke für nichts. Und zwar in doppelter Hinsicht, denn Ihr setzt gerne noch einen drauf und verweigert uns das Feedback. Wir geben uns Mühe, mit Euch zu kommunizieren, zueinanderzufinden und uns gut zu präsentieren – doch weder fragt Ihr, wie wir das Gespräch erlebt haben, noch sagt Ihr, was wir verbessern können. Stellt Euch doch einfach mal vor, ein Unternehmen gäbe einem Kandidaten, den es nicht einstellen kann, ein konstruktives Feedback. Dieser Kandidat hätte dann etwas gelernt und könnte für Euch umso wertvoller sein. Wobei, nein, Ihr habt recht, wo soll das nur hinführen, wenn immer mehr und immer bessere Mitarbeiter zur Auswahl stünden?

Onboarding – in drei Tagen zum Arbeits-Lebensabschnittspartner

Interessent gefunden, Bewerbungsprozess überstanden und zu guter Letzt auch vom favorisierten Kandidaten das »Jawort« erhalten – was kann jetzt noch schiefgehen? Wenn wir uns auf einen Menschen einlassen und eine Beziehung eingehen möchten, geschieht das selten in einem einzigen Augenblick. In diesem kann höchstens ein Verlieben stattfinden, welches aber noch keine langfristige Beziehung garantiert. Dazu sind diverse Situationen vonnöten, die sich zu einem Gesamtbild zusammenfügen und uns – emotional wie rational – helfen, eine Entscheidung zu treffen. Ähnlich verläuft es zwischen Arbeitgeber und Arbeitnehmer. Auch die Tatsache, dass beide Beziehungsformen immer kürzere Zeitspannen umfassen, verweist auf gewisse Parallelen. Ein großer Unterschied mag hingegen sein, dass bei einer Liebesbeziehung der Übergang von einem Dasein als Single zum Status »liiert« ein sehr fließender sein kann. Die Unterzeichnung eines Arbeitsvertrags hat eine völlig andere Qualität, es ist eher mit einem Ehegelübde zu vergleichen, für das wir uns wesentlich mehr Zeit lassen – wenn wir es überhaupt noch ablegen. Das kommt Euch sicher bekannt vor.

Umso wichtiger ist deshalb das Verhalten der Arbeitspartner in der ersten Phase. Was geschieht nach der ersten Zusage? Vor dem nächsten Termin, währenddessen, danach? Am konkreten Arbeitsplatz, beim Kontakt mit den Kollegen, bei Rückfragen, in der Mittagspause? Gibt es ein Entgegenkommen seitens des Vorgesetzten? Hält das Unternehmen, was es versprach? Tut es der Kandidat? Wie weit gehen Selbstbild und Realität auseinander? Und wie viel Mühe geben sich der Vorgesetzte und das Team, das neue Crewmitglied ins Boot zu holen?

Bei Euren Antworten auf diese Fragen wissen wir nicht, ob wir lachen oder weinen sollen. Oder beides: 77 Prozent aller Neueinsteiger »müssen« am ersten Tag früher nach Hause, weil sie nicht arbeiten können.[28] Produktiv, nicht wahr? Tatsächlich finden Ersteinsteiger Folgendes öfter vor, als uns allen lieb sein kann: »Ich kann Ihren Namen nirgends finden« (Empfang). »Oh, Ihr Schreibtisch ist erst nächste Woche da« (Teamleiter). »Dafür bin ich nicht zuständig« (Kollegen). Oder: »Das müsste Ihnen ein Kollege zeigen« (Chef). Keine Vorbereitung, kein Arbeitsplatz, kein PC, der direkt nutzbar ist. Die Ziele sind nicht definiert, erste Ansprechpartner weder bestimmt noch vorgestellt. Gruselig, aber wahr. Und unnötig. Und fatal. Kopfkino: Bewerbungsmappe, die zweite.

Ein solcher Einstieg bedeutet Stress für alle Beteiligten: für den Neuen, weil er sich schlecht behandelt und unnütz fühlt; für das Team, weil es »keine Ahnung« hat und im Zweifel selbst von der Arbeit abgehalten wird; für den Personaler, der die Geldscheine durch das Fenster seines Vorgesetzten flattern sieht, aber wenig ausrichten kann. Einige mögen sagen, das sei nicht so schlimm, das sei doch ein netter Einstieg ohne Überforderung. Wie bitte? Nein, das ist für uns kein »netter Einstieg ohne Überforderung«, das sind für uns Hindernisse. Unser Engagement lässt rapide nach, unser Enthusiasmus geht augenblicklich verloren, wenn wir schon zu Beginn zurückgehalten und erst einmal aufs Abstellgleis geschoben werden – aus welchen Gründen auch immer. Wir fassen diesen »netten Einstieg« anders auf, nämlich als Desinteresse. Als mangelnde Wertschätzung.

Wir kommen doch gerade deswegen zu Euch – weil wir eingebunden, wertgeschätzt und gebraucht werden möchten! Wie sollen wir die für uns so wichtige Sinnhaftigkeit in einer Aufgabe finden, wenn niemand zum Ausdruck bringt, dass wir und unsere Tätigkeiten wichtig sind? Ein solches Gebaren am ersten Tag ist wesentlich demotivierender, als acht Stunden lang hart zu arbeiten. Selbst das kleinste Zahnrad muss sofort eingesetzt werden, denn ohne dieses kann das gesamte System nicht laufen. Und uns wird sogar diese

Rolle verwehrt? Ganz schlecht. Damit ist Euer aufwendig mit Heißluft gefüllter Employer-Branding-Ballon schon nach den ersten Stunden geplatzt – und die (vielleicht gar nicht mehr so lange) Zusammenarbeit verliert bereits an Fundament, bevor es überhaupt losgegangen ist. Ha! Da stöhnen die Unternehmen, wie zeitintensiv und teuer Recruiting ist – und dann sorgen sie selbst dafür, dass ihr »RoI« (Return on Investment; Kapitalrendite) richtig übel aussieht.

Oh Captain, mein Captain – wo bist du eigentlich?

Wie es richtig geht, wird in der Diskussion rund ums Onboarding erarbeitet: Wie die erste Phase beschaffen sein muss, um ein erfolgreiches Miteinander zu sichern, wie lange sie dauert und wieso sie so entscheidend ist. Onboarding ist im Personalmanagement die Integration eines neuen Mitarbeiters – er soll ins Boot geholt, an Bord genommen werden. Dabei darf der Fokus nicht nur auf einer Einführung in den Arbeitsbereich liegen – das Ziel insgesamt ist eine erfolgreiche Zusammenarbeit. Um eine solche herzustellen, muss man sich allerdings ein wenig mehr Mühe geben als bei einer Maschine, die man einmal programmiert. Eine Aufgabe zuzuteilen und dann zu verschwinden, funktioniert bei Mitarbeitern nicht. Es fehlen das Benzin, das Öl und die Pflege. Ohne eine menschliche, soziale und kulturelle Aufnahme geht gar nichts.
Also muss man ein paar Maßnahmen mehr definieren und fertig ist die langfristige Lebensabschnittsbeziehung? Wenn es nur so einfach wäre. Denn hier endet die Analogie des Onboardings zur Schifffahrt: Das Unternehmen kann nämlich im Gegensatz zum Boot wesentlich schneller verlassen werden – und das wird es auch: 15 Prozent aller neuen Mitarbeiter sind am ersten Tag so »entsetzt«, dass sie sofort wieder gehen möchten und im Kopf kündigen. In den USA geht man von 20 Prozent aus, bei den jüngeren

Generationen sind es noch mehr.[29] Das Gefühl der inneren Kündigung war früher wahrscheinlich ähnlich häufig, die digitalen Generationen sind nur viel schneller bereit, diesen Gedanken in die Tat umzusetzen. Das zeigt: Es geht hier um wesentlich mehr als um den ersten Arbeitstag. Und das wiederum bedeutet: Wer nicht schnell integriert ist, ist umso schneller wieder raus. Trial and Error. Und selbst wenn nicht, wirken diese ersten Tage noch sehr lange nach, wenn es um das erfolgreiche Arbeiten und Bleiben in einem Unternehmen geht. Liebe Grüße von der Dienst-nach-Vorschrift-Fraktion.

Der erste Eindruck – ist zahlreich

Ein gelungenes Onboarding hat enorme Auswirkungen: Die Neuen können sich fachlich schnell sicher fühlen und ihren Teil zum Erfolg leisten. Sie können besser arbeiten, produktiver sein, mehr gestalten, sich intensiv einbringen. Die Arbeitgeber ebenso. Allein dadurch steigen die Chancen, dass der Wunsch, im Unternehmen zu bleiben, sich festigt. Wenn wir einen relevanten Beitrag leisten können und dies auch merken, erhöhen sich Motivation und Zufriedenheit. So können auch Loyalität, Bindung und Leidenschaft entstehen. Sollte das nicht schon Anreiz genug sein für Euch? Ach so, Ihr wollt Loyalität, aber bitte nicht im Austausch gegen Investitionen? Tja, das wird nicht funktionieren. Diese Investitionen lohnen sich gerade heute, denn wer Fachkräftemangel und hohe Fluktuation bereits erlebt hat, weiß, welche Kosten hier entstehen: Eine Stellenbesetzung verschlingt rund 30 bis 40 Prozent vom Jahresgehalt des Stelleninhabers,[30] bei Führungskräften gerne mal das Dreifache.[31]

Laut der Boston Consulting Group (BCG) ist das Onboarding nach dem Recruiting zweitwichtigster Faktor beim Bewerbungsprozess.[32] Warum? Erlöse, Gewinne und Renditen sind bei Unternehmen, die Onboarding richtig umsetzen und nutzen, deutlich höher als bei anderen. Wer noch ein Best Practice braucht: Bei Facebook durchlaufen alle neuen Mitarbeiter ein sechsmonatiges Bootcamp.[33] Damit sollten auch die letzten Dinosaurier in Personalabteilungen und Chefetagen, die sich nicht um Menschen, sondern einzig um Zahlen und Gewinne bemühen, verstanden haben, dass alle Parteien besser davonkommen, wenn sie sich auf einen wertschätzenden und sinnvollen Umgang miteinander einlassen – schon vor dem ersten Tag.

Ready for Boarding!

Gelungenes Onboarding beginnt bereits vor dem An-Bord-Kommen. Sobald eine Zusammenarbeit vereinbart wurde, sollte es losgehen. Unabhängig vom tatsächlichen Starttermin kann der neue Mitarbeiter in Mailinglisten aufgenommen, können Zugänge zu Intranet und Kollegen hergestellt, die Aufgaben – die in der Ausschreibung standen – auf ihn und seinen Start zugeschnitten, die passenden Projekte ausgewählt, der dazugehörige Team- oder Projektleiter (falls er nicht schon beim Vorstellungsgespräch dabei war) benachrichtigt werden. Existieren Social-Intranet-Kanäle für die Mitarbeiter, sollte das neue Mitglied hier angekündigt werden. Sind diese nicht vorhanden – holt das nach und baut sie auf!
Ähnliches gilt für die Vermittlung wichtiger Informationen. Auch hier stehen wir nicht auf Stille Post, dann doch lieber auf eine gut geordnete Mappe. Über das Unternehmen, die Organisation, Abteilungen und Ansprechpartner, Grundsätze der Kultur. Was in den ersten Tagen und Wochen auf einen zukommt. Wertschätzung lässt sich erkennen, wenn man unmittelbar nach der Zusage erfährt: »Wir haben spezielles Material, das exakt auf die Bedürfnisse von Euch Neueinsteigern zugeschnitten ist.« Oder: »Wir haben im Wiki ein Starterkit für Euch aufgebaut.« Und wer sich nach dem ersten Überblick noch tiefer einlesen möchte, findet im Wiki natürlich weitere Infos.

Und selbstverständlich muss ebenso das »Arbeits-Zuhause« vorbereitet werden, idealerweise lange vor dem ersten Tag. Wenn es zeitlich machbar ist, kommt der Neue vielleicht schon vor seinem Start zu einem Meeting. Es weckt Vorfreude, schon mal Platz nehmen zu können, zu sehen, dass alles vorbereitet ist, dass man sich in alle Systeme einloggen und die ersten Programme öffnen kann. Oder man seinen Werkzeugkoffer sortieren darf.

Und wenn wir Authentizität fordern, könnt Ihr das auch: Fragt uns doch, wie wir uns die Zeit vorstellen, bis es offiziell losgeht. Wer noch eine Weltreise plant, wird am ersten Arbeitstag möglicherweise nicht bestens vorbereitet auf der Matte stehen. Wer vor Neugierde sprudelt und es kaum noch erwarten kann: umso besser. Wie auch immer, auf jeden Fall könnt Ihr einen konstanten Kontakt und ein Zugehörigkeitsgefühl aufbauen. Wenn Kollegen die Neuen mitreißen, steigt weiterhin das Interesse, zu verstehen, was wie und warum funktioniert. Der Mitarbeiter freut sich dann auf seine neue Stelle und wird am ersten Tag darin bestätigt – und kann durchstarten. Oder doch nicht?

Analog, digital, emotional – verschiedene Decks der Vernetzung

»Äh, hier ist es grad so stressig, da können wir keinen Neuen brauchen, der noch keine Ahnung hat. Kennen Sie sich mit der Kaffeemaschine aus? Und hier sind die unbeantworteten Beschwerdebriefe der letzten Jahre, damit können Sie sich ja mal vorübergehend befassen.« Aufgaben und Projekte sollten vorbereitet sein – idealerweise könnt Ihr gemeinsam mit dem Neueinsteiger entscheiden, bei welchem er als Erstes mitwirken möchte, falls mehrere möglich sind. Das Ganze heißt nicht umsonst Investition. Und wenn das rechtzeitig geplant wird, muss niemand Kaffee kochen.

Auch während der ersten Wochen sollte nichts dem Zufall überlassen werden: Regelmäßige Integrationsmaßnahmen wie Schulungen, Teamevents, geplante Mittagspausen bei anderen Abteilungen etc. sind einzuplanen. Um eine Integration ins soziale Gefüge zu institutionalisieren, können Mentoring- beziehungsweise Buddy-Programme etabliert werden: Jeder Neue bekommt nach der Zusage einen Buddy oder Mentor. Seine Aufgabe: Er hat als fester Ansprechpartner für Fragen, Sorgen und Bedürfnisse aller Art zu fungieren, er ist der Reiseführer in die Unternehmenskultur und Einstiegshilfe in die Kollegennetzwerke. Denn auch ein gutes Intranet ersetzt niemals den direkten emotionalen Kontakt mit Kollegen.

Die interne Vernetzung ist extrem wichtig, um wirklich anzukommen, gemeinsame Pausen, transparente Strukturen und stabile Beziehungen sind da unerlässlich. Nicht nur zu den unmittelbaren Kollegen und dem Chef, sondern auch über Abteilungen hinweg. Bleibt der Neue allein zurück, während alle anderen zusammen essen gehen, offenbart sich so die herrschende Gesamtdynamik in dem Unternehmen. »Ich hatte es auch schwer, als ich kam, da muss der durch.« Wie verbittert kann man eigentlich sein? Es geht nicht darum, als Vorgesetzter zu befehlen, dass Mitarbeiter Klaus sich um den Neuen kümmert, ob Klaus dies nun möchte oder nicht. Es geht vielmehr um eine Atmosphäre, in der niemand in einem neuen Mitglied eine Gefahr, sondern einzig und allein eine Unterstützung sieht. Die es schnell und gut zu integrieren gilt. Und dazu sollte jeder generell bereit sein. Weil es Sinn macht, weil es zu den Aufgaben gehört, weil es Wertschätzung ausdrückt. Und vergesst nicht, Eure Neuen während des Onboardings zu fragen, wie es läuft. Die wichtigsten Aspekte kommen oft im alltäglichen Gespräch ans Tageslicht – nehmt sie ernst! So könnt Ihr auf Dauer erkennen, ob die Neuen, ob Einzelne oder alle gleichermaßen etwas vermissen.

Habt Ihr institutionalisierte Onoarding-Strukturen, könnt Ihr dieses Feedback nutzen, um aus gemachten Fehlern zu lernen, um besonders gute Maßnahmen zu optimieren, um zu dokumentieren,

warum was wie gut geklappt hat. Denn es ist für Euch auf Dauer ein Graus, jeden neuen Mitarbeiter ad hoc und »irgendwie« einzugliedern. Fest institutionalisiert sind diese (dennoch flexiblen) Prozesse wesentlich weniger aufwendig, denn Routinen helfen: Verschickt Rundmails (oder besser Slack-Nachrichten) bei Vertragsunterzeichnung und vor dem ersten Tag, sendet Benachrichtigungen an die Organisatoren von Weihnachtsfeiern, Sommerfesten und dem Stammtisch, an alle Teams und die Betreuer des Buddy-Systems. So weiß jeder, um wen er sich wann kümmern soll.
Werden diese Dinge automatisiert angestoßen, gibt es weniger Unruhe und mehr Vorfreude – auf beiden Seiten. Das mag für den einen oder anderen »amerikanisch übertrieben« wirken, aber das ist ja das Schöne an der eigenen Hauskultur: Ihr selbst bestimmt, wie weit Ihr hier gehen möchtet. Wird der erste Tag eine bunte Party mit Ballons und Umtrunk oder eher ein ganz normaler Tag, an dem aber alle, viele oder bestimmte Mitarbeiter aufmerksam sind, um das neue Mitglied zu betreuen? Wann und von wem das alles gemacht werden soll? Dazu nur so viel: Wer keine Zeit hat, sollte sich zu Beginn besonders viel davon nehmen.

Work Story – motiviert, ledig, jung sucht ...

Alles noch zu theoretisch? Versuchen wir es mit einer wahren Geschichte, bei der fast zu viel Glück mitschwingt – für beide Seiten. Dennoch zeigt sie recht anschaulich, was ein gutes Onboarding bewirken kann – und wie ein solches mit der Unternehmenskultur und der Kommunikation zusammenhängt.
Eine Freundin, Jana, hat als durchschnittlich begabte Abiturientin nach einem Ausbildungsplatz gesucht. Studieren war nicht ihr Ding, sie wollte lieber praktisch arbeiten. Kauffrau für Büromanagement sollte es sein. Über längere Zeit erhielt sie nur Absagen, was möglicherweise der Tatsache geschuldet war, dass sie mit ihren Bewerbungen etwas zu spät dran war und zu viele Hoffnungen

in regional bekannte Unternehmen gelegt hatte. Frustriert und kurz davor, sich für einen beliebigen Studiengang an der nächsten Hochschule einzuschreiben, bewarb sie sich schließlich bei einem kleinen Unternehmen für Messtechnik, das auf ihrer Liste weit unten stand. Die Zusage erhielt sie fast ein Jahr vor Ausbildungsbeginn im September 2016. Zu Anfang noch etwas enttäuscht, war sie kurze Zeit später bereits mehr als zufrieden und überzeugt davon, die richtige Entscheidung getroffen zu haben. Was war passiert?

Onboarding, und zwar in der Premiumausführung. Noch vor Weihnachten 2015 (also neun Monate vor Ausbildungsbeginn!) wurde sie regelmäßig zu Mitarbeitertreffen und -ausflügen eingeladen und von diversen Kollegen und Teams zu konstanter Kommunikation aufgefordert, wenn es um Kundenziele und neue Projekte ging. Die dazu nötigen Zugänge zu Firmen-Accounts, einschließlich einer E-Mail-Adresse und einem Profil im Employee Social Network, wurden sofort bereitgestellt – den Rest besprach man live nach Feierabend, zuvor hatte man sich entspannt unterhalten und näher kennengelernt.

Das Unternehmen war für Jana nicht allzu weit von ihrem damaligen Wohnort entfernt, sodass es ihr leichtfiel, die lockeren Einladungen wahrzunehmen und sich auch zu einigen Teammeetings im Unternehmen einzufinden. So kannte sie ihren Arbeitsplatz lange bevor sie ihren ersten Tag dort verbrachte, hatte bereits einen guten Draht zu Kollegen und den Chefs geknüpft und sogar zweimal die Möglichkeit erhalten, ihre Erwartungen bezüglich eines Mentoring-Verhältnisses und Entwicklungsmöglichkeiten zu schärfen. Die zahlreichen Termine, an denen sie nicht teilgenommen hatte – sie wollte weder als Streberin dastehen noch ihre gesamte Freizeit unbezahlt in dem neuen Unternehmen verbringen –, wurden übrigens transparent und nachvollziehbar im Unternehmens-Wiki dokumentiert, sodass sie sich dank Logins schnell auf den aktuellen Stand bringen und bei Bedarf Rückfragen stellen konnte. Zur Klarstellung: Auch das passierte vor ihrem ersten Arbeitstag.

Der war dann endlich gekommen, am 5. September 2016, ein Montag, und er war – grandios. Für alle: Jana konnte sofort starten, kannte ihren Mentor und ihr Projektteam. Die Pausen wurden nicht mit erzwungenen Höflichkeiten verbracht, sondern mit lockeren Gesprächen über die bereits vollzogenen Schritte des Teams und wie sie sich besonders gut einbringen könnte. Dringend musste weiterhin diskutiert werden, wo man am nächsten Wochenende das gemeinsame Grillen ausrichten konnte und welche Alternativen vorlagen, wenn das Wetter nicht mitspielte. Der erste Tag war für Jana wie das Ankommen nach einer langen Reise. Endlich da, endlich vereint. Geht doch.

Beide Seiten hatten Glück, denn das Unternehmen hatte seine Kultur noch nicht extern kommuniziert, sonst wäre es vielleicht schneller und öfter gefunden worden. Und ich hätte zur Fortsetzung der Geschichte auf den Unternehmensblog verweisen können. Wie mir Jana aber berichtete, trägt sie ihre Begeisterung nicht nur offen und laut in die Welt, sodass andere folgen können, sie spielt auch mit dem Gedanken, als Nebenprojekt einen solchen Unternehmensblog aufzubauen. Starten soll er mit dem »Tagebuch einer Neueinsteigerin«. Die Kollegen finden das toll, der Chef weiß bereits Bescheid und möchte ihr dafür ein wenig Arbeitszeit gewähren, wenn die Projektlage dies zulässt. Denn, klar, seit dem ersten Tag ist Jana beteiligt am Tagesgeschäft, am Unternehmenserfolg, an den wichtigen Projekten. Ja, so stellen wir uns das vor.

Dank

Generationen Y/Z und Digitalisierung sind keine vorübergehenden (Medien-)Trends, sondern stellen Unternehmensdenker und -lenker auf der ganzen Welt vor ungeahnte Herausforderungen. Mit über 300 Unternehmen durfte ich in den vergangenen acht Jahren international zusammenarbeiten, sie waren der Grund für dieses Buch, ihnen gebührt mein erster Dank:
Vielen Dank an all die **klugen Vordenker,** die mich zu sich einladen, um Impulse zu geben, zu beraten und gemeinsam die Weichen für die digitale Zukunft zu stellen. Euer Interesse und Euer Vertrauen haben es mir ermöglicht, mich mit meinen Herzensthemen zu beschäftigen – und bei jedem Termin wieder etwas von und über Euch zu lernen.
Das Buch zu schreiben, war ein intensiver Prozess. Alles wäre nicht möglich gewesen ohne die Unterstützung einiger besonderer Personen:
Dr. Carolina Pasamonik hat jedes geschriebene Wort auf den Prüfstand gestellt, jede Idee auf die Goldwaage gelegt und mich mit dem Buch nie alleingelassen. Trotz kürzer werdender Nächte und sich immer weiter stapelnder (virtueller) Papierberge. Was haben wir gemeinsam geflucht, gebrainstormt, geschrieben, verworfen, neu strukturiert, Kapitel gehasst – und dann doch wieder lieben gelernt. Danke für die so wertvolle Zusammenarbeit und Deine unbeschreibliche Energie – und dass ich von Dir so viel über das Schreiben lernen durfte.
Jen Willoh (bald Frau Dr. Willoh) war die Hüterin aller Quellen, Fußnoten und Nachweise. Ihr verdanke ich die hervorragende Unterstützung bei der Recherche, das gemeinsame Lästern über fragwürdige »Studien« wie auch eine abschließende Prüfung auf wis-

senschaftliche Plausibilität. Wenn nur mancher Kollege auch einen so klugen und peniblen Wissenschaftsrat hätte ...

Greta Andreas begleitet mich seit über sechs Jahren durch den Dschungel des Unternehmer-, Redner-, Berater- und Autorenlebens. Sie behält alle Fäden fest in der Hand und sorgt mit dafür, dass ich mich voller Eifer in jedes neue Projekt stürzen und weiterentwickeln kann. Danke für Deine professionelle Unterstützung, Ermutigung und zielsichere Navigation.

Dr. Thomas Tilcher und **Margit Ketterle** vom Droemer Knaur Verlag danke ich für ihr erneutes Vertrauen und die gute Unterstützung. Vielen Dank auch an **Regina Carstensen** für das finale Lektorat und die hilfreichen Anmerkungen.

Dr. Stephanie Nau ist mein Wissenschaftscoach an der Zeppelin Universität in Friedrichshafen – und eine unverzichtbare Unterstützung bei der Planung meines Studiums. Vielen Dank, dass Sie mir als immer ermutigende Lotsin helfen, die Freude am Studium auch in herausfordernden Zeiten zu erhalten!

Ohne sie würde gar nichts gehen: all meine **Liebsten, Freunde und Verwandten** aus dem Kreis Günzburg, Friedrichshafen und dem Rest der Welt, die wegen meiner vielen Projekte und Termine (leider) zu oft bei Familienfeiern, Kneipentouren und WG-Partys auf mich verzichten müssen. Danke, dass Ihr mir ausführlich von allen verpassten Unternehmungen berichtet, immer für mich da seid, mich weiterhin einladet und mich jedes Mal wieder liebevoll aufnehmt!

Philipp Riederle
Friedrichshafen, im Januar 2017

Anmerkungen

Alle Anmerkungen und Quellen sind im Internet abrufbar:
http://www.waswirfordern.de/a/

Intro

1 Deloitte (2015). The 2015 Deloitte Millennial Survey. Executive Summary verfügbar unter: https://www2.deloitte.com/de/de/pages/innovation/contents/millennial-survey-2015.html
2 Bundesagentur für Arbeit (24. Oktober 2016). Arbeitsmarkt in Zahlen – Ausbildungsstellenmarkt: Bewerber und Berufsausbildungsstellen. Abgerufen von https://statistik.arbeitsagentur.de/Statistikdaten/Detail/201609/iiia5/ausb-ausbildungsstellenmarkt-mit-zkt/ausbildungsstellenmarkt-mit-zkt-d-0-201609-pdf.pdf
3 Bundesagentur für Arbeit (Oktober 2016). Gemeldete Stellen im Oktober 2016: Top Ten der Berufe. Abgerufen von https://statistik.arbeitsagentur.de/Statistikdaten/Detail/201610/arbeitsmarktberichte/topten-top-ten/top-ten-d-0-201610-pdf.pdf
4 Ernst & Young (Januar 2016). Mittelstandsbarometer Januar 2016. Abgerufen von http://www.ey.com/Publication/vwLUAssets/EY-Mittelstandsbarometer-Januar-2016/$FILE/EY-Mittelstandsbarometer-Januar-2016.pdf

1 Die digitale Reifeprüfung

1 Blaschke, Florian (18. August 2015). »Wie ein Rudel fresswütiger Hyänen«. Startups und die Kraft der Disruption. t3n. Abgerufen von http://t3n.de/magazin/startups-disruption-238270/
2 Lünendonk GmbH (2016). Digitalisieren Sie schon? Ein Benchmark für die digitale Agenda. Abgerufen von https://lufthansa-industry-

solutions.de/fileadmin/user_upload/files/de/event/2016/ Studie_Digitaler_Reifegrad_2016.pdf

3 Gill, Martin, und VanBoskirk, Shar. (22. Januar 2016). The Digital Maturity Model 4.0. Forrester Research. Abgerufen von https://forrester.nitro-digital.com/pdf/Forrester-s%20Digital%20Maturity%20Model%204.0.pdf

4 Westerman, George, Bonnet, Didier, und McAfee, Andrew (20. November 2012). The Advantages of Digital Maturity. MIT Sloan Management Review. Abgerufen von http://sloanreview.mit.edu/article/the-advantages-of-digital-maturity/

5 Weber, Enzo, und Zika, Gerd (9. November 2015). Industrie 4.0 und die Folgen für Arbeitsmarkt und Wirtschaft. Institut für Arbeitsmarkt- und Berufsforschung. Abgerufen von http://doku.iab.de/aktuell/2015/aktueller_bericht_1516.pdf

6 Bundesministerium für Wirtschaft und Energie (2014). Monitoring-Report Digitale Wirtschaft. Abgerufen von https://www.bmwi.de/BMWi/Redaktion/PDF/Publikationen/monitoring-report-digitale-wirtschaft-2014-langfassung,property=pdf,bereich=bmwi2012,%C2%ADsprache=de,rwb=true.pdf

7 Wir nutzen dafür die App »Bring«: https://www.getbring.com

8 https://www.moley.com und https://www.seedrs.com/moley#idea

9 GS1 Germany (o. D.). RFID überträgt Daten ohne Sichtkontakt. Abgerufen von https://www.gs1-germany.de/gs1-standards/barcodesrfid/epcrfid/
GS1 Germany (28. Juni 2012). NFC Forum und GS1 vereinbaren internationale Zusammenarbeit. Abgerufen von https://www.gs1-germany.de/news-detail/meldung/nfc-forum-und-gs1-vereinbaren-internationale-zusammenarbeit-215/

10 Heeg, Thiemo (5. August 2016). Nur der Chief Cooking Officer fehlt. *Frankfurter Allgemeine Zeitung*. Abgerufen von http://www.faz.net/aktuell/wirtschaft/unternehmen/lustiges-bsh-video-ueber-kuehlschraenke-14374166.html; der Link zum Video: www.facebook.com/bshgroup.DE/videos/1202790713075015/

11 *Spiegel Online* (26. Juli 2016). Amazon lotet Paketlieferung per Drohne aus. Abgerufen von http://www.spiegel.de/wirtschaft/unternehmen/amazon-testet-paket-lieferung-per-drohne-in-grossbritannien-a-1104751.html

12 Ismail, Salim (2014). Exponential Organizations: Why New Organizations Are Ten Times Better, Faster, and Cheaper Than Yours (and What to Do About It). Diversion Books.

13 Dürand, Dieter, Steinkirchner, Peter, und Kutter, Susanne (2. Juni 2015). Wie 3D-Drucker unsere Wirtschaft verändern. *Wirtschaftswoche*. Abgerufen von http://www.wiwo.de/technologie/gadgets/3d-

drucker-wie-3d-drucker-unsere-wirtschaft-veraendern/11835284-all.html
14 https://farmbot.io
15 Deutscher Bauernverband (2014). Situationsbericht 2014/2015. Trends und Fakten zur Landwirtschaft. Abgerufen von http://www.bauernverband.de/situationsbericht-2015-projekt
16 Bundesministerium für Justiz und Verbraucherschutz (o. D.). Verordnung über die Berufsausbildung zum Landwirt/zur Landwirtin. Abgerufen von http://www.gesetze-im-internet.de/lwausbv_1995/
17 Taxipedia (2016). Fakten und Zahlen. Deutscher Taxi- und Mietwagenverband. Abgerufen von http://taxipedia.info/zahlen-und-fakten/
18 Bundesagentur für Arbeit (Januar 2014). Arbeitsmarkt in Zahlen – Beschäftigungsstatistik. Abgerufen von http://statistik.arbeitsagentur.de/Statischer-Content/Statistik-nach-Themen/Statistik-nach-Berufen/Generische-Publikationen/Beschaeftigte-nach-Berufen.xls
19 Brandt, Mathias (12. Oktober 2016). Selbstfahrende Autos – Science Fiction bald in Serienfertigung. Statista. Abgerufen von https://de.statista.com/infografik/6178/verfuegbarkeit-selbstfahrender-autos/
20 Al-Ani, Ayad (25. März 2016). Zukunftsangst ist keine Lösung. *Zeit Online*. Abgerufen von http://www.zeit.de/karriere/2016-03/digitalisierung-arbeitswelt-zukunft-der-arbeit-visionen
21 Scherer, Katja (6. Oktober 2016). Automatisch recht bekommen. *Zeit Online*. Abgerufen von http://www.zeit.de/2016/40/legal-tech-algorithmen-juristen-ersatz
22 Die Kreditech GmbH bietet eine Technologie, die Kreditwürdigkeit im Internet in Echtzeit prüft. Mittlerweile sind 300 Mitarbeiter dort beschäftigt. (Kreditech GmbH / www.kreditech.com/what-we-do/)
23 Holvi sitzt in Finnland, bedient aber problemlos deutsche Kunden. Der deutsche Konkurrent Number26 plant einen ähnlichen Service. (https://about.holvi.com/de/)
24 Bundesagentur für Arbeit (September 2016). Arbeitsmarktberichterstattung: Der Arbeits- und Ausbildungsmarkt in Deutschland. Monatsbericht, September 2016. Abgerufen von https://statistik.arbeitsagentur.de/Statistikdaten/Detail/201609/arbeitsmarktberichte/monatsbericht-monatsbericht/monatsbericht-d-0-201609-pdf.pdf
25 Frey, Carl Benedikt, und Osborne, Michael A. (2013). The Future of Employment: How Susceptible Are Jobs to Computerisation. University of Oxford, Working Paper. Abgerufen von http://www.oxfordmartin.ox.ac.uk/downloads/academic/The_Future_of_Employment.pdf
26 Neal, Lisa (8. Oktober 2016). Interview mit Stephan A. Jansen. Good Impact. Abgerufen von http://goodimpact.org/magazin/warum-auch-noch-die-glückseligkeit-aufschieben

27 Deutscher Wissenschaftsrat (13. Juli 2012). Empfehlungen zu hochschulischen Qualifikationen für das Gesundheitswesen. Abgerufen von http://www.wissenschaftsrat.de/download/archiv/2411-12.pdf
Warnecke, Tilmann (17. Juli 2012). Krankenschwestern an die Unis. *Der Tagesspiegel*. Abgerufen von http://www.tagesspiegel.de/wissen/pflege-ist-nicht-einfach-krankenschwestern-an-die-unis/6884782.html

28 Hill, Steven (6. August 2016). The Future of Work in the Digital Economy: Promise and Peril. Deutsche Telekom Digital Responsibility. Abgerufen von www.telekom.com/konzern/digitale-verantwortung/314140

29 Koenen, Jens (1. Februar 2012). IBM baut in Deutschland Tausende Stellen ab. *Handelsblatt*. Abgerufen von http://www.handelsblatt.com/unternehmen/it-medien/schrumpfkurs-ibm-baut-in-deutschland-tausende-stellen-ab/6135510.html
Roth, Eva (23. April 2015). Unternehmensplattform Liquid: IBM setzt auf »digitale Fließband-Arbeit«. *Berliner Zeitung*. Abgerufen von http://www.berliner-zeitung.de/996710
Kroker, Michael (19. November 2015). IBM Deutschland. Konzern will 3000 Stellen streichen. *Wirtschaftswoche*. Abgerufen von http://www.wiwo.de/unternehmen/it/ibm-deutschland-konzern-will-3000-stellen-streichen/12610666.html

30 Gründinger, Wolfgang (6. August 2014). Arbeitnehmer zweiter Klasse. Zur Lage der jungen Generation auf dem Arbeitsmarkt. Stiftung für die Rechte zukünftiger Generationen. Abgerufen von http://srzg.croxtethgroup.com/wp-content/uploads/sites/16/2014/06/PP-Arbeitsmarkt.pdf

31 Timmler, Vivien (26. August 2016). Finnland testet das bedingungslose Grundeinkommen. *Süddeutsche Zeitung*. Abgerufen von http://www.sueddeutsche.de/wirtschaft/experiment-finnland-testet-das-bedingungslose-grundeinkommen-1.3136917

32 Morozov, Evgeny (8. März 2016). Das Silicon Valley fordert ein Grundeinkommen – gut so! *Süddeutsche Zeitung*. Abgerufen von http://www.sueddeutsche.de/wirtschaft/internet-und-politik-so-wie-fischen-nur-sozialer-1.2895712
Pindur, Marcus (13. August 2016). Politik in den Händen von Oligarchen. Deutschlandradio Kultur. Abgerufen von http://www.deutschlandradiokultur.de/robert-b-reich-rettet-den-kapitalismus-politik-in-den.1270.de.html?dram:article_id=363010

33 Kröger, Michael (30. November 2005). dm-Chef Werner zum Grundeinkommen: »Wir würden gewaltig reicher werden.« *Spiegel Online*. Abgerufen von http://www.spiegel.de/wirtschaft/dm-chef-werner-zum-grundeinkommen-wir-wuerden-gewaltig-reicher-werden-a-386396.html

34 Hoffmann, Catherine (31. Mai 2015). Warum der digitale Sprung ein großer Irrtum ist. *Süddeutsche Zeitung*. Abgerufen von http://www.sueddeutsche.de/wirtschaft/produktivitaet-ein-grosser-irrtum-1.2498761

35 Diem, Viola (9. August 2016). Zwei Stunden mehr leben. *Zeit Campus*. Abgerufen von http://www.zeit.de/campus/2016/05/arbeiten-sechs-stunden-tag-test-schweden/seite-2

36 Fokusgruppe Digital Commerce (Juni 2016). Digital Readiness – Ergebnisse der Online-Umfrage. BVDW. Abgerufen von http://www.bvdw.org/presseserver/DigitalReadiness/bvdw_digital_readiness_zusammenfassung.pdf

37 Knop, Carsten (10. September 2014). Dem deutschen Mittelstand ist die Digitalisierung egal. *Frankfurter Allgemeine Zeitung*. Abgerufen von http://www.faz.net/aktuell/wirtschaft/wirtschaftspolitik/deutsche-betriebe-investieren-kaum-in-digitalen-ausbau-13146623.html

2 Spießer mit Vorgarten

1 Gesamtverband der deutschen Versicherungswirtschaft (29. Januar 2014). Wenn die Babyboomer in den Ruhestand gehen. Abgerufen von http://www.gdv.de/2014/01/wenn-die-babyboomer-in-den-ruhestand-gehen/

2 Hochschulrektorenkonferenz (November 2015). Statistische Daten zu Studienangeboten an Hochschulen in Deutschland. Abgerufen von https://www.hrk.de/uploads/media/HRK_Statistik_WiSe_2015_16_webseite.pdf

3 Statistisches Bundesamt (2016). Studenten. Abgerufen von https://www.destatis.de/DE/ZahlenFakten/Indikatoren/LangeReihen/Bildung/lrbil01.html
Statistisches Bundesamt (2016). Absolventen/Abgänger nach Abschlussart. Abgerufen von https://www.destatis.de/DE/ZahlenFakten/GesellschaftStaat/BildungForschungKultur/Schulen/Tabellen/AbsolventenAbgaenger_Abschlussart.html

4 Frohne, Julia (September 2015). Absolventen 2015 unter die Lupe genommen: Ziele, Wertvorstellungen und Karriereorientierung der Generation Y. Kienbaum Institut @ ISM für Leadership & Transformation. Abgerufen von http://www.kienbauminstitut-ism.de/fileadmin/user_data/veroeffentlichungen/kienbaum_institut_ism_studie_absolventen_08_2015.pdf

5 Institut für Beschäftigung und Employability (2015). Vereinbarkeit 2020: Eine Studie zu familien- und lebensphasenbewusster Personalpolitik im Zeitalter der Individualisierung. Berufundfamilie Service GmbH. Abgerufen von http://vereinbarkeit2020.berufundfamilie.de/wp-content/uploads/2016/01/Ergebnisbericht_Studie_Vereinbarkeit_2020-2.pdf

6 Siehe Anm. 4
7 Rump, Jutta, und Eilers, Silke (2012). Die jüngere Generation in einer alternden Arbeitswelt: Baby Boomer versus Generation Y. Wissenschaft & Praxis, Sternenfels. S. 82
8 Jakob, Gisela (Juni 2014). Ein Blick zurück in die Geschichte der Freiwilligendienste. Bundesnetzwerk Bürgerliches Engagement. Abgerufen von http://www.b-b-e.de/fileadmin/inhalte/aktuelles/2014/04/NL06_Gastbeitrag_Jakob.pdf
9 Nicht von der Hand zu weisen ist, dass seit 2011 der verpflichtende Wehrdienst ausgesetzt ist.
Bundesfreiwilligendienst (2015). Statistik und aktuelle Zahlen zum Bundesfreiwilligendienst. Abgerufen von https://www.bundesfreiwilligendienst.de/news/bundesfreiwilligendienst-bfd-zahlen-statistik-2015/
10 Siems, Dorothea, und Suermann, Florian (28. Juni 2012). Jeder vierte deutsche Student geht ins Ausland. *Die Welt*. Abgerufen von https://www.welt.de/dieweltbewegen/article107282781/Jeder-vierte-deutsche-Student-geht-ins-Ausland.html
11 Heublein, Ulrich (23. Mai 2014). Masterstudierende sind erfolgreich. Deutsches Zentrum für Hochschul- und Wissenschaftsforschung. Abgerufen von http://www.dzhw.eu/aktuell/presse/archiv_pm/ganze_pm?pm_nr=1328
12 Statistisches Bundesamt (2016). Ehescheidungen. Abgerufen von https://de.statista.com/statistik/daten/studie/1325/umfrage/ehescheidungen-in-deutschland/
13 Statistisches Bundesamt (2016). Eheschließungen. Abgerufen von https://www.destatis.de/DE/ZahlenFakten/GesellschaftStaat/Bevoelkerung/Eheschliessungen/Tabellen/EheschliessungenHeiratsalter.html
14 Continental AG (2013). 10. Continental-Studentenumfrage: Individualität und Freiheit vs. Sicherheit und (Im-)Mobilität. Abgerufen von http://www.continental-corporation.com/www/download/presseportal_com_de/themen/initiativen/studentenumfragen/deutschland/ov_studentenumfrage_de/broschuere_de.pdf
Strathmann, Elke (20. Juni 2013). Generation Y will keine Frauenquote. *Wirtschaftswoche*. Abgerufen von http://www.wiwo.de/erfolg/trends/continental-studentenumfrage-generation-y-will-keine-frauenquote/8380746-all.html
15 Siehe Anm. 14
16 Orth, Boris (2016). Die Drogenaffinität Jugendlicher in der Bundesrepublik Deutschland 2015. Rauchen, Alkoholkonsum und Konsum illegaler Drogen: aktuelle Verbreitung und Trends. BZgA-Forschungsbericht. Abgerufen von http://www.drogenbeauftragte.de/fileadmin/

dateien-dba/Drogenbeauftragte/2_Themen/1_Drogenpolitik/2_Initiativen/DAS_2015_Basis-Bericht_fin.pdf
17 Beck, Ulrich (1986). Risikogesellschaft. Auf dem Weg in eine andere Moderne. Frankfurt am Main
18 Bundesministerium für Familie, Senioren, Frauen und Jugend (November 2013). Stief- und Patchworkfamilien in Deutschland. Abgerufen von https://www.bmfsfj.de/blob/76242/1ab4cc12c386789b943fc7e12fdef6a1/monitor-familienforschung-ausgabe-31-data.pdf
Verband der Ersatzkassen (2015). Vdek-Basisdaten des Gesundheitswesens. Abgerufen von https://www.vdek.com/presse/daten/_jcr_content/par/download_3/file.res/VDEK_Basisdaten015-016_210x280_RZ-X3_online.pdf
19 Lindner, Diana (2012). Das gesollte Wollen. Identitätskonstruktion zwischen Anspruchs- und Leistungsindividualismus. Wiesbaden
20 Schulze, Gerhard (2005). Die Erlebnisgesellschaft. Kultursoziologie der Gegenwart. Frankfurt am Main, S. 75–78, S. 171–179
21 Kohli, Martin (1994). Institutionalisierung und Individualisierung der Erwerbsbiographie. In: Ulrich Beck (Hrsg.). Riskante Freiheiten. Individualisierung in modernen Gesellschaften. Frankfurt am Main, S. 219–244
22 Gründinger, Wolfgang (6. August 2014). Arbeitnehmer zweiter Klasse. Zur Lage der jungen Generation auf dem Arbeitsmarkt. Stiftung für die Rechte zukünftiger Generationen. Abgerufen von http://srzg.croxtethgroup.com/wp-content/uploads/sites/16/2014/06/PP-Arbeitsmarkt.pdf
23 Hurrelmann, Klaus, und Albrecht, Erik. (2014). Die heimlichen Revolutionäre. Wie die Generation Y unsere Welt verändert. Weinheim
24 Deloitte (2016). The 2016 Deloitte Millennial Survey. Abgerufen von https://www2.deloitte.com/content/dam/Deloitte/at/Documents/human-capital/millennial-innovation-survey-2016.pdf
25 Bundesministerium für Bildung und Forschung (12. Oktober 2016). Sprung nach vorn in der digitalen Bildung. Abgerufen von https://www.bmbf.de/de/sprung-nach-vorn-in-der-digitalen-bildung-3430.html
26 Hatting, André (12. Oktober 2016). Eine Maßnahme zur Verdummung. Deutschlandradio. Abgerufen von http://www.deutschlandradiokultur.de/manfred-spitzer-zum-digitalpat-fuer-schulen-eine-massnahme.1008.de.html?dram:article_id=368325
27 Bundesministerium für Bildung und Forschung (April 2016). Berufsbildungsbericht 2016. Abgerufen von https://www.bmbf.de/pub/Berufsbildungsbericht_2016.pdf
28 Bundesinstitut für Berufsbildung (20. Januar 2014). Die Entwicklung

des Ausbildungsmarktes im Jahr 2013. Zahl der neu abgeschlossenen Ausbildungsverträge fällt auf historischen Tiefstand. Abgerufen von https://www.bibb.de/dokumente/pdf/a21_beitrag_naa-2013.pdf

29 Siehe Anm. 27

30 Schmickler, Barbara (1. August 2016). Ausbildungsmarkt in der Krise: Wer will schon Bäcker oder Fleischer werden? Abgerufen von http://www.tagesschau.de/wirtschaft/ausbildungsjahr-101.html

31 *Employour* (2016). azubi.report 2016. Abgerufen von https://www.ausbildung.de/downloads/Azubi_Report_2016_Web_Farbe_Doppelseite.pdf

32 Bundesinstitut für Berufsbildung (2016). Datenreport zum Berufsbildungsbericht 2016. Abgerufen von https://www.bibb.de/datenreport-2016

33 Heublein, Ulrich, Hutzsch, Christopher, Schreiber, Jochen, Sommer, Dieter, und Besuch, Georg (Januar 2010). Ursachen des Studienabbruchs in Bachelor- und in herkömmlichen Studiengängen. HIS: Forum Hochschule. Abgerufen von http://www.dzhw.eu/pdf/pub_fh/fh-201002.pdf

34 Siehe Anm. 33

35 Kock, Felicitas (22. August 2013). Hallo Mama, ich bin wieder da! *Süddeutsche Zeitung*. Abgerufen von http://www.sueddeutsche.de/leben/zurueck-ins-elternhaus-hallo-mama-ich-bin-wieder-da-1.1750768

36 Jacobs Krönung-Studie (2013). Generationenbilder. Institut für Demoskopie Allensbach. Abgerufen von http://www.ifd-allensbach.de/uploads/tx_studies/Jacobs__Generationenbilder.pdf

37 Absolventa (September 2015). GenY besteht Belastungstest. Abgerufen von http://www.presseportal.de/pm/110677/3129236

38 Piatov, Filipp (26. Juli 2015). Werdet endlich erwachsen, ihr Jammerlappen! *Die Welt*. Abgerufen von https://www.welt.de/debatte/kommentare/article144437717/Werdet-endlich-erwachsen-ihr-Jammerlappen.html

39 Kerschbaumer, Tatjana (6. Oktober 2015). Die neue Stadtflucht der jungen Leute. *Merkur*. Abgerufen von http://www.merkur.de/bayern/neue-stadtflucht-der-jungen-leute-was-kann-dorf-was-muenchen-nicht-kann-5600532.html

40 Friedrichs, Julia (2. Mai 2016). Entschleunigung. Die Welt ist mir zu viel. *Zeitmagazin*. Abgerufen von http://www.zeit.de/zeit-magazin/2015/01/entschleunigung-biedermeier-handarbeit-stressabbau

41 Heidenreich, Ulrike (27. Juli 2010). Heimatcowboys aus Bayern. *Süddeutsche Zeitung*. Abgerufen von http://www.sueddeutsche.de/bayern/jugendstudie-dein-heimatcowboys-aus-bayern-1.980354

42 Diginights (o. D.). Willkommen in der Heimat! Warum es cool ist ein

Spießer zu sein. Abgerufen von https://diginights.com/report/willkommen-in-der-heimat-warum-es-cool-ist-ein-spiesser-zu-sein
43 Deutsche Shell Holding Gmbh (2015). 17. Shell-Jugendstudie
44 Siehe Anm. 40
45 Erfolgsfaktor Familie (2014). Wie die Generation Y zur Vereinbarkeit von Beruf und Familie steht. Bundesministerium für Familie, Senioren, Frauen und Jugend. Abgerufen von https://www.erfolgsfaktor-familie.de/fileadmin/ef/data/mediathek/Generation_Y_Check.pdf
46 Stern, Claudia (4. August 2016). Ausgrenzung. Und keiner kommt zum Spielen. *Zeit Online*. Abgerufen von http://www.zeit.de/2016/31/ausgrenzung-umzug-stadt-land
47 Siems, Dorothea (17. Juni 2014). Junge Menschen ziehen massenhaft in die Metropolen. *Die Welt*. Abgerufen von https://www.welt.de/wirtschaft/article129117096/Junge-Menschen-ziehen-massenhaft-in-die-Metropolen.html
Sander, Nikola (2014). Internal migration in Germany, 1995–2010: new insights into East-West migration and re-urbanization. Comparative Population Studies, Vol. 2/2014, S. 28. Abgerufen von http://www.comparativepopulationstudies.de/index.php/CPoS/article/viewFile/89/174

3 Arbeit ist Leben

1 Baecker, Dirk (2007). Studien zur nächsten Gesellschaft. Frankfurt am Main, S. 14
2 Schwering, Markus (27. November 2015). Oper wird zur Blamage ohne Ende. *Kölner Stadtanzeiger*. Abgerufen von http://www.ksta.de/23299872
Badelt, Udo (27. Februar 2016). Odyssee einer Oper. *Der Tagesspiegel*. Abgerufen von http://www.tagesspiegel.de/kultur/skandal-um-koelns-musiktheater-odyssee-einer-oper/13025602.html
3 Bitkom (15. März 2015). Digitalisierung verändert die gesamte Wirtschaft. Abgerufen von https://www.bitkom.org/Presse/Presseinformation/Digitalisierung-veraendert-die-gesamte-Wirtschaft.html
4 Statistisches Bundesamt (2012). Mit Augenmaß durch die Krise. Produktivität und Lohnkosten im Blick. Abgerufen von https://www.destatis.de/DE/Publikationen/STATmagazin/VolkswirtschaftlicheGesamtrechnungen/2012_04/PDF2012_04.pdf?__blob=publicationFile
5 Dengler, Katharina, und Matthes, Britta (November 2015). Folgen der Digitalisierung für die Arbeitswelt. Institut für Arbeits- und Berufsforschung. Abgerufen von http://doku.iab.de/forschungsbericht/2015/fb1115.pdf

6 Maznevski, Martha (27. Mai 2015). 6 Tips for Leading Millennials. Society for Human Resource Management. Abgerufen von https://www.shrm.org/hr-today/news/hr-magazine/pages/0615-leading-millennials.aspx
7 Brandes, Ulf, Gemmer, Pascal, Koschek, Holger, and Schültken, Lydia (2014). Management Y. Agile, Scrum, Design Thinking & Co. So gelingt der Wandel zur attraktiven und zukunftsfähigen Organisation. Frankfurt am Main
8 Stößel, Volker (29. August 2014). Studie: Selbstverwirklichung und Leistungsbereitschaft prägen aktuelle Studenten-Generation. idw. Abgerufen unter https://idw-online.de/de/news601150
Wülfing, Ira (23. Oktober 2014). Studie: Klischees über Generation Y gehen an der Realität vorbei. Consulting Cum Laude. Abgerufen von http://www.jobfit-aktuell.de/media/docs/jobfit-aktuell/downloads/Studie-Generation-Y.pdf
Römer, Jörg (22. Oktober 2014). Sicherheit schlägt Einkommen. *Spiegel Online*. Abgerufen von http://www.spiegel.de/karriere/studie-zur-generation-y-leistungsbereiter-als-bisher-angenommen-a-998491.html
9 Siehe Anm. 8
10 Bösenberg, Christina, und Küppers, Bernhard (2011). Im Mittelpunkt steht der Mitarbeiter: Was die Arbeitswelt wirklich verändern wird (Vol. 4464). Haufe-Lexware
11 McGregor, Douglas, und Cutcher-Gershenfeld, Joel (2006). The Human Side of Enterprise. McGraw Hill Professional. New York
12 Absolventa (September 2015). GenY besteht Belastungstest. Abgerufen von https://www.jobnet.de/presse/gen-y-besteht-belastungstest
13 Hays (2014). HR-Report 2014/2015 – Schwerpunkt Führung. Abgerufen von https://www.hays.at/personaldienstleistung-aktuell/studie/hr-report-2014-2015-schwerpunkt-fuehrungen
14 Siehe Anm. 13
15 Ismail, Salim (2014). Exponential Organizations: Why New Organizations Are Ten Times Better, Faster, and Cheaper Than Yours (and What to Do About It). Diversion Books
16 *Frankfurter Allgemeine Zeitung* (19. Dezember 2015). Keine Zeit fürs Gespräch mit dem Chef. Abgerufen von http://www.faz.net/aktuell/beruf-chance/arbeitswelt/feedback-keine-zeit-fuers-gespraech-mit-dem-chef-13971672.html
17 *Employour* (14. Juli 2015). Warum halbjährige Feedback-Gespräche nicht mehr funktionieren. Abgerufen von http://www.employour.de/blog/personalmarketing/feedback-gespraeche
18 Willyerd, Karie (27. Februar 2015). Millennials Want to Be Coached at Work. *Harvard Business Review*. Abgerufen von https://hbr.org/2015/02/millennials-want-to-be-coached-at-work

19 Mai, Jochen (28. Dezember 2015). SARA Modell: Die 4 Feedback-Reaktionen. Karrierebibel. Abgerufen von http://karrierebibel.de/sara-modell/
20 Dishman, Lydia (14. Juli 2016). The Overlooked Factor To Job Satisfaction For Millennials That Doesn't Matter To Baby Boomers. Fast Company. Abgerufen von https://www.fastcompany.com/3033051/the-future-of-work/the-overlooked-factor-to-job-satisfaction-for-millennials-that-doesnt-mat
21 Siehe Anm. 20

4 Von Machtspielen zum Fair Play – das Netzwerk-Unternehmen

1 Schulenburg, Nils (2016). Führung einer neuen Generation: Wie die Generation Y führen und geführt werden sollte. Wiesbaden
Deutsche Shell Holding Gmbh (2010). 16. Shell-Jugendstudie
2 Haufe-umantis AG (2014). Haufe-umantis AG: Mitarbeiter wählen Management. Abgerufen von http://presse.haufe.de/pressemitteilungen/detail/article/haufe-umantis-ag-mitarbeiter-waehlen-management/
3 Rump, Jutta, und Eilers, Silke (2012). Die jüngere Generation in einer alternden Arbeitswelt. Baby Boomer versus Generation Y. Wissenschaft & Praxis, Sternenfels
Kasch, Richard, Engelhardt, Miriam, Förch, Michael, Merk, Harry, Walcher, Felix, und Fröhlich, Susanne (2016). Ärztemangel: Was tun, bevor Generation Y ausbleibt? Ergebnisse einer bundesweiten Befragung. *Zentralblatt für Chirurgie. Zeitschrift für Allgemeine, Viszeral-, Thorax- und Gefäßchirurgie*, 141(02), S. 190–196
4 Ramge, Thomas (Juni 2012). Revolution von oben. *Brand eins*, 6/2012, S. 62–67. Verfügbar unter https://www.brandeins.de/archiv/2012/risiko/revolution-von-oben/
5 Sattelberger, Thomas, Boes, Andreas, und Welpe, Isabell (2015). Das demokratische Unternehmen. Neue Arbeits- und Führungskulturen im Zeitalter digitaler Wirtschaft. Planegg
6 Drucker, Peter (2002). Was ist Management: Das Beste aus 50 Jahren. München
7 Endres, Helene (2. März 2011). Warum Zielvereinbarungen oft nutzlos sind. *Manager magazin*. Abgerufen von http://www.manager-magazin.de/unternehmen/karriere/a-745833.html
8 Deckstein, Dagmar (17. Mai 2010). Die Manager tun mir leid. *Süddeutsche Zeitung*. Abgerufen von http://www.sueddeutsche.de/wirtschaft/peter-f-drucker-die-manager-tun-mir-leid-1.141582
Wartzman, Rick (14. November 2014). Was schon Peter Drucker über

das Jahr 2020 wusste. *Harvard Business Manager*. Abgerufen von http://www.harvardbusinessmanager.de/blogs/a-1000774-2.html
9 Korge, Gabriele, Buck, Susanne, und Stolze, Dennis (2016). Die Digital Natives: Grenzenlos agil? Stuttgart. Fraunhofer IAO
10 Agile Methoden (20. März 2008). Abgerufen von https://www.informatik.uni-augsburg.de/lehrstuehle/swt/vs/lehre/archiv/WS_07_08/agileMethoden/
11 Baumanns, Markus, und Schumacher, Torsten (2014). Kein Bullshit. Was Manager heute wirklich können müssen. Hamburg
12 Siehe Anm. 11
13 Häusling, André, und Rutz, Bernd (2016). Agile Führungsstruktur und -kultur zur Förderung der Selbstorganisation. Ausgestaltung und Herausforderungen. In: Corinna von Au (Hrsg.). Leadership und angewandte Psychologie (Bd. 2). Wiesbaden
14 Kemp, Thomas (11. Januar 2014). Zu schön, um wahr zu sein? Holocracy will Chefs und Hierarchien abschaffen. t3n. Abgerufen von http://t3n.de/news/holacracy-ohne-chef-hierarchie-521519/
15 Kraus-Wildegger, Monika (20. Juni 2014). Unternehmen – Fit for human beings? Teil 1: Welche Führungskultur ist zeitgemäß? GOODplace. Abgerufen von http://www.goodplace.org/blog/unternehmen-fit-for-human-beings-teil-1-welche-führungskultur-ist-zeitgemäß/
16 Robertson, Brian J. (2015). Holacracy: The New Management System for a Rapidly Changing World. London
Das Regelwerk der Holocracy (die »Constitution«) ist verfügbar unter: http://www.holacracy.org/constitution
17 Laloux, Frederic, und Kauschke, Mike (2015). Reinventing Organizations. Ein Leitfaden zur Gestaltung sinnstiftender Formen der Zusammenarbeit. München
18 http://www.holacracy.org/
19 Brinsa, Markus (September 2015). Holocracy: Die Hierarchie der Kreise. Trend Update. Abgerufen von https://www.zukunftsinstitut.de/artikel/tup-digital/03-from-strategy-to-culture/01-longreads/holacracy-die-hierarchie-der-kreise/
20 Linder, Dominic (8. April 2016). Agile Unternehmen und Holokratie. Abgerufen von https://agile-unternehmen.de/agile-unternehmen-holokratie/
21 Janek, Boris (o. D.). Zukunft der Banken: Holokratie statt Hierarchie. Finance Zweinull. Abgerufen von http://www.financezweinull.de/zukunft-der-banken-holokratie-statt-hierarchie/
22 Scherkamp, Hannah (5. Februar 2016). MyMuesli: Man sollte sich nicht zu früh unter Wert verkaufen. Gründerszene. Abgerufen von http://www.gruenderszene.de/allgemein/interview-mymuesli
23 Universum Global (2016). World's most attractive employers | 2016. Abgerufen von http://universumglobal.com/rankings/company/intel/

24 Mymuesli (28. Juni 2015). Wie wir arbeiten: Das OKR-Modell von Google bei mymuesli. Abgerufen von https://www.mymuesli.com/blog/2015/08/28/wie-wir-arbeiten-das-okr-modell-von-google-bei-mymuesli/
25 Kemp, Thomas (8. März 2014). OKR – Googles Wunderwaffe für den Unternehmenserfolg oder: Raus aus der Komfortzone. t3n. Abgerufen von http://t3n.de/news/okr-google-wunderwaffe-valley-ziele-530092/
26 Deloitte Development LLC (2016). Global Human Capital Trends 2016. The new organization: Different by design. Deloitte University Press. Abgerufen von https://www2.deloitte.com/content/dam/Deloitte/global/Documents/HumanCapital/gx-dup-global-human-capital-trends-2016.pdf
Deloitte Consulting GmbH (2016). ExpertInnen-Karriere neu gedacht. Abgerufen von http://www2.deloitte.com/content/dam/Deloitte/at/Documents/human-capital/Expertenkarriere.pdf
27 Buurtzorg (2016). The History of Buurtzorg. Abgerufen von http://www.buurtzorgusa.org/about-us/
28 Buurtzorg (2016). Das Modell. Abgerufen von http://www.buurtzorg-in-deutschland.org/buurtzorg/
29 Deutsche Gesellschaft für Personalführung (2015). Megatrends 2015. Abgerufen von http://static.dgfp.de/assets/publikationen/2015/2015-09-09-StudieMegatrend.pdf
30 Buckingham, Marcus, und Goodall, Ashley (April 2015). Reinventing Performance Management. *Harvard Business Review,* S. 40–50. Abgerufen von https://hbr.org/2015/04/reinventing-performance-management
31 Deloitte Consulting GmbH (2015). Global Human Capital Trends 2015. Leading in the new world of work, S. 53. Abgerufen von http://www2.deloitte.com/content/dam/Deloitte/at/Documents/human-capital/hc-trends-2015.pdf
32 Höhmann, Ingmar (11. Februar 2016). Management-Guru Dave Ulrich im Gespräch. *Harvard Business Manager.* Abgerufen von http://www.harvardbusinessmanager.de/blogs/management-guru-dave-ulrich-im-gespraech-a-1076693.html

5 Netz und doppelter Boden – so geht Führung heute

1 Pütter, Christiane (9. Oktober 2015). Führungskräfte müssen Ängste reduzieren. CIO. Abgerufen von http://www.cio.de/a/fuehrungskraefte-muessen-aengste-reduzieren,3248680
2 Ruhr-Universität Bochum (17. August 2009). Unzufriedenheitsfaktor Nummer 1: der Chef. Erste Ergebnisse der RUB-Online-Befragung – 3.500 Teilnehmer bewerteten ihre Vorgesetzten. Abgerufen von http://www.pm.ruhr-uni-bochum.de/pm2009/msg00257.htm

Towers Watson (August 2014). Global Workforce Study at a Glance. Abgerufen von https://www.towerswatson.com/assets/jls/2014_global_workforce_study_at_a_glance_emea.pdf

3 Brousell, Lauren (6. August 2016). How millennials challenge traditional leadership. Borderless Leadership. Abgerufen von http://www.borderless.net/how-millennials-challenge-traditional-leadership/

Hölzl, Hubert (o. D.). Die Generation Y führen. Monster. Abgerufen von http://arbeitgeber.monster.de/hr/personal-tipps/personalmanagement/personalfuhrung-entwicklung/die-generation-y-fuehren-110655.aspx

4 Reuteman, Rob (1. März 2015). This Is How Millennials Want to Be Managed. *Entrepreneur*. Abgerufen von https://www.entrepreneur.com/article/242507

5 Gallup (10. März 2016). Engagement Index 2015. Abgerufen von http://www.gallup.de/183104/engagement-index-deutschland.aspx

Kestel, Christina (10. März 2015). Bindung steigt, Leidenschaft dümpelt. *Harvard Business Manager*. Abgerufen von http://www.harvardbusinessmanager.de/blogs/gallup-index-mitarbeiterbindung-steigt-a-1022614.html

6 Maznevski, Martha (27. Mai, 2015). 6 Tips for Leading Millennials. Society for Human Resource Management. Abgerufen von https://www.shrm.org/hr-today/news/hr-magazine/pages/0615-leading-millennials.aspx

7 Information Factory (2015). Studie Deutschland führt. Abgerufen von http://www.information-factory.com/deutschlandfuehrt.html

8 Siehe Anm. 4

9 Domscheit, André (2007). Organisations- und Personalentwicklung nach Maß. Seminare, Trainings und Coachings, die sich rechnen. München

Hölz, Hubert (14. Oktober 2013). Innovative Mitarbeiterführung: Generation Y fordert Anerkennung, Sinn und Freiraum! Unternehmer.de. Abgerufen von http://www.unternehmer.de/management-people-skills/157031-fuehrungsstil-unternehmen-die-generation-fordert-einen-wandel

10 Siehe Anm. 5

11 Bundesministerium für Arbeit und Soziales. Initiative Neue Qualität der Arbeit (2014). MONITOR Führungskultur im Wandel. Abgerufen von http://www.bmas.de/SharedDocs/Downloads/DE/PDF-Pressemitteilungen/inqa-monitor-fuehrungskultur-2014.pdf;?__blob=publicationFile

12 *Zeit Online* (30. September 2015). Manager halten deutsche Führungskultur für überholt. Abgerufen von http://www.zeit.de/karriere/2014-09/manager-fuehrungsstil-umfrage

13 Siehe Anm. 6
14 Hernandez, Rob (11. März 2015). Here's What Millennials Want From Their Performance Reviews. Fast Company. Abgerufen von https://www.fastcompany.com/3052988/the-future-of-work/heres-what-millennials-want-from-their-performance-reviews
15 Siehe Anm. 4 und *Frankfurter Allgemeine Zeitung* (19. Dezember 2015). Keine Zeit fürs Gespräch mit dem Chef. Abgerufen von http://www.faz.net/aktuell/beruf-chance/arbeitswelt/feedback-keine-zeit-fuers-gespraech-mit-dem-chef-13971672.html
16 Willyerd, Karie (27. Februar 2015). Millennials Want to Be Coached at Work. *Harvard Business Review*. Abgerufen von https://hbr.org/2015/02/millennials-want-to-be-coached-at-work
17 Siehe Anm. 11
18 Siehe Anm. 16
19 Schwuchow, Karlheinz (24. März 2015). Personalentwicklung 2020: Trends und Zukunftsstrategien. Haufe Akademie Blog. Abgerufen von https://www.haufe-akademie.de/blog/themen/personalentwicklung/personalentwicklung-2020-trends-und-zukunftsstrategien/
20 Lecturio (1. September 2016). 5 Führungsstile der Zukunft – im Wandel der Gesellschaft. *Lecturio HR Magazin*. Abgerufen von https://www.lecturio.de/magazin/5-fuehrungsstile-zukunft-wandel/
21 Jungmann, Uta (18. Januar 2016). Generation Weichei? Kein Problem! *Frankfurter Allgemeine Zeitung*. Abgerufen von http://www.faz.net/aktuell/beruf-chance/arbeitswelt/arbeiten-mit-der-generation-y-wie-sich-unternehmen-mit-den-jungen-arrangieren-14014919.html
22 Dietz, Karl-Martin, und Kracht, Thomas (2011). Dialogische Führung: Grundlagen – Praxis – Fallbeispiel: dm-drogerie markt. Frankfurt am Main
23 Robertson, Brian J. (2015). Holacracy: The New Management System for a Rapidly Changing World. London
24 Grannemann, Ulrich, und Schönborn, Sandra (17. Mai 2016). Der evolutionäre Führungsstil. Haufe Akademie Blog. Abgerufen von https://www.haufe-akademie.de/blog/themen/fuehrung-und-leadership/der-evolutionaere-fuehrungsstil/
25 Schulenburg, Nils (2016). Führung einer neuen Generation: Wie die Generation Y führen und geführt werden sollte. Wiesbaden, S. 95
26 Schmidt, Eva-Maria (30. Oktober 2014). Bunter Anspruch. *Horizont Report* 44, S. 48. Abgerufen von http://www.horizont.net/media/media/12/2014-044_HOR-Report_Employer_Branding.pdf-119790.pdf
27 Wunderer, Rolf (2011). Führung und Zusammenarbeit – Eine unternehmerische Führungslehre. Köln, S. 50

6 Die Tools, die wir riefen

1. Markowetz, Alexander (2015). Digitaler Burnout. Warum unsere permanente Smartphone-Nutzung gefährlich ist. München
2. Franck, Georg (1998). Ökonomie der Aufmerksamkeit: Ein Entwurf. München
3. Watson, Leon (5. Mai 2015). Humans have shorter attention span than goldfish, thanks to smartphones. *The Telegraph.* Aufgerufen von http://www.telegraph.co.uk/science/2016/03/12/humans-have-shorter-attention-span-than-goldfish-thanks-to-smart/
Microsoft Consumer Insights (2015). Attention Spans. Microsoft Canada. Abgerufen unter https://advertising.microsoft.com/en/WWDocs/User/display/cl/researchreport/31966/en/microsoft-attention-spans-research-report.pdf
4. Schröder, Jens (24. April 2016). IVW-Blitz-Analyse Zeitungen: Welt stürzt um 17,6 % ab, vier Gewinner bei den Wochenzeitungen. Meedia. Abgerufen von http://meedia.de/2016/04/20/ivw-blitz-analyse-zeitungen-welt-stuerzt-um-176-ab-vier-gewinner-bei-den-wochenzeitungen/
5. Siehe Anm. 1
6. Reuteman, Rob (1. März 2015). This Is How Millennials Want to Be Managed. *Entrepreneur.* Abgerufen von https://www.entrepreneur.com/article/242507
7. InterSearch Executive Consultants (Februar 2015). Digital-Studie: Mittelständler halten an starren Hierarchien fest. Abgerufen von http://www.intersearch-executive.de/news.asp?news=57
8. Tießler, Jan (29. Dezember 2014). Slack: Was dieses Werkzeug für Teams so erfolgreich macht. *UPLOAD Magazin.* Abgerufen von http://upload-magazin.de/blog/9924-slack-was-dieses-werkzeug-fuer-teams-so-erfolgreich-macht/
9. Slack (March 2016). Survey Results. Abgerufen von https://slack.com/survey-results
10. Fitzner, Sina (25. September 2014). Soziales Netzwerk fürs Geschäft. IT-Zoom. Abgerufen von http://www.it-zoom.de/dv-dialog/e/soziales-netzwerk-fuers-geschaeft-9522/
11. Bayerisches Rotes Kreuz (o. D.). Wer wir sind. Abgerufen von https://brk.de/wir-ueber-uns
Bayerisches Rotes Kreuz (o. D.). Ehrenamt. Abgerufen von https://brk.de/gemeinschaften
12. Das Tool des BRK: Qualido manager (www.qualido.com/qualido-manager/)
13. Telekom Cloud (30. Juli 2014). Social Business Tools starten durch.

Deutsche Telekom AG. Abgerufen von https://cloud.telekom.de/blog/social-business-tools-starten-durch/
Siehe Anm. 10

14 Patankar, Vinay (20. Mai 2016). 7 SharePoint Alternatives that Actually Get the Job Done. Process Street. Abgerufen von https://www.process.st/sharepoint-alternatives/
15 Buchsbaum, Jessica (30. Dezember 2008). Generation Y goes to work. *The Economist*. Abgerufen von http://www.economist.com/node/12863573
16 Borchers, Detlef (12. Februar 2016). Ransomware-Virus legt Krankenhaus lahm. Heise Online. Abgerufen von http://www.heise.de/newsticker/meldung/Ransomware-Virus-legt-Krankenhaus-lahm-3100418.html
Grass, Karen (7. März 2016). Wir haben Eure Daten! *Zeit Online*. Abgerufen von http://www.zeit.de/2016/11/ransomware-cyberkriminalitaet-patientendaten-krankenhaus-erpressung

7 Von Stechuhren, Großräumen und Gehaltserhöhungen

1 Ambros, Susanne (Dezember 2015). Prinzip Selbstverantwortung. *Personalmagazin*. Abgerufen von http://www.hrfactory.com/images/downloads/presse_de/ext_pm_062012.pdf
2 Stevenson, Seth (11. Mai 2014). Don't Go To Work. Slate. Abgerufen von http://www.slate.com/articles/business/psychology_of_management/2014/05/best_buy_s_rowe_experiment_can_results_only_work_environments_actually_be.html
3 Valvour, Monique (8. März 2013). The End of »Results Only« At Best Buy Is Bad News. *Harvard Business Review*. Abgerufen von https://hbr.org/2013/03/goodbye-to-flexible-work-at-be
4 Von Kettler, Benita (2010). (R)evolution der Arbeit – Warum Work-Life Balance zum Megathema wird und sich trotzdem verändert. Wie konkrete Handlungsempfehlungen und gezielte Projekte aussehen. In: Kaiser, Stephan, und Ringlstetter, Max Josef (Hrsg.). Work-Life Balance. Berlin/Heidelberg, S. 139–153
Heuer, Steffan (Mai 2007). Große Freiheit. *Brand eins*. Abgerufen von https://www.brandeins.de/archiv/2007/ideenwirtschaft/grosse-freiheit/
5 YouGov Deutschland AG (20. März 2014). Studie zu »Work-Life-Blending«: Privat- und Berufsleben verschmelzen zunehmend. Abgerufen von https://yougov.de/loesungen/ueber-yougov/presse/presse-2014/pressemeldung-work-life-blending/
6 Scholz, Christian (14. März 2016). Wie Work-Life-Blending unser Privatleben kaputt macht. *Manager magazin*. Abgerufen von http://

www.manager-magazin.de/lifestyle/artikel/arbeitswelt-work-life-blending-macht-unser-privatleben-kaputt-a-1081881.html
7 Bundesministerium für Arbeit und Soziales (Januar 2016). Das Arbeitszeitgesetz. Abgerufen von http://www.bmas.de/SharedDocs/Downloads/DE/PDF-Publikationen/a120-arbeitszeitgesetz.pdf?__blob=publicationFile&v=6
8 Mayer, Rouven (12. November 2014). Von der Work-Life-Balance zum Work-Life-Blending. *Human Resources Manager*. Abgerufen von http://www.humanresourcesmanager.de/ressorts/artikel/von-der-work-life-balance-zum-work-life-blending-10611
9 Siehe Anm. 6
10 Erfolgsfaktor Familie (o. D.). Vertrauensarbeitszeit. Bundesministerium für Familie, Senioren, Frauen und Jugend. Abgerufen von https://www.erfolgsfaktor-familie.de/arbeitszeiten/familienbewusste-arbeitszeitmodelle-und-was-dahinter-steckt/vertrauensarbeitszeit.html
11 Signum International (2013). Generation Y. Das Selbstverständnis der Manager von morgen. Zukunftsinstitut. Abgerufen von https://www.zukunftsinstitut.de/fileadmin/user_upload/Publikationen/Auftragsstudien/studie_generation_y_signium.pdf
Arbeitsschutz-Portal (11. Juli 2014). Was will die Generation Y? Expertengespräch im Vorfeld der »Arbeitsschutz Aktuell«. Abgerufen von http://www.arbeitsschutz-portal.de/beitrag/asp_news/3509/was-will-die-generation-y-expertengespraech-im-vorfeld-der-arbeitsschutz-aktuell.html
Szent-Ivanyi, Timot (16. März 2015). Freiheit mit Folgen für Arbeitnehmer. *Frankfurter Rundschau*. Abgerufen von http://www.fr-online.de/arbeit---soziales/selbstbestimmtes-arbeiten-freiheit-mit-folgen-fuer-arbeitnehmer,1473632,30138028.html
Zeitjung (o. D.). Die Generation Y und der Burnout. *Zeitjung*. Abgerufen von http://zeitjung.de/generation-y-arbeit-burnout-stress-erholung/
12 http://www.TimingApp.com, http://www.manictime.com
13 Bundesministerium für Arbeit und Soziales (Januar 2015). Arbeitsleben aktiv gestalten. So profitieren Arbeitgeber und Beschäftigte von Wertguthaben. Abgerufen von http://www.bmas.de/SharedDocs/Downloads/DE/PDF-Publikationen/a861-1-wertguthaben-broschuere.pdf?__blob=publicationFile&v=2
14 Bundesministerium für Arbeit und Soziales (30. September 2015). Teilzeitmodelle. Abgerufen von http://www.bmas.de/DE/Themen/Arbeitsrecht/Teilzeit/Teilzeitmodelle/teilzeitmodelle.html#doc92642bodyText4
15 Werner, Kathrin (7. September 2016). Fünf-Stunden-Tag bei vollem Lohnausgleich. *Süddeutsche Zeitung*. Abgerufen von

http://www.sueddeutsche.de/karriere/arbeitszeit-der-fuenf-stunden-tag-viel-freizeit-wenig-arbeit-1.3150511
16 Joblift GmbH (28. Juli 2016). Jobsharing: 15-mal mehr Stellenanzeigen innerhalb eines Jahres. Abgerufen von https://joblift.de/Presse/Jobsharing_15-mal-mehr-Stellenanzeigen-innerhalb-eines-Jahres
17 Robert Half (15. Dezember 2014). Jobsharing: Deutschland in Europa Schlusslicht. Abgerufen von https://www.roberthalf.de/presse/jobsharing-deutschland-europa-schlusslicht
18 Deutsche Shell Holding Gmbh (2015). 17. Shell-Jugendstudie
19 Siehe Anm. 17
20 Hockling, Sabine (13. Februar 2015). Attraktiver als Teilzeit. *Zeit Online*. Abgerufen von http://www.zeit.de/karriere/beruf/2015-02/jobsharing-flexibles-arbeiten
21 Bundesministerium für Familie, Senioren, Frauen und Jugend (Juni 2016). Unternehmensmonitor für Familienfreundlichkeit 2016. Abgerufen von https://www.bmfsfj.de/blob/95434/5a24e73a4dac856b26f59e20ada31426/unternehmensmonitor-familienfreundlichkeit-2016-broschuere-data.pdf
22 Kutsche, Katharina (18. Mai 2016). So sieht es bei Microsoft in Schwabing aus. *Süddeutsche Zeitung*. Abgerufen von http://www.sueddeutsche.de/muenchen/neue-zentrale-so-sieht-es-bei-microsoft-in-schwabing-aus-1.2998007
23 Siehe Anm. 21
24 http://www.facebook.com/OTTOJobs/
25 Bundesministerium für Familie, Senioren, Frauen und Jugend (20. Mai 2016). Arbeiten im Home-Office bringt Vereinbarkeit von Familie und Beruf voran. Abgerufen von https://www.bmfsfj.de/bmfsfj/aktuelles/alle-meldungen/arbeiten-im-home-office-bringt-vereinbarkeit-von-familie-und-beruf-voran/75932
Gersemann, Olaf, und Wisdorff, Flora (12. Januar 2014). Der Trend zum »Home Office« ist eine Illusion. *Die Welt*. Abgerufen von https://www.welt.de/wirtschaft/article123774374/Der-Trend-zum-Home-Office-ist-eine-Illusion.html
26 Creutzburg, Dietrich, Schwenn, Kerstin, und Marx, Uwe (1. Juni 2016). Die Deutschen mögen »Home Office« nicht. *Frankfurter Allgemeine Zeitung*. Abgerufen von http://www.faz.net/aktuell/beruf-chance/arbeitswelt/zu-hause-arbeiten-die-deutschen-moegen-home-office-nicht-14262574.html
27 Mai, Jochen (19. Juni 2016). Home Office: So arbeiten Sie produktiver zu Hause. Karrierebibel. Abgerufen von http://karrierebibel.de/home-office-tipps/
28 Siehe Anm. 27
29 Bedürftig, David (16. März 2016). Was Generation Z vom Berufsle-

ben erwartet. *Die Welt*. Abgerufen von https://www.welt.de/wirtschaft/karriere/bildung/article152993066/Was-Generation-Z-vom-Berufsleben-erwartet.html

Heitz, Daniel, Lattwein, Oliver, und Wolf, Michael (24. Juni 2014). Home Office als Dauerlösung. Die Generation Z. Abgerufen von http://die-generation-z.de/home-office-als-dauerloesung/

Absolventa (o. D.). Generation Z-Reihe (1): Warum das Home Office wieder wichtiger wird. Abgerufen von https://www.jobnet.de/news/home-office

30 Siehe Anm. 27
31 Waters-Lynch, Julia M., Potts, Jason, Butcher, Tim, Dodson, Jago, und Hurley, Joe (2016). Coworking: A transdisciplinary overview. Abgerufen von https://ssrn.com/abstract=2712217
32 Foertsch, Carsten (17. November 2015). Die ersten Ergebnisse der Global Coworking Survey. deskmag. Abgerufen von http://www.deskmag.com/de/die-ersten-ergebnisse-der-global-coworking-survey-2015-2016/2
33 Odoleg, Armin (2016). Ingenieure. Status und Perspektiven. Im System des Absurden Optimismus. Stuttgart
34 Von Leszczynski, Ulrike (29. April 2014). Lärm im Großraumbüro. Am schlimmsten ist das Plappern der Kollegen. *Spiegel Online*. Abgerufen von http://www.spiegel.de/gesundheit/diagnose/laerm-am-arbeitsplatz-laute-grossraumbueros-verursachen-stress-a-966676.html
35 Wehrle, Martin (26. Januar 2016). Artgerechte Mitarbeiterhaltung. Wider das Großraumbüro. *Spiegel Online*. Abgerufen von http://www.spiegel.de/karriere/grossraumbuero-ist-schwachsinn-sagt-karrierecoach-martin-wehrle-a-1073850.html
36 Scholz, Christian (13. April 2016). Bürodesign: Warum moderne Großraumbüros der Horror sind. *Manager magazin*. Abgerufen von http://www.manager-magazin.de/unternehmen/artikel/unschoene-neue-arbeitswelt-3-grossraumbueros-sind-der-horror-a-1086527.html
37 Facility Management (Mai 2012). Je größer der Büroraum, umso größer die Probleme? Abgerufen von http://www.facility-management.de/artikel/fm_Je_groesser_der_Bueroraum_umso_groesser_die_Probleme__1523660.html
38 Stadler, Silke (März 2007). Die Einführung neuer Bürokonzepte und ihre Auswirkungen auf die Beschäftigten. Studie am Beispiel von sechs Unternehmen im Münchner Raum. Hans-Böckler-Stiftung. Abgerufen von http://www.boeckler.de/pdf_fof/S-2006-805-1-1.pdf
39 Siehe Anm. 37
40 Siehe Anm. 37

41 Siehe Anm. 34
42 Mayer, Anne (o. D.). Großraumbüro: Ein Raum für alle. *Aponet*. Abgerufen von http://www.aponet.de/gesundheit-und-beruf/arbeit-im-grossraumbuero.html
43 Buck, Jasmin (2. April 2014). Generation Y – Glück schlägt Geld. RP Online. Abgerufen von http://www.rp-online.de/politik/generation-y-glueck-schlaegt-geld-aid-1.4172209
Wetzel, Daniel (18. April 2016). Warum es Studenten auch heute nur ums Geld geht. *Die Welt*. Abgerufen von https://www.welt.de/wirtschaft/karriere/bildung/article154501510/Warum-es-Studenten-auch-heute-nur-ums-Geld-geht.html
44 Peters, Michael, und Güttler, Alexander (März 2014). Generation Warum und die Suche nach dem Sinn. komm.passion GmbH. Abgerufen von http://www.komm-passion.de/agentur/dossiers/artikel/generation-warum-und-die-suche-nach-dem-sinn/
45 Haller, Michael (2015). Was wollt ihr eigentlich? Die schöne neue Welt der Generation Y. Hamburg
46 Deloitte (o. D.). Geld zählt. Studentenmonitor zeigt: Bezahlung sticht Innovationsgrad. Abgerufen von http://www2.deloitte.com/de/de/pages/human-capital/articles/studenten-monitor.html
47 Deloitte (18. April 2016). Letzten Endes zählt das Geld. Abgerufen von http://www2.deloitte.com/de/de/pages/presse/contents/Studentenmonitor-letzten-endes-zaehlt-das-geld.html
48 Gründinger, Wolfgang (6. August 2014). Arbeitnehmer zweiter Klasse. Zur Lage der jungen Generation auf dem Arbeitsmarkt. Stiftung für die Rechte zukünftiger Generationen. Abgerufen von http://srzg.croxtethgroup.com/wp-content/uploads/sites/16/2014/06/PP-Arbeitsmarkt.pdf
49 Guldner, Jan (9. Mai 2016). Let's talk about money. *Zeit Campus*. Abgerufen von http://www.zeit.de/campus/2016-04/gehalt-einkommen-erster-job-generation-y/komplettansicht
50 Haufe Online (6. Januar 2016). Gehaltsvorstellungen der Generation Y. Abgerufen von https://www.haufe.de/personal/hr-management/infografik-gehaltsvorstellungen-der-generation-y_80_333132.html
51 Vester, Julian (o. D.). Wie es ist, wenn das Team entscheidet, wer wie viel verdient. XING Klartext. Abgerufen von https://www.xing.com/news/klartext/wie-es-ist-wenn-das-team-entscheidet-wer-wieviel-verdient-161?sc_o=da536_datc_1
52 Grabbe, Hanna (3. April 2014). Zahlst Du Dich aus? *Zeit-Online*. Abgerufen von http://www.zeit.de/2014/15/hh-elbdudler-interview/komplettansicht
53 Vollmer & Scheffczyk GmbH (20. März 2013). Gehalt nach eigenem Gusto. Abgerufen von http://www.v-und-s.de/gehalt-nach-eigenem-gusto

54 Laudenbach, Peter (Juli 2011). Die lieben Kollegen. *Brand eins.* Abgerufen von https://www.brandeins.de/archiv/2011/transparenz/die-lieben-kollegen/
55 Online bestellbar: http://www.taxeringskalender.com
56 Klein, Helmut (März 2016). Studie: Die Generation Y und deren organisatorische Implikationen. Weidener Diskussionspapiere 56. Abgerufen von https://www.econstor.eu/bitstream/10419/129697/1/849494052.pdf
57 Kuhr, Daniela (1. Juli 2013). Dax-Vorstände bekommen 53 Mal mehr Geld als ihre Mitarbeiter. *Süddeutsche Zeitung.* Abgerufen von http://www.sueddeutsche.de/wirtschaft/steigende-manager-gehaelter-dax-vorstaende-bekommen-mal-mehr-geld-als-ihre-mitarbeiter-1.1709979
Spiegel Online (22. Juli 2015). Konzernchefs verdienen 54 Mal mehr als ihre Angestellten. Abgerufen von http://www.spiegel.de/karriere/konzernbosse-verdienen-54-mal-mehr-als-angestellte-a-1044899.html
58 Deckstein, Dagmar (17. Mai 2010). »Die Manager tun mir leid«. *Süddeutsche Zeitung.* Abgerufen von http://www.sueddeutsche.de/wirtschaft/2.220/peter-f-drucker-die-manager-tun-mir-leid-1.141582

8 Willst du mich ... binden?

1 Deloitte (2016). The 2016 Deloitte Millennial Survey. Winning over the next generation of leaders. Executive Summary verfügbar unter: https://www2.deloitte.com/content/dam/Deloitte/global/Documents/About-Deloitte/gx-millenial-survey-2016-exec-summary.pdf
2 Giang, Vivian (7. Januar 2016). You Should Plan on Switching Jobs Every Three Years For The Rest Of Your Life. Fast Company. Abgerufen von https://www.fastcompany.com/3055035/the-future-of-work/you-should-plan-on-switching-jobs-every-three-years-for-the-rest-of-your-
3 Daepp, Madeleine I. G., Hamilton, Marcus J., West, Geoffrey B., und Bettencourt, Luís M. (2015). The mortality of companies. *Journal of The Royal Society Interface,* 12 (106), 20150120. Abgerufen von http://rsif.royalsocietypublishing.org/content/12/106/20150120
4 Gallup (2016). Engagement Index Deutschland. Abgerufen von http://www.gallup.de/file/190028/Praesentation%20zum%20Gallup%20Engagement%20Index%202015.pdf
5 Siehe Anm. 4
Kestel, Christina (10. März 2015). Bindung steigt, Leidenschaft dümpelt. *Harvard Business Manager.* Abgerufen von http://www.harvardbusinessmanager.de/blogs/gallup-index-mitarbeiterbindung-steigt-a-1022614-druck.html
6 Hays (2014). HR-Report 2014/2015. Schwerpunkt Führung. Abgeru-

fen von https://www.hays.at/documents/10192/118775/hays-studie-hr-report-2014-2015.pdf/1348857b-2941-466c-8f84-3eaae1121166
7 Schermuly, Carsten (17. Juli 2012). Lernen. *Wirtschaftspsychologie aktuell*. Abgerufen von http://www.wirtschaftspsychologie-aktuell.de/lernen/lernen-20120717-carsten-schermuly-zukunft-der-personalentwicklung-2020.html
8 Jenkin, Ryan (6. Januar 2015). 6 Millennial Retention Strategies to Adopt in 2015. HR Cloud. Abgerufen von https://blog.hrcloud.com/6-millennial-retention-strategies-to-adopt-in-2015/
9 Giesen, Birgit (2015). JobTrends Deutschland 2015. Staufenbiel Institut. Abgerufen von https://www.staufenbiel.de/fileadmin/fm-dam/PDF/Publikationen_SS15/JobTrends_2015_Freigabe.pdf
10 Hirsch, Arlene S. (26. Januar 2016). What Emerging Adults Want In a Job: 9 Key Requirements. Abgerufen von https://www.shrm.org/ResourcesAndTools/hr-topics/employee-relations/Pages/Emerging-Adults.aspx
11 Brandes, Ulf, Gemmer, Pascal, Koschek, Holger, und Schültken, Lydia (2014). Management Y. Agile, Scrum, Design Thinking & Co. So gelingt der Wandel zur attraktiven und zukunftsfähigen Organisation. Frankfurt am Main
12 Siehe Anm. 9
13 Lina, Stephan (19. August 2016). Mexiko sucht Fachkräfte. *Tagesschau*. Abgerufen von http://www.tagesschau.de/wirtschaft/mexiko-fachkraeftemangel-101.html
14 Trentmann, Nina (13. Oktober 2011). Im Nebenberuf Student. *Frankfurter Allgemeine Zeitung*. Abgerufen von http://www.faz.net/aktuell/beruf-chance/campus/arbeitnehmer-im-nebenberuf-student-11491699.html
15 Siehe Anm. 8
16 Huhman, Heather R. (29. Juni 2015). 5 Inexpensive Benefits Millennials Value More Than Health Insurance. *Entrepreneur*. Abgerufen von https://www.entrepreneur.com/article/247750
17 *Spiegel Online* (13. Juni 2015). Suchen Ingenieur, bieten Personal Trainer. Abgerufen von http://www.spiegel.de/karriere/mitarbeiter-finden-und-binden-angebote-fuer-bewerber-a-1037751.html
18 Schulte, Jan, und von Castell, Frederik (5. Oktober 2014). Chef, fahr schon mal den Wagen vor! *Frankfurter Allgemeine Zeitung*. Abgerufen von http://www.faz.net/aktuell/rhein-main/azubis-chef-fahr-schon-mal-den-wagen-vor-13188600.html
19 The Employee App (29. April 2015). Why Gen Y* Wants to Work for Your Small Business. Abgerufen von http://www.theemployeeapp.com/why-gen-y-wants-to-work-for-your-small-business/
20 Minshew, Kathryn (23. September 2015). Four Employee Retention Strategies For The Modern Workplace. Fast Company. Abgerufen von

https://www.fastcompany.com/3051379/know-it-all/four-employee-retention-strategies-for-the-modern-workplace

9 Ran an den Nachwuchs

1. Giesen, Birgit (2015). JobTrends Deutschland 2015. Staufenbiel Institut. Abgerufen von https://www.staufenbiel.de/fileadmin/fm-dam/PDF/Publikationen_SS15/JobTrends_2015_Freigabe.pdf
2. Parment, Anders (2013). Die Generation Y. Mitarbeiter der Zukunft motivieren, integrieren, führen. Wiesbaden
3. Ernst & Young. (Januar 2016). Mittelstandsbarometer Januar 2016. Abgerufen von http://www.ey.com/Publication/vwLUAssets/EY-Mittelstandsbarometer-Januar-2016/$FILE/EY-Mittelstandsbarometer-Januar-2016.pdf
4. Statistisches Bundesamt (Dezember 2015). Nutzung von Informations- und Kommunikationstechnologien in Unternehmen 2015. Abgerufen von https://www.destatis.de/DE/Publikationen/Thematisch/UnternehmenHandwerk/Unternehmen/Informationstechnologie Unternehmen5529102157004.pdf?__blob=publicationFile
5. Fink, Stephan (26. Mai 2015). Studie Mittelstandskommunikation. Fink & Fuchs. Abgerufen von https://www.ffpr.de/2015/05/26/studie-mittelstandskommunikation-2015/
6. Google (o. D.). The Consumer Barometer Survey 2014/15. Abgerufen von https://www.consumerbarometer.com/en/graph-builder/?question=S28&filter=country:germany
7. CareerArc (2015). The 2015 Employer Branding Study. Abgerufen von http://web.careerarc.com/2015-employer-branding-study.html
8. Mediaperspektiven (September 2016). ARD/ZDF Onlinestudie 2016. Abgerufen von http://www.ard-zdf-onlinestudie.de/fileadmin/Onlinestudie_2016/0916_Kupferschmitt.pdf
9. Siehe Anm. 8
10. http://www.goldenerunkelruebe.de/
11. Absolventa (2014). Generation Mobile. Absolventa Jobnet. Abgerufen von http://absolventa-downloads.s3.amazonaws.com/files/Jobnet/Whitepaper/jobnet_whitepaper_generation_mobile.pdf
12. Auriemma, Adamd (26. Mai 2014). Zappos Zaps Its Job Postings. *The Wall Street Journal*. Abgerufen von http://www.wsj.com/articles/SB10001424052702304811904579586300322355082
13. Centre of Human Resources Information Systems (CHRIS) Otto-Friedrich-Universität Bamberg & Monster Worldwide Deutschland GmbH (2015). Bewerbungspraxis 2016. Abgerufen von https://www.uni-bamberg.de/fileadmin/uni/fakultaeten/wiai_lehrstuehle/isdl/Bewerbungspraxis_2015.pdf

14 Athanas, Christoph, und Wald, Peter M. (2014). Candidate Experience Studie. meta HR Unternehmensberatung GmbH & stellenanzeigen.de GmbH & Co. KG. Abgerufen von http://www.candidate-journey.at/content/Candidate%20Experience%20Studie_2014.pdf
15 Jordan, Ulrich (12. Februar 2016). Erst einmal die Basics, bitte. Human Resources Manager. Abgerufen von http://www.humanresourcesmanager.de/ressorts/artikel/erst-einmal-die-basics-bitte-1588671586
16 Siehe Anm. 7
17 Employour (2016). azubi.report 2016. Abgerufen von https://www.ausbildung.de/downloads/Azubi_Report_2016_Web_Farbe_Doppelseite.pdf
18 Regan, Holly (10. September 2013). Recruiting Best Practices From Today's Hottest Startups. The New Talent Times. Abgerufen von http://new-talent-times.softwareadvice.com/best-recruiting-from-startups-0913/
Meek, Andy (6. April 2015). Google's Head of HR Shares His Hiring Secrets. Fast Company. Abgerufen von https://www.fastcompany.com/3044606/hit-the-ground-running/googles-head-of-hr-shares-his-hiring-secrets
19 Siehe Anm. 14
20 Ebenda
21 Greuel, Michael (29. Dezember 2015). Langes Zögern vergrault Bewerber. *Frankfurter Allgemeine Zeitung*. Abgerufen von http://www.faz.net/aktuell/wirtschaft/arbeitgeber-lassen-kandidaten-fuer-offene-stellen-gerne-warten-13972091/den-kandidat-warten-lassen-13974558.html
22 Absolventa (2016). GenY-Barometer. Absolventa Jobnet. Abgerufen von https://www.jobnet.de/presse/geny-beklagt-stellenanzeigen-von-der-stange
23 https://www.youtube.com/watch?v=xuyl6X42or8
24 Leffers, Jochen (22. August 2012). Mannschaftssport verrät nichts über Teamfähigkeit. *Spiegel Online*. Abgerufen von http://www.spiegel.de/karriere/bewerbungen-mannschaftssport-verraet-nichts-ueber-teamfaehigkeit-a-851267.html
25 Bock, Laszlo (4. Juli 2015). Here's Google's to Hiring the Best People. Wired. Abgerufen von https://www.wired.com/2015/04/hire-like-google/
Schmidt, Frank L., und Hunter, John E. (1998). The Validity and Utility of Selection Methods in Personnel Psychology: Practical and Theoretical Implications of 85 Years of Research Findings. *Psychological Bulletin,* Vol 124(2), September 1998, S. 262–274. Abgerufen von http://www.emilkirkegaard.dk/en/wp-content/uploads/Schmidt-and-Hunter-1998-Validity-and-Utility-Psychological-Bulletin.pdf

26. Buchhorn, Eva (2015). App als Chef. *Manager magazin*. Abgerufen von http://www.manager-magazin.de/magazin/artikel/personalmanagement-software-durchlEuchtet-mitarbeiter-a-1022736.html
27. Prectics App: http://www.pretics.com
Jayaram, Savita (19. Januar 2016). HR Tech Tool: An Algorithm Makes Instant Personality Prediction Possible. HR in Asia. Abgerufen von http://www.hrinasia.com/recruitment/hr-tech-an-algorith-makes-instant-personality-prediction-possible/
28. Stengel, Kerstin (23. Juli 2012). Zehn Tipps zur Einarbeitung neuer Mitarbeiter. *Computerwoche*. Abgerufen von http://www.computerwoche.de/a/zehn-tipps-zur-einarbeitung-neuer-mitarbeiter,2516786
29. Hirsch, Arlene S. (2. Juni 2016). Reducing New Employee Turnover Among Emerging Adults. SHRM. Abgerufen von https://www.shrm.org/ResourcesAndTools/hr-topics/employee-relations/Pages/Reducing-New-Employee-Turnover-Among-Emerging-Adults.aspx
30. Holschuh, Maria (21. Juni 2016). Der Sprung ins warme Wasser. Hays. Abgerufen von http://blog.hays.de/der-sprung-ins-warme-wasser/
31. May, Ronald, und Wehrs, Thomas (o. D.) So werden Fehlbesetzungen vermieden. Bundesverband der Personalmanager. Abgerufen von http://www.bpm.de/sites/default/files/bpm_service_fehlbesetzung.pdf
32. Sullivan, John (15. Juli 2015). Extreme Onboarding: How to WOW Your New Hires Rather Than Numb Them. LinkedIN. Abgerufen von https://business.linkedin.com/talent-solutions/blog/2015/07/extreme-onboarding-how-to-wow-your-new-hires-rather-than-numb-them
33. Feloni, Richard (3. Februar 2016). Facebook engineering director describes what it's like to go through the company's 6-week engineer bootcamp. Business Insider. Abgerufen von http://www.business-insider.de/inside-facebook-engineer-bootcamp-2016-3?r=US&IR=T

PHILIPP RIEDERLE

WER WIR SIND UND WAS WIR WOLLEN

Ein Digital Native erklärt seine Generation

Die Welt ist ein Smartphone

Die Digital Natives nutzen die modernen Kommunikationstechnologien und die Vorteile der Community. Sie wissen, wo man am schnellsten Informationen abruft, und integrieren in ihr Leben, was längst Realität ist: das Virtuelle. Philipp Riederle schildert das Selbstverständnis und die Aufbruchstimmung seiner Generation, die gut ausgebildet, sehr vernetzt und kreativ einen massiven Wandel der Gesellschaft und der Arbeitskultur bewirken wird.

PHILIPP RIEDERLE

Philipp Riederle führt Unternehmen, Organisationen und Medien durch die Welt der Digital Natives. Als Berater, Redner, Keynote-Speaker. Mit Analysen, individueller Marktforschung und klaren Ansagen. Aus der Praxis für die Praxis: Zukunftsfähig werden mit einem der führenden »Digitalen Köpfe Deutschlands«.

Jetzt buchen unter philipp@riederle.de
www.philippriederle.de

„Philipp Riederle erklärt, wie die digitale Generation tickt."
Süddeutsche Zeitung

„Sensationelle Keynote! Ein großartiger Storyteller, der die Inhalte auf den Punkt bringt."
Greta Lun, Handelsverband Österreich

Foto: © Thomas Züger

ADAM GRANT

GEBEN UND NEHMEN

Warum Egoisten nicht immer gewinnen und hilfsbereite Menschen weiterkommen

»Adam Grant ist der herausragende Analytiker unserer Arbeitswelt.«
New York Times

Gute Typen haben immer das Nachsehen, und die Egoisten räumen ab – dieses Denkschema stimmt nicht mehr. Denn gerade mit einer selbstlosen Einstellung kommt man meist besser voran. Anhand schlagender Beispiele aus der Wirtschaftswelt verdeutlicht der führende amerikanische Organisationspsychologe Adam Grant, dass vor allem Geber den Weg zu beruflichem Erfolg und persönlicher Zufriedenheit finden.

»Geben und Nehmen korrigiert die gängige Auffassung, dass Geber schwach und Nehmer stark sind.«
Dan Ariely, Verhaltensökonom und Bestsellerautor